三江源森林型大型真菌

白露超　著

东北林业大学出版社
Northeast Forestry University Press
·哈尔滨·

图书在版编目（CIP）数据

三江源森林型大型真菌／白露超著. — 哈尔滨：
东北林业大学出版社，2023.8

ISBN 978－7－5674－3304－5

Ⅰ. ①三… Ⅱ. ①白… Ⅲ. ①大型真菌-青海 Ⅳ.
①Q949.320.8

中国国家版本馆 CIP 数据核字（2023）第 163306 号

责任编辑：于之承
封面设计：文　亮
出版发行：东北林业大学出版社
　　　　　　（哈尔滨市香坊区哈平六道街 6 号　邮编：150040）
印　　装：河北创联印刷有限公司
开　　本：787 mm×1092 mm　1/16
印　　张：17.25
字　　数：337 千字
版　　次：2023 年 8 月第 1 版
印　　次：2023 年 8 月第 1 次印刷
书　　号：ISBN 978－7－5674－3304－5
定　　价：98.00 元

如发现印装质量问题，请与出版社联系调换。（电话：0451-82113296　82191620）

序

　　大型真菌是菌物中具有肉眼可见子实体、子座、菌核或菌体的一类高等真菌，是人类的宝贵资源，也是自然生态系统中不可或缺的重要组成部分，是生态系统的调节者。在森林生态系统中，大型真菌参与物质循环和能量流动，在维持生态系统的结构与功能方面起着不可取代的作用。食药用大型真菌（如松茸、牛肝菌、竹荪、羊肚菌、冬虫夏草、灵芝、猪苓）都被广泛开发利用。

　　三江源地处青藏高原腹地，是长江、黄河、澜沧江的发源地，是我国淡水资源的重要补给地，是高原生物多样性最集中的地区。三江源林区是我国海拔最高的林区，也是我国森林分布的上限、高寒林区重要的生物种群库，森林动植物组成呈现出明显的特殊性，这也决定着该地区菌物的独特性。

　　《三江源森林型大型真菌》是青海大学农牧学院真菌分类课题组长期从事的大型真菌资源调查保护工作的结晶，涵盖了三江源林区较为完整的大型真菌体系。本书的出版为青藏高原菌物多样性保护提供一些科学依据，对维护高原森林生态系统结构稳定、保持高原森林健康具有重要意义。

中国科学院　院士

《三江源森林型大型真菌》著作委员会

白露超

李晓晴　杨登兴　谢惠春　王　成　巨秀婷　马永强　史凯方

强婷婷　侯　璐　穆雪红　阿孝珠　方泰军　徐　琪　何琴恩

王　威　李宁宁　李海兰　贺风英

前　言

　　美丽而神秘的三江源，地处青藏高原腹地，是长江、黄河、澜沧江的发源地，素有"中华水塔"之称。三江源作为我国重要的生态安全屏障，其保护价值对全国乃至全球都意义重大。三江源区域内有著名的昆仑山、巴颜喀拉山、唐古拉山等山脉，冰川耸立，平均海拔4500 m以上，雪原广袤，河流、沼泽与湖泊众多。三江源区域以俊美高山著称，黄河源头湖泊星罗棋布，呈现"千湖"奇观，鄂陵湖和扎陵湖如两颗镶嵌在高原草地的明珠，澜沧江源头峡谷两岸不仅风光无限，更是高原生灵的天堂。

　　三江源区域作为世界上高海拔地区生物多样性最集中的地区，也是"高寒生物自然种质资源库"，有较为完整的大面积原始高寒草原、高寒草甸和高原湿地。植被的原始性和脆弱性十分突出，天然分布的草本植物主要有矮蒿、线叶蒿、小蒿、红景天、秦艽、大戟、棘豆、小大黄等，乔木树种主要有圆柏、云杉、杨树、桦树等，灌丛有百里香杜鹃、山生柳、金露梅、银露梅、匍匐水柏枝、西藏沙棘等。在三江源国家级自然保护区昂赛保护分区内集中分布有世界海拔上限的大果圆柏原始森林。

　　三江源丰富的水资源不仅滋养着各种植物，也为珍稀野生动物栖息繁衍提供了良好的环境。三江源区域有国家一级重点保护动物雪豹、白唇鹿、藏野驴等16种，国家二级重点保护动物盘羊、岩羊、藏原羚、藏棕熊等53种，省级保护动物斑头雁等32种，还有花斑裸鲤、骨唇黄河鱼等8种重点保护鱼类，具有极高的生物多样性科学研究和观赏价值。

河谷两岸的云杉林

高山云杉和灌木林

星罗棋布的湖泊

高山草原和圆柏林

高山草甸上的繁花点点

　　大型真菌（Macrofungi），被称作蘑菇（Mushroom）或蕈菌（Macrofungi），指菌物中较大型，肉眼可见其子实体并能进行徒手采摘的一类高等真菌。作为生态系统的重要组成部分、人类的宝贵资源，大型真菌是一类具有经济、生态、科学价值的生物类群，有很大的研究潜能。随着研究发展，全国多地已完成大型真菌的系统研究，但人们对三江源地区尚未全面系统地开展过大型真菌资源的调查。本书描述了研究人员采集到的三江源森林型大型真菌的种类，明确其分子系统发育关系，为三江源大型真菌物种多样性保护提供科学性和实践性依据。我们在调查采样过程中发现三江源地区大型真菌其生境主要有以下几种。

（1）枯枝腐木生境：

（2）苔藓生境：

（3）土壤生境：

（4）云杉落针丛生境：

我们对三江源麦秀林区、玛可河林区、勒巴沟林区、东仲林区、白扎林区、江西林区等林区的大型真菌开展调查采集鉴定工作，运用 ITS、LSU、Rpb2 三个片段进行分子系统研究，并进行区系分析，共鉴定三江源森林型大型真菌 2 门 6 纲 17 目 53 科 98 属 228 种，含 3 个拟定新种，其中 4 纲 7 目 11 科 14 属 23 种属于子囊菌门，2 纲 10 目 42 科 84 属 205 种属于担子菌门。

在调查研究和编写本书过程中，我们得到了青海省林草局、三江源国家公园管理局、玉树州林草局等单位部门的大力支持和帮助。本书的出版得到了国家自然科学基金项目"三江源国家级自然保护区东仲保护分区大型真菌分类及分子系统学研究"（32260397）、三江源生态与高原农牧业国家重点实验室自主课题"麦秀林区大型真菌分类及分子系统学研究"（2019-ZZ-16）的资助。本实验室的研究生在图片编辑、文字录入等方面做了大量工作，在此一并表示衷心感谢！

由于作者水平有限，加之编写时间紧迫、缺乏经验，书中还存在不足之处，敬请专家和读者批评指正。

白露超

2023 年 3 月

目 录

总　论

　　我国对大型真菌的研究和利用相对较早。宁夏银川境内贺兰山上发现 8500 年前灵芝岩画。《本草纲目》《神农本草经》《唐本草注》记载茯苓、马勃、香菇、木耳、灵芝等为药用菌。

　　随着菌物学者对大型真菌的深入研究，图志、图鉴等相关书籍相继编排出版。《中国森林蘑菇》记录我国 1 900 余种森林蘑菇并对其进行详细描述；《中国大型真菌原色图鉴》涉及 2 亚门 4 纲 18 目 71 科 752 种；《中国大型真菌》记录了 1 701 种大型真菌，描述其宏观特征和微观形态并分析经济价值；《中国大型真菌的多样性》记述了我国部分大型真菌的形态特征、生态习性等，并附有彩色照片 853 幅；《中国蕈菌原色图集》共描述真菌 1 089 种，附有照片 2 100 余幅；《中国热带真菌》记录热带真菌 2 500 余种，详细描述近 500 种形态学特征、生境和分布等信息；《中国大型真菌彩色图谱》详细描述 47 科 260 属 1 178 种大型真菌，附有 2 400 多幅照片；《中国药用真菌图志》描述 314 种药用真菌；《中国大型菌物资源图鉴》记载大型真菌 509 属 1 819 种，并描述其形态学特征、生态习性及经济价值。

　　同时，我国也有一批地方性大型真菌专著出版，如《云南牛肝菌图志》《吉林省有害和有用真菌》《长白山伞菌图志》《贵州地区大型真菌》《粤北山区大型真菌志》《湖南大型真菌志》《广东大型真菌志》《西南地区大型经济真菌》《香港蕈菌》《河北小五台山菌物》《中国长白山蘑菇》《辽东地区大型真菌彩色图谱》《东八岭大型真菌图志》《中国茂兰大型真菌》和《甘肃太统—崆峒山国家级自然保护区大型真菌图鉴》等。

　　进入 21 世纪，众多学者对我国大型真菌开展了更为综合、全面的研究，包括物种多样性、分析大型真菌资源分布与森林特征关系、区系多样性、生物地理演化及栽培驯化等方面。王庆偌对黑龙江蜂蜜山地区大型真菌多样性开展调查，根据宏观和微观特征确定大型真菌 2 门 6 纲 18 目 53 科 100 属 188 种，并分析区系组成及大型真菌与植物群落和季节相关性；张鹏鉴定大小兴安岭地区大型真菌 2 门 5 纲 21 目 65 科 197 属 713 种，并分析其区系组成；李奇缘鉴定四川省米仓山自然保护区大型真菌 2 门 5 纲 18 目 58 科 128 属 276 种，并进行经济价值评价；孙晶雪共鉴定大兴安岭呼中地区大型真菌8目23科74属207种，同时分析大型真菌多样性与林分和地形特征之间的关系。邢禄鹏和史东明对内蒙古大型真菌分类及区系、多样性与植被群落间的关系进行分析，同时进行大型真菌评价和濒危程度评估。

现代分子生物学技术对大型真菌研究提供新的手段及思路。分子系统学揭示了某些属间及属下的分类特征和亲缘关系。朱琳通过ITS、EF1-α、LSU、Rpb1、Rpb2等序列对桑黄菌属的种间系统发育关系进行探究，鉴定13个物种并进行详细描述。赵妍对中国广义韧革菌8属16种，基于ITS和LSU片段建立系统发育树，分析其分类地位及属间和种间亲缘关系。林婷婷在传统形态学鉴定基础上，还选取ITS片段对广西地区41种木腐菌进行研究，共鉴定大型真菌2门5纲14目47科84属213种。邵元元对中国西部四省和美国佐治亚州的森林公园圆盘菌科标本进行对比研究，用ITS和LSU片段对分离无性型菌株进行单基因和双基因分析，反映了圆盘菌有性型和无性型种之间的亲缘关系。王锋尖利用ITS片段，结合传统分类学鉴定湖北大型真菌2门7纲23目94科295属852种，对其区系组成、物种濒危程度进行分析并编制红色目录。宋林丽运用ITS片段并结合形态学特征对北京地区318份大型真菌标本进行研究，鉴定出2门5纲17目50科99属170种。张鲜对湖北省兴山县境内大型真菌443份标本进行研究，在形态学描述基础上，利用ITS、LSU和SSU片段分析，鉴定出担子菌13目46科114属220种，并确定系统地位。包宇以形态学为基础，运用ITS片段鉴定西藏地区高海拔地区（4 000 m以上）高山草甸土壤周围大型真菌2门3纲13目37科71属183种，同时分析该地区大型真菌区系组成。郭迪哲经形态学观察，运用ITS或LSU片段鉴定黑龙江双河自然保护区大型真菌2门3纲10目38科81属150种，同时研究该保护区内不同植物群落间大型真菌差异和区系组成。陈芊以传统形态学观察结合分子生物学技术，共描述35种褐卧孔菌属 *Fuscoporia* 大型真菌，构建系统发育树揭示其属内种间亲缘关系及其所属锈革孔菌科内其他属间的亲缘关系。牟曼运用ITS和LSU片段结合形态学观察鉴定师宗县菌子山大型真菌2门8纲20目56科128属410种，并对其濒危等级和经济价值进行了评估。

西方国家较早对大型真菌开展研究，受经济和科学技术水平限制，各国研究大型真菌的深入程度并不相同。西方国家对大型真菌研究走在前列。20世纪，英国学者Rea出版书籍 *British Basidiomycetaceae*，描述担子菌门大型真菌近2 500种；Wilkins等研究大型真菌与橡树和山毛榉等之间的群落关系；Coker等对美国北卡罗来纳州牛肝菌进行分类研究，共鉴定140余种牛肝菌；Wilkins对分布在阔叶林和针叶林的大型真菌进行研究并分析不同生态环境对子实体生长速度的影响作用；而亚洲地区对大型真菌的研究则建立在欧洲国家研究基础之上，如Corner描述马来西亚牛肝菌140多种，其中包含新种超过100种；Natarajandeng对南印度地区的大型真菌进行调查研究，共确定伞菌目真菌约86种。

进入 21 世纪，全球各地对大型真菌研究也更为深入。Greogory 等详细分析世界大型真菌资源物种多样性及分布情况，共汇编 21 679 种大型真菌名称；Solak 等鉴定土耳其大型真菌 136 种；Angelini 等鉴定意大利中部地区森林型大型真菌 341 种。Dimou 调查了希腊莱斯沃斯岛及爱琴海北部大型真菌资源，共发现新记录种 29 个。Pradhan 等研究喜马拉雅山脉东部地区大型真菌 72 科 47 属 98 种。Shuhada 对沼泽泥潭森林生态系统中大型真菌进行物种调查，发现 127 属 757 种大型真菌。Szasz 等对多瑙河三角洲生物圈保护区大型真菌进行研究，共鉴定 168 种，其中 3 个近危种和 1 个脆弱种。Filippova 等调查西西伯利亚中塔伊加地区汉提—曼西伊斯克周围针叶林下大型真菌 460 种；Ruiz-Almenara 对墨西哥瓦哈卡地区野生大型真菌进行研究，发现来自采集区和非采集区大型真菌资源相似性较高，且物种组成差异与气候、环境及植被群落分布差异密切相关。Heine 研究德国埃菲尔国家公园大型真菌物种多样性，共鉴定大型真菌 235 种。Cho 等调查韩国南部城市化地区大型真菌 37 科 90 属 139 种，包含 3 个韩国新记录种。

国外学者利用分子生物学技术对大型真菌进行的研究始于 20 世纪 80 年代，如 Lallawmsanga 等对两个亚热带半常绿印度森林生态系统野生蘑菇的种类、抑菌能力和系统发育关系进行研究，运用 ITS 序列和 ISSR 标记对其中 45 个分离株进行系统发育分析。Hema 等对印度南部热带干燥常绿生物群中大型真菌进行调查，在形态学基础上，结合 ITS 序列分析，记录大型真菌 113 种，并研究其在空气生物学中的潜在作用。Park 等对韩国郁陵岛原生大型真菌物种进行调查，结合 ITS 片段和形态特征分析，发现韩国新记录种 10 种。Cho 等结合形态学特征和 ITS 片段分析，鉴定吉尔吉斯斯坦天山市的大型真菌 2 门 8 目 24 科 47 属 57 种。

1　三江源森林型大型真菌分类

1.1　形态学鉴定结果

本书共鉴定三江源森林型大型真菌 2 门 6 纲 17 目 53 科 98 属 228 种，含 3 个拟定新种，其中 4 纲 7 目 11 科 14 属 23 种属于子囊菌门，2 纲 10 目 42 科 84 属 205 种属于担子菌门，见表 1。

表1　三江源森林型大型真菌数量统计

Table 1　Statistics on the number of macrofungi in the Sanjiangyuan forests

门 Phylum	纲 Class	目 Order	科 Family	属 Genus	种 Species
子囊菌门 Ascomycota	4	7	11	14	23
担子菌门 Basidiomycota	2	10	42	84	205
总计Total	6	17	53	98	228

1.2　三江源森林型大型真菌系统发育分析

系统发育分析使用 ITS、LSU、Rpb2 三个片段。运用邻接法 (NJ) 和最大似然法 (ML) 分别构建三个片段的系统发育树，可以看出子囊菌门和担子菌门均可以形成较为稳定并独立的分支，ITS 和 LSU 片段几乎每个属均能聚为一支，Rpb2 片段除子囊菌门 Ascomycota、担子菌门 Basidiomycota、鸡油菌目 Cantharellales、红菇目 Russulales、丝膜菌科 Cortinariaceae 大型真菌及少部分属可以聚为一支外，其他类群并未严格聚为一支。编目中有 20 种大型真菌只鉴定到属水平，是因为一部分有形态学特征，但不能完全根据其鉴定到种；一部分具分子生物学测序结果，在 NCBI 进行 Blast 比对时，存在同源性在 99% 以上的序列，但进行源文件阅读时，并未有具体的描述或图片，很难将其确定到具体种。

1.3　三江源森林型大型真菌多样性编目

本编目参考《菌物字典》第 10 版 *Dictionary of the Fungi*（2008），参考 Index fungorum 数据库和书籍《中国大型真菌》、《中国茂兰大型真菌》和《中国真菌志》（第8、27、42 卷），对 228 种大型真菌进行排列，主要内容包含物种宏观、微观形态描述、国内外分布、研究标本编号等信息，有 "*" 标记且物种名加粗的为拟定新种，见表2。

表2　三江源森林型大型真菌目、科、属、种数量统计表

Table 2　Statistical table of the number of orders, families, genera and species of forest-type macrofungi in the Sanjiangyuan forest

目名 Order name	科名 Family name	属的数目 No. of genus	种的数目 No. of species
地卷目 Peltigerales	地卷科Peltigeraceae	1	1
肉座菌目 Hypocreales	肉座菌科Hypocreaceae	1	1

目名 Order name	科名 Family name	属的数目 No. of genus	种的数目 No. of species
柔膜菌目 Helotiales	柔膜菌科Helotiaceae	1	1
斑痣盘菌目 Rhytismatales	地锤菌科Cudoniaceae	2	5
盘菌目 Pezizales	马鞍菌科Helvellaceae	1	4
	火丝菌科Pyronemataceae	4	5
	羊肚菌科Morchellaceae	1	1
	平盘菌科Discinaceae	1	2
	盘菌科Pezizaceae	1	1
球壳目 Sphaeriales	麦角菌科Clavicipitaceae	1	1
茶渍目 Lecanorales	树花科Ramalinaceae	1	1
花耳目 Dacrymycetales	花耳科Dacrymycetaceae	1	1
木耳目 Auriculariales	木耳科Auriculariaceae	2	3
	明目耳科Hyaloriaceae	1	1
伞菌目 Agaricales	蘑菇科Agaricaceae	8	23
	鹅膏科Amanitaceae	1	4
	珊瑚菌科Clavariaceae	1	1
	丝膜菌科Cortinariaceae	1	19
	粉褶伞科Entolomataceae	2	5
	轴腹菌科Hydnangiaceae	1	4
	蜡伞科Hygrophoraceae	2	7
	靴耳科Crepidotaceae	1	2
	层腹菌科Hymenogastraceae	2	2
	丝盖伞科Inocybaceae	1	13
	离褶伞科Lyophyllaceae	4	4
	小皮伞科Marasmiaceae	2	3
	小菇科Mycenaceae	1	3
	光茸菌科Omphalotaceae	1	3
	泡头菌科Physalacriaceae	1	2
	光柄菇科Pleuaceae	1	3
	小脆柄菇科Psathyrellaceae	1	1
	球盖菇科Strophariaceae	4	6
	Amylocorticiaceae	1	1
	口蘑科Tricholomataceae	7	18

目名 Order name	科名 Family name	属的数目 No. of genus	种的数目 No. of species
牛肝菌目 Boletales	牛肝菌科Boletaceae	3	4
鸡油菌目 Cantharellales	锁瑚菌科Clavulinaceae	1	3
	齿菌科Hydnaceae	1	2
	鸡油菌科Cantharellaceae	1	1
陀螺菌目 Gomphales	棒瑚菌科Clavariadelphaceae	1	3
	陀螺菌科Gomphaceae	3	7
多孔菌目 Polyporales	平革菌科Phanerochaetaceae	1	1
	皱孔菌科Meruliaceae	1	1
	多孔菌科Polyporacea	9	11
	拟层孔菌科Fomitopsidaceae	3	4
红菇目 Russulales	耳匙菌科Auriscalpiaceae	2	3
	地花菌科Albatrellaceae	1	2
	红菇科Russulaceae	2	25
	韧革菌科Stereaceae	1	2
	淀粉韧革菌科Amylostereaceae	1	1
革菌目 Thelephorales	革菌科Thelephoraceae	1	1
	班克齿菌科Bankeraceae	1	2
地星目 Geastrales	地星科Geastraceae	1	2
合计17目	53科	98属	228种

2 三江源森林型大型真菌价值评价

通过查阅相关文献和书籍，将上述大型真菌分为食用菌、药用菌、食药用菌、毒菌、经济价值不明菌5大类。食用菌65种，占总种数的28.51%，其中主要集中在蘑菇科（Agaricaceae）、口蘑科（Tricholomataceae）、红菇科（Russulaceae）；药用菌14种，占总种数的6.14%，其中主要集中在多孔菌科（Polyporacea）、红菇科（Russulaceae）；食药用菌29种，占总种数的12.72%，其中主要集中在蘑菇科（Agaricaceae）、木耳科（Auriculariaceae）；毒菌29种，占总种数的12.72%，其中主要集中在柔膜菌科（Helotiaceae）、丝盖中科（Inocybaceae）；经济价值不明菌91种，占总种数的39.91%（图1）。具体如下：

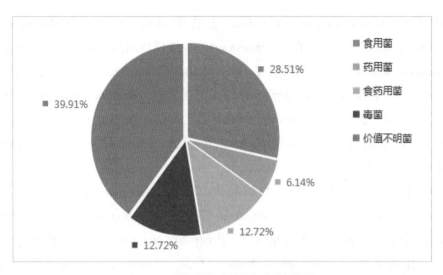

图1 三江源森林型大型真菌价值评价

Fig. 1 Evaluation of the value of forest-type macrofungi in the Sanjiangyuan area

食用菌：*Peltigera canina* 中国树花、*Spathularia flavida* 黄地匕菌、*Spathularia clavata* 棒形地菌、*Helvella crispa* 皱柄白马鞍菌、*Helvella lacunosa* 棱柄马鞍菌、*Otidea umbrina*、*Dacrymyces chrysospermus* 金孢花耳、*Agaricus squarrosus* 翘鳞蘑菇、*Agaricus sylvaticus* 林地蘑菇、*Floccularia Luteovirens* 黄绿卷毛菇、*Floccularia albolanaripes* 白卷毛菇、*Leucoagaricus nympharum* 翘鳞白环蘑、*Lycoperdon pratense* 草地横膜马勃、*Amanita battarrae* 褐黄鹅膏菌、*Amanita hemibapha* 花柄橙红鹅膏菌、*Cortinarius callochrous* 托腿丝膜菌、*Cortinarius rufo-olivaceus* 紫红丝膜菌、*Laccaria acanthospora* 棘孢蜡蘑、**Hygrophorus chrysodon* 金齿/粒蜡伞、**Hygrocybe aurantiacus*、*Hygrocybe chlorophanus* 蜡黄湿伞、*Hygrocybe konradii* var. *konradii* 康拉德湿伞康拉德变种、*Termitomyces clypeatus* 鸡枞菌、*Gymnopus confluens* 绒柄裸伞 = 合生裸脚伞、*Gymnopus dryophilus* 栎生金钱菌、*Armillaria cepistipes* 头柄蜜环菌、*Armillaria gallica* 高卢蜜环菌、*Melanoleuca communis* 铦囊蘑、*Melanoleuca exscissa* 钟形铦囊蘑、*Kuehneromyces mutabilis* 毛柄库恩菇、*Stropharia ochraceoviridis* 半球盖菇、*Stropharia coronilla* 齿环球盖菇、*Hypholoma capnoides* 烟色垂幕菇、*Scleroderma bovista* 大孢硬皮马勃、*Clitocybe lignatilis* 密褶杯伞、*Infundibulicybe gibba* 深凹漏斗（杯）伞、*Pseudoclitocybe expallens* 条纹灰假杯伞、*Rhodocollybia maculata* 斑粉金钱菌、*Melanoleuca cinereifolia* 灰棕铦囊蘑、*Tricholoma sejunctum* 黄绿口蘑、*Hemileccinum impolitum* 黄褐牛肝菌、*Porphyrellus porphyrosporus*（岩）红孢牛肝菌、*Xerocomus magniporus* 巨绒盖牛肝菌、*Leccinum scabrum* 褐疣柄牛肝菌、*Clavulina reae* 雷氏锁瑚菌、*Clavulina Rugosa* 皱锁瑚菌、*Hydnum rufescens* 变红齿菌、*Clavariadelphus khinganensis*

兴安棒瑚菌、*Clavariadelphus aurantiacus* 金黄棒瑚菌、*Clavariadelphus truncatus*、*Ramaria flavicingula* 黄环枝瑚菌、*Ramaria gracilis* 细顶枝瑚菌、*Gomphus clavatus* 陀螺菌、*Lactarius deterrimus* 云杉乳菇、*Lactarius olivaceoumbrinus* 橄榄褐乳菇、*Lactarius aurantiosordidus* 橙紫乳菇、*Lactarius olivinus* 橄榄乳菇、*Russula nauseosa* 淡味红菇、*Russula atroglauca* 褪绿红菇、*Russula firmula* 榄色红菇、*Russula aeruginea* 铜绿红菇、*Russula cuprea* 铜色红菇、*Russula puellaris* 美丽红菇、*Russula exalbicans* 非白红菇、*Sarcodon violacea* 紫肉齿菌。

药用菌：*Coprinopsis lagopus* 白绒鬼伞、*Lycoperdon mammaeforme* 白鳞马勃、*Lycoperdon wrightii* 白刺马勃、*Cyathus striatus* 隆纹黑蛋巢菌、*Lenzites betulinus* 桦褶孔菌、*Gloeophyllum sepiarium* 篱边粘褶菌、*Pycnpours cinnabarinus* 朱红栓菌、*Trametes versicolor* 变色栓菌、*Favolus megaloporus* 棱孔菌、*Polyporus melanopus* 黑柄拟多孔菌、*Fomitopsis pinicola* 红缘拟层孔菌、*Fomitopsis rosea* 玫瑰色拟层孔菌、*Stereum subtomentosum* 扁韧革菌、*Geastrum saccatum* 袋形地星。

食药用菌：*Ophiocordyceps sinensis* 冬虫夏草、*Morchella esculenta* var.*umbrina* 羊肚菌褐赭色变种、*Calvatia caelata* 龟裂秃马勃、*Lycoperdon perlatum* 网纹马勃、*Lycoperdon rimulatum* 裂纹马勃、*Lycoperdon umbrinum* 赭色马勃、*Clavulinopsis amoena* 怡人拟锁瑚菌、*Cortinarius glaucopus* 胶质丝膜菌、*Cortinarius violaceus* 紫绒丝膜菌、*Laccaria laccata* 红蜡蘑、*Lyophyllum infumatum* 烟熏离褶伞、*Xeromphalina campanella* 黄干脐菇、*Clitocybe odora* 香杯伞＝浅黄绿杯伞、*Leucopaxillus giganteus* 大白桩菇、*Tricholoma vaccinum* 红鳞口蘑、*Tricholoma saponaceum* 皂味口蘑、*Tricholoma matsutake* 松口蘑、*Tricholoma mongolicum* 蒙古口蘑、*Tricholoma bakamatsutake* 假松口蘑、*Auricularia auricula* 黑木耳、*Auricularia tibetica* 西藏木耳、*Guepinia helvelloides* 焰耳、*Pseudohydnum gelatinosum* 虎掌刺银耳、*Ramaria formosa* 粉红枝瑚菌、*Lentinus arcularius* 漏斗多孔菌、*Polyporus betulinus* 桦剥管菌、*Lentinus arcularius* 漏斗香菇、*Russula sanguinea* 血红菇、*Sarcodon imbricatus* 翘鳞肉齿菌。

毒菌：*Cudonia lutea* 黄地锤菌、*Gyromitra infula* 赭鹿花菌、*Gyromitra xinjiangensis* 新疆鹿花菌、*Peziza praetervisa* 茶褐盘菌、*Agaricus silvicola* 白林地蘑菇、*Coprinellus micaceus* 晶粒鬼伞、*Lepiota clypeolaria* 细鳞环柄菇、*Lepiota cristata* 冠状环柄菇、*Amanita pantherina* 豹斑毒鹅膏菌、*Cortinarius salor* 荷叶丝膜菌、*Entoloma incanum* 绿变粉褶伞、*Clitopilus piperitus* 辣斜盖伞、*Hygrocybe conica* var. *Conicoides* 变黑湿伞变种、*Hygrocybe conica* 变黑湿伞、*Galerina marginata* 具缘盔孢伞、*Gymnopilus sapineus* 赭黄裸伞（枞裸伞）、*Inocybe geophylla* 污白丝盖伞、*Inocybe flocculosa* 鳞毛丝盖伞、*Inocybe lacera* 暗毛丝盖伞、*Inocybe patouillandii* 变红丝盖伞、*Mycena pura* 洁小

菇、*Panaeolus fimicola* 粪生花褶伞、*Hebeloma sinapizans* 大黏滑菇（芥味滑锈伞）、*Clitocybe nebularis* 烟云杯伞、*Lactarius scrobiculatus* 窝柄黄乳菇、*Lactarius pubescens* 绒边乳菇、*Russula foetens* 臭红菇、*Russula subnigricans* 亚黑红菇、*Russula fragilis* 小毒红菇。

价值不明菌：*Ramalina sinensis* 犬地卷菌、*Hypomyces* sp.、*Bisporella shangrilana* 香地小双孢盘菌、*Cudonia sichuanensis* 四川地锤菌、*Cudonia circinans* 旋转地锤菌、*Helvella elastica* 马鞍菌、*Helvella* sp.、*Scutellinia scutellata* 红毛盘菌、*Humaria hemisphaerica* 半球土盘菌、*Sowerbyella rhenana* 雷纳索氏盘菌、*Sowerbyella* sp-1、*Agaricus dolichocaulis*、*Agaricus megacarpus*、*Agaricus hondensis* 本田蘑菇、*Agaricus* sp.、*Echinoderma flavidoasperum*、*Amanita* cf. *Similis Boedijn* 相似鹅膏、*Cortinarius infractus* 棕褐丝膜菌、*Cortinarius odorifer*、*Cortinarius oulankaensis*、*Cortinarius badioflavidus*、*Cortinarius venetus* 海绿丝膜菌、*Cortinarius fuscoperonatus*、*Cortinarius cupreorufus*、*Cortinarius phaeochrous*、*Cortinarius epipurrus*、*Cortinarius infractus* 矮青丝膜菌、*Cortinarius* sp-1、*Cortinarius* sp-2、*Cortinarius* sp-3、*Cortinarius* sp-4、*Entoloma* sp-1、*Entoloma* sp-2、*Entoloma* sp-3、*Laccaria* sp-1、*Laccaria* sp-2、*Hygrophorus subroseus*、*Crepidotus herbaceus* 叶生靴耳、*Crepidotus crocophyllus* 铬黄靴耳、*Inocybe leptocystis* 薄囊丝盖伞、*Inocybe nitidiuscula* 光帽丝盖伞、*Inocybe griseovelata* 灰丝盖伞、*Inocybe laurina*、*Inocybe cervicolor* 褐鳞/鹿皮色丝盖伞、*Inocybe gansuensis* 甘肃丝盖伞、*Inocybe* sp-1、*Inocybe* sp-2、*Inocybe* sp-3、*Clitolyophyllum* sp-1、*Calocybe* sp-1、*Marasmius siccus* 琥珀小皮伞（干皮伞）、*Myxomphalia maura*(Fr.) 黏脐菇、*Mycena clavicularis* 棒柄小菇、*Mycena incanus*、*Gymnopus perforans*、*Pluteus tomentosulus* 稀茸光柄菇、*Parasola setulosa* 刺毛近地伞、*Plicaturopsis crispa* 波状拟褶尾菌、*Clitocybe bresadoliana* 赭黄杯伞、*Infundibulicybe alkaliviolascens* 碱紫漏斗杯、*Tricholoma aurantium*、*Tricholoma inocybeoides* 丝盖口蘑、*Clavulina iris* var. *iris*、*Hydnellum suaveolens* 蓝柄亚齿菌、*Cantharellus* sp-1、*Phaeoclavulina subdecurrens*、*Ramaria barenthalensis*、*Ramaria* sp-1、*Byssomerulius corium* 革棉絮干朽菌、*Stereopsis humphreyi* 匙状拟韧革菌、*Trichaptum biforme* 二型附毛孔菌、*Trametes hirsuta* 毛栓孔菌、*Daedaleopsis confragosa* 裂拟迷孔菌（粗糙拟迷孔菌）、*Tyromyces kmetii* 楷米干酪菌（科氏干酪菌）、*Climacocystis borealis* 北方顶囊孔菌、*Auriscalpium vulgare* 耳匙菌、*Lentinellus ursinus* 耳状小香菇、*Albatrellus avellaneus* 榛色地花菌、*Albatrellus ovinus* 棉地花菌、*Lactarius badiosanguineus* 棕红乳菇、*Lactarius pterosporus* 翼孢乳菇、*Lactarius spinosulus* 棘乳菇、*Lactarius* sp-1、*Russula saliceticola*、*Russula brevipes* 短柄红菇、*Russula gracillima* 细弱红菇、*Russula sichuanensis*、*Chondrostereum purpureum* 紫软韧革菌、*Amylostereum areolatum* 网隙裂粉韧革菌、*Thelephora caryophyllea* 竹色石革菌、*Geastrum mieabile* 木生地星。

3 三江源森林型大型真菌区系分析

3.1 三江源森林型大型真菌区系种类组成

经过五年的考察和标本采集，积累标本 3 000 余号，共鉴定出大型真菌 228 种，隶属于 2 门 6 纲 17 目 53 科 98 属，含 3 个拟定新种，其中子囊菌门 4 纲 7 目 11 科 14 属 23 种，担子菌门 2 纲 10 目 42 科 84 属 205 种。在这些大型真菌中以红菇科（Russulaceae）最多，共 25 种，约占总物种数的 10.96%，为优势科，其次为蘑菇科（Agaricaceae，10.09%），丝膜菌科（Cortinariaceae，8.33%），口蘑科（Tricholomataceae，7.89%），丝盖伞科（Inocybaceae，5.70%），多孔菌科（Polyporacea，4.82%），其他科共占 52.19%（图 2）。

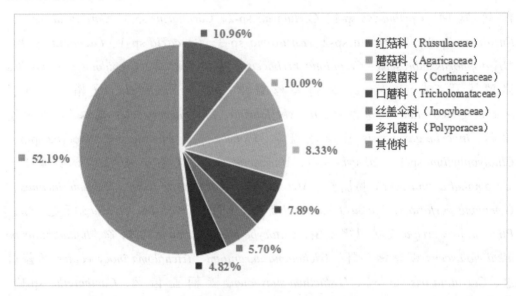

图2　三江源森林型大型真菌科组成

Fig. 2　Percentage of each forest macrofungi family from the Sanjiangyuan

优势属为丝膜菌属（*Cortinarius*），约占总物种数的 8.33%，其次为红菇属（*Russula*，6.58%），丝盖伞属（*Inocybe*，5.70%），乳菇属（*Lactarius*，4.39%），蘑菇属（*Agaricus*，3.07%），口蘑属（*Tricholoma*，3.51%），湿伞属（*Hygrocybe*，2.19%），枝瑚菌属（*Ramaria*，2.19%），其他属共占 64.04%（图 3）。

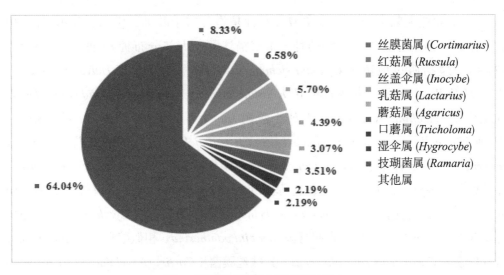

图3　三江源森林型大型真菌属组成

Fig. 3　Percentage of each forest macrofungi genus from the Sanjiangyuan

3.2　三江源森林型大型真菌区系地理成分

三江源地区森林大型真菌以欧亚大陆分布种为主，共 85 种，占总种数的 37.28%，其次是北温带型 64 种，占总种数的 28.07%，世界广布型 51 种，占总种数的 22.37%，东亚 – 北美型 11 种，占总种数的 4.82%，中国特有种 7 种，占总种数的 3.07%，中国 – 日本共有种 8 种，占总种数的 3.51%，亚洲分布种和东亚 – 南美型均有 1 种，占总种数的 0.44%（图 4）。具体如下：

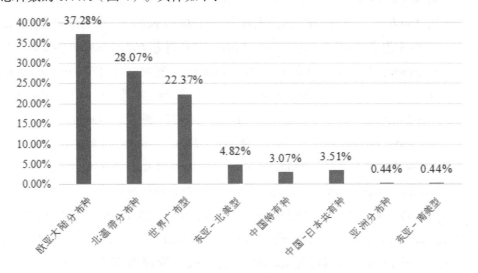

图4　三江源森林型大型真菌区系地理成分

Fig.4　Distributional type of forest macrofungi from the Sanjiangyuan

（1）欧亚大陆分布种：该类型分布种是指分布于欧洲、中国、日本、俄罗斯远东地区，但不分布于北美洲的种。本书描述欧亚大陆分布种85种，占总种数的37.28%。包括四川地锤菌 *Cudonia sichuanensis*、皱柄白马鞍菌 *Helvella crispa*、马鞍菌 *Helvella elastica*、棱柄马鞍菌 *Helvella lacunosa*、耳侧盘菌 *Otidea cochleata*、红毛盘菌 *Scutellinia scutellata*、半球土盘菌 *Humaria hemisphaerica*、羊肚菌褐赭色变种 *Morchella esculenta* var. *umbrina*、*Agaricus dolichocaulis*、翘鳞蘑菇 *Agaricus squarrosus*、林地蘑菇 *garicus sylvaticus*、黄锐鳞环柄菇 *Echinoderma flavidoasperum*、晶粒鬼伞 *Coprinellus micaceus*、裂纹马勃 *Lycoperdon rimulatum*、白鳞马勃 *Lycoperdon mammaeforme*、赭色马勃 *Lycoperdon umbrinum*、隆纹黑蛋巢菌 *Cyathus striatus*、冠状环柄菇 *Lepiota cristata*、豹斑毒鹅膏菌 *Amanita pantherina*、相似鹅膏 *Amanita similis*、紫红丝膜菌 *Cortinarius rufo-olivaceus*、紫绒丝膜菌（*Cortinarius violaceus*、*Cortinarius phaeochrous*、*Cortinarius epipurrus*）、矮青丝膜菌（*Cortinarius infractus*、*Cortinarius* sp.-1、*Cortinarius* sp.-2、*Cortinarius* sp.-3、*Cortinarius* sp.-4、*Entoloma* sp.-1、*Entoloma* sp.-2、*Entoloma* sp.-3）、辣斜盖伞 *Clitopilus piperitus*、红蜡蘑 *Laccaria laccata*、*Laccaria* sp.-1、*Laccaria* sp.-2、蜡黄湿伞 *Hygrocybe chlorophana*、康拉德湿伞康拉德变种 *Hygrocybe konradii* var.、叶生靴耳 *Crepidotus herbaceus*、赭黄裸伞 *Gymnopilus sapineus*、薄囊丝盖伞 *Inocybe leptocystis*、灰丝盖伞 *Inocybe griseovelata*、*Inocybe laurina*、褐鳞/鹿皮色丝盖伞 *Inocybe cervicolor*、鳞毛丝盖伞 *Inocybe flocculosa*、暗毛丝盖伞（*Inocybe lacera*、*Inocybe* sp.-2、*Inocybe* sp.-3）、毛褶伞属 *Clitolyophyllum* sp.-1、丽蘑属 *Calocybe* sp.-1、洁小菇 *Mycena pura*、棒柄小菇 *Mycena clavicularis*、头柄蜜环菌 *Armillaria cepistipes*、高卢蜜环菌 *Armillaria gallica*、刺毛近地伞 *Parasola setulosa*、毛柄库恩菇 *Kuehneromyces mutabilis*、大黏滑菇 *Hebeloma sinapizans*、香杯伞 *Clitocybe odora*、赭黄杯伞 *Clitocybe bresadoliana*、密褶杯伞 *Clitocybe lignatilis*、碱紫漏斗杯伞 *Infundibulicybe alkaliviolascens*、条纹灰假杯伞 *Pseudoclitocybe expallens*、灰棕铦囊蘑 *Melanoleuca cinereifolia*、橘黄口蘑 *Tricholoma aurantium*、皂味口蘑 *Tricholoma saponaceum*、假松口蘑 *Tricholoma bakamatsutake*、焰耳 *Guepinia helvelloides*、褐疣柄牛肝菌 *Leccinum scabrum*、皱锁瑚菌 *Clavulina rugosa*、兴安棒瑚菌 *Clavariadelphus khinganensis*、裂拟迷孔菌 *Daedaleopsis confragosa*、红缘拟层孔菌 *Fomitopsis pinicola*、桦剥管菌 *Polyporus betulinus*、耳匙菌 *Auriscalpium vulgare*、橄榄乳菇 *Lactarius olivinus*、棘乳菇 *Lactarius spinosulus*、*Russula saliceticola*、淡味红菇 *Russula nauseosa*、细弱红菇 *Russula gracillima*、褪绿红菇 *Russula atroglauca*、小毒红菇 *Russula fragilis*、非白红菇 *Russula exalbicans*、紫软韧革菌 *Chondrostereum purpureum*、翘鳞肉齿菌 *Sarcodon imbricatus*、紫肉齿菌 *Sarcodon violacea*。

（2）北温带分布种：该类型分布种是指广泛分布于北半球温带的种，同时包括欧洲、北美洲分布种，本书描述有北温带分布种64种，占总种数的28.07%，表现出较明显的温带区系特征。*Hypomyces* sp.、冬虫夏草*Ophiocordyceps sinensis*、旋转地锤菌*Cudonia circinans*、雷纳索氏盘（*Sowerbyella rhenana*、*Sowerbyella* sp.-1）、赭鹿花菌（*Gyromitra infula*、*Agaricus megacarpus*）、本田蘑菇（*Agaricus hondensis*、*Agaricus* sp.）、黄绿卷毛菇*Floccularia luteovirens*、白卷毛菇*Floccularia albolanaripes*、白绒鬼伞*Coprinopsis lagopus*、白刺马勃*Lycoperdon wrightii*、怡人拟锁瑚菌（*Clavulinopsis amoena*、*Cortinarius odorifer*、*Cortinarius oulankaensis*、*Cortinarius badioflavidus*）、托腿丝膜菌（*Cortinarius callochrous*、*Cortinarius cupreorufus*）、金齿*Hygrophorus chrysodon*、变黑湿伞变种*Hygrocybe conica* var. *conicoides*、铬黄靴耳*Crepidotus crocophyllus*、具缘盔孢伞（*Galerina marginata*、*Inocybe nitidiuscula*、*Inocybe* sp.-1、*Gymnopus perforans*、*Melanoleuca communis*）、半球盖菇*Stropharia semiglobata*、齿环球盖菇*Stropharia coronilla*、烟色垂幕菇*Hypholoma capnoides*、深凹漏斗（杯）伞（*Infundibulicybe gibba*、*Rhodocollybia maculata*）、大白桩菇*Leucopaxillus giganteus*、红鳞口蘑*Tricholoma vaccinum*、口蘑*Tricholoma mongolicum*、虎掌刺银耳*Pseudohydnum gelatinosum*、（岩）红孢牛肝菌*Porphyrellus porphyrosporus*、雷氏锁瑚菌*Clavulina reae*、茶褐盘菌（*Peziza praetervisa*、*Cantharellus* sp.-1、*Clavariadelphus aurantiacus*、*Clavariadelphus truncatus*、*Phaeoclavulina subdecurrens*）、细顶枝瑚菌*Ramaria gracilis*、粉红枝瑚菌*Ramaria formosa*、陀螺菌*Gomphus clavatus*、革棉絮干朽菌*Byssomerulius corium*、桦褶孔菌*Lenzites betulinus*、篱边黏褶菌*Gloeophyllum sepiarium*、朱红栓菌*Pycnoporus cinnabarinus*、变色栓菌*Trametes versicolor*、毛栓孔菌*Trametes hirsuta*、楷米干酪菌*Tyromyces kmetii*、北方顶囊孔菌*Climacocystis borealis*、耳状小香菇*Lentinellus ursinus*、漏斗香菇*Lentinus arcularius*、榛色地花菌*Albatrellus avellaneus*、短柄红菇*Russula brevipes*、扁韧革菌*Stereum subtomentosum*、网隙裂粉韧革菌*Amylosereum areolatum*、竹色石革菌*Thelephora caryophyllea*、钟形钴囊蘑*Melanoleuca exscissa*。

（3）世界广布型：在世界各地区均有分布的种，本书描述世界广布种51种，占总种数的22.37%。犬地卷菌*Peltigera canina*、中国树花*Ramalina sinensis*、黄地锤菌*Cudonia lutea*、黄地勺菌（*Spathularia flavida*、*Helvella* sp.）、新疆鹿花菌*Gyromitra xinjiangensis*、金孢花耳*Dacrymyces chrysospermus*、白林地蘑菇*Agaricus silvicola*、黄绿口蘑*Tricholoma sejunctum*、黑木耳*Auricularia auricula*、翘鳞白环蘑*Leucoagaricus nympharum*、龟裂秃马勃*Calvatia caelata*、网纹马勃*Lycoperdon perlatum*、草地横膜马勃*Lycoperdon pratense*、大孢硬皮马勃*Scleroderma bovista*、细鳞环柄菇*Lepiota* *clypeolaria*、褐黄鹅膏菌 *Amanita battarrae*、弯丝膜菌 *Cortinarius infractus*、胶质丝膜菌 *Cortinarius glaucopus*、荷叶丝膜菌 *Cortinarius salor*、绿变粉褶伞 *Entoloma incanum*、变红丝盖伞 *Inocybe patouillandii*、污白丝盖伞 *Inocybe geophylla*、琥珀小皮伞 *Marasmius siccus*、黄干脐菇 *Xeromphalina campanella*、黏脐菇 *Myxomphalia maura*、绒柄裸伞 *Gymnopus confluens*、栎生金钱菌 *Gymnopus dryophilus*、粪生花褶伞 *Panaeolus fimicola*、烟云杯伞 *Clitocybe nebularis*、黄褐牛肝菌 *Hemileccinum impolitum*、*Hydnum rufescens*、二型附毛孔菌 *Trichaptum biforme*、棱孔菌 *Favolus megaloporus*、黑柄拟多孔菌 *Polyporus melanopus*、玫瑰色拟层孔菌 *Fomitopsis rosea*、棉地花菌 *Albatrellus ovinus*、窝柄黄乳菇 *Lactarius scrobiculatus*、云杉乳菇 *Lactarius deterrimus*、棕红乳菇 *Lactarius badiosanguineus*、翼孢乳菇 *Lactarius pterosporus*、绒边乳菇（*Lactarius pubescens*、*Lactarius* sp.-1）、臭红菇 *Russula foetens*、血红菇 *Russula sanguinea*、榄色红菇 *Russula firmula*、铜绿红菇 *Russula aeruginea*、铜色红菇 *Russula cuprea*、美丽红菇（*Russula puellaris*、*Russula sichuanensis*）、袋形地星 *Geastrum saccatum*。

（4）东亚–北美型：是指间断分布于东亚和北美温带及亚热带地区的种，本书描述东亚–北美型 11 种，占总种数的 4.82%。花柄橙红鹅膏菌 *Amanita hemibapha*、烟熏离褶伞 *Lyophyllum infumatum*、稀茸光柄菇 *Pluteus tomentosulus*、波状拟褶尾菌 *Plicaturopsis crispa*、松口蘑 *Tricholoma matsutake*、巨绒盖牛肝菌（*Xerocomus magniporus*、*Ramaria barenthalensis*）、匙状拟韧革菌 *Stereopsis humphreyi*、橄榄褐乳菇 *Lactarius olivaceoumbrinus*、橙紫乳菇 *Lactarius aurantiosordidus*、蓝柄亚齿菌 *Hydnellum suaveolens*。

（5）中国特有种：是指仅分布于中国的种，本书描述有 7 种，占总种数的 3.07%。*Hygrophorus subroseus*、*Hygrocybe aurantiacus*、甘肃丝盖伞 *Inocybe gansuensis*、*Mycena incanus*、黄环枝瑚菌 *Ramaria flavicingula*、*Ramaria* sp.-1、漏斗多孔菌 *Lentinus arcularius*。

（6）中国–日本共有种：是指分布于中国、向南有时可见于中南半岛以及日本地区的种，本书描述有中国–日本共有种 8 种，占总种数的 3.51%。冬虫夏草 *Ophiocordyceps sinensis*、香地小双孢盘菌 *Bisporella shangrilana*、*Agaricus* sp.、棘孢蜡蘑 *Laccaria acanthospora*、假松口蘑 *Tricholoma bakamatsutake*、*Clavulina iris* var.*iris*、木生地星 *Geastrum mirabile*、亚黑红菇 *Russula subnigricans*。

（7）亚洲分布种：是指主要分布在亚洲地区的种，本书描述亚洲分布种仅有 1 种，占总种数的 0.44%，鸡枞菌 *Termitomyces clypeatus*。

（8）东亚–南美型：是指主要分布于日本、中国、韩国、朝鲜以及巴西等地区的种，本书描述仅有该类型 1 种，占总种数的 0.44%，西藏木耳 *Auricularia tibetica*。

3.3　三江源森林型大型真菌垂直分布

大型真菌在三江源地区垂直分布明显，绝大多数分布在海拔 3 000~3 350 m 范围内，共 101 种，占总种数的 44.30%；3 350~3 700m 范围内，共 56 种，占总种数的 24.56%；3 700~4 000 m 海拔范围内，共 52 种，占总种数的 22.81%；2 700~3 000 m 范围内大型真菌分布最少，共 19 种，占总种数的 8.33%（图 5）。具体如下：

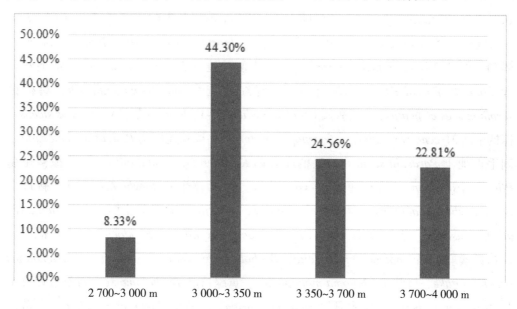

图5　三江源森林型大型真菌垂直分布

Fig.5　The number of species of forest macrofungi at different altitudes from the Sanjiangyuan

（1）2 700~3 000 m：在该海拔范围内大型真菌数量最少，共有 19 种，占总种数的 8.33%。*Hypomyces* sp.、香地小双孢盘菌 *Bisporella shangrilana*、旋转地锤菌 *Cudonia circinans*、茶褐盘菌 *Peziza praetervisa*、*Agaricus megacarpus*、白林地蘑菇 *Agaricus silvicola*、白卷毛菇 *Floccularia albolanaripes*、冠状环柄菇 *Lepiota cristata*、*Cortinarius phaeochrous*、*Cortinarius epipurrus*、烟熏离褶伞 *Lyophyllum infumatum*、绒柄裸伞 *Gymnopus confluens*、粪生花褶伞 *Panaeolus fimicola*、齿环球盖菇 *Stropharia coronilla*、皂味口蘑 *Tricholoma saponaceum*、变色栓菌 *Trametes versicolor*、绒边乳菇 *Lactarius pubescens*、小毒红菇 *Russula fragilis*、非白红菇 *Russula exalbicans*。

（2）3 000~350 m：在该海拔范围内大型真菌数量最多，共有 101 种，占总种数的 44.30%。犬地卷菌 *Peltigera canina*、冬虫夏草 *Ophiocordyceps sinensis*、香地小双孢盘菌 *Bisporella shangrilana*、棱柄马鞍菌 *Helvella lacunosa*、*Otidea cochleata*、红毛盘

菌 *Scutellinia scutellata*、半球土盘菌 *Humaria hemisphaerica*、雷纳索氏盘 *Sowerbyella rhenana*、赭鹿花菌 *Gyromitra infula*、翘鳞蘑菇 *Agaricus squarrosus*、林地蘑菇 *Agaricus sylvaticus*、*Agaricus* sp.、大白桩菇 *Leucopaxillus giganteus*、隆纹黑蛋巢菌 *Cyathus striatus*、褐黄鹅膏菌 *Amanita battarrae*、花柄橙红鹅膏菌 *Amanita hemibapha*、相似鹅膏 *Amanita similis*、白鳞马勃 *Lycoperdon mammaeforme*、怡人拟锁瑚菌 *Clavulinopsis amoena*、紫红丝膜菌（*Cortinarius rufo-olivaceus*、*Cortinarius badioflavidus*、*Cortinarius fuscoperonatus*、*Cortinarius* sp.-1、*Cortinarius* sp.-2、*Cortinarius* sp.-4、*Entoloma* sp.-1）、辣斜盖伞 *Clitopilus piperitus*、红蜡蘑 *Laccaria laccata*、叶生靴耳 *Crepidotus herbaceus*、光帽丝盖伞 *Inocybe nitidiuscula*、灰丝盖伞 *Inocybe griseovelata*、*Inocybe laurina*、褐鳞/鹿皮色丝盖伞 *Inocybe cervicolor*、甘肃丝盖伞 *Inocybe gansuensis*、鳞毛丝盖伞（*Inocybe flocculosa*、*Inocybe* sp.-1）、变红丝盖伞 *Inocybe patouillandii*、鸡枞菌 *Termitomyces clypeatus*、毛褶伞属 *Clitolyophyllum* sp.-1、琥珀小皮伞 *Marasmius siccus*、棒柄小菇 *Mycena clavicularis*、*Gymnopus perforans*、稀茸光柄菇 *Pluteus tomentosulus*、刺毛近地伞 *Parasola setulosa*、毛柄库恩菇 *Kuehneromyces mutabilis*、波状拟褶尾菌 *Plicaturopsis crispa*、香杯伞 *Clitocybe odora*、烟云杯伞 *Clitocybe nebularis*、赭黄杯伞 *Clitocybe bresadoliana*、密褶杯伞 *Clitocybe lignatilis*、碱紫漏斗杯伞 *Infundibulicybe alkaliviolascens*、条纹灰假杯伞 *Pseudoclitocybe expallens*、*Rhodocollybia maculata*、灰棕铦囊蘑（*Melanoleuca cinereifolia*、*Tricholoma aurantium*）、假松口蘑 *Tricholoma bakamatsutake*、口蘑 *Tricholoma mongolicum*、黄绿口蘑 *Tricholoma sejunctum*、西藏木耳 *Auricularia tibetica*、黑木耳 *Auricularia auricula*、焰耳 *Guepinia helvelloides*、黄褐牛肝菌 *Hemileccinum impolitum*、（岩）红孢牛肝菌 *Porphyrellus porphyrosporus*、巨绒盖牛肝菌 *Xerocomus magniporus*、雷氏锁瑚菌（*Clavulina reae*、*Hydnum rufescens*、*Cantharellus* sp.-1）、兴安棒瑚菌（*Clavariadelphus khinganensis*、*Clavariadelphus aurantiacus*）、革棉絮干朽菌 *Byssomerulius corium*、匙状拟韧革菌 *Stereopsis humphreyi*、二型附毛孔菌 *Trichaptum biforme*、桦褶孔菌 *Lenzites betulinus*、楷米干酪菌 *Tyromyces kmetii*、棱孔菌 *Favolus megaloporus*、黑柄拟多孔菌 *Polyporus melanopus*、红缘拟层孔菌 *Fomitopsis pinicola*、桦剥管菌 *Polyporus betulinus*、钟形铦囊蘑 *Melanoleuca exscissa*、耳匙菌 *Auriscalpium vulgare*、榛色地花菌 *Albatrellus avellaneus*、蓝柄亚齿菌 *Hydnellum suaveolens*、窝柄黄乳菇 *Lactarius scrobiculatus*、云杉乳菇 *Lactarius deterrimus*、棕红乳菇 *Lactarius badiosanguineus*、翼孢乳菇 *Lactarius pterosporus*、橄榄褐乳菇 *Lactarius olivaceoumbrinus*、橙紫乳菇 *Lactarius aurantiosordidus*、橄榄乳菇 *Lactarius olivinus*、棘乳菇（*Lactarius spinosulus*、*Lactarius* sp.-1）、臭红菇（*Russula foetens*、*Russula saliceticola*）、淡味红菇 *Russula nauseosa*、

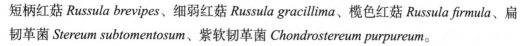

短柄红菇 *Russula brevipes*、细弱红菇 *Russula gracillima*、榄色红菇 *Russula firmula*、扁韧革菌 *Stereum subtomentosum*、紫软韧革菌 *Chondrostereum purpureum*。

（3）3 350~3 700 m：在该海拔范围内大型真菌共 56 种，占总种数的 24.56%。中国树花 *Ramalina sinensis*、黄地锤菌 *Cudonia lutea*、皱柄白马鞍菌 *Helvella crispa*、羊肚菌（*Morchella esculenta*、*Echinoderma flavidoasperum*）、翘鳞白环蘑 *Leucoagaricus nympharum*、龟裂秃马勃 *Calvatia caelata*、裂纹马勃 *Lycoperdon rimulatum*、草地横膜马勃 *Lycoperdon pratense*、网纹马勃 *Lycoperdon perlatum*、赭色马勃 *Lycoperdon umbrinum*、白刺马勃 *Lycoperdon wrightii*、豹斑毒鹅膏菌（*Amanita pantherina*、*Cortinarius odorifer*、*Cortinarius oulankaensis*、*Cortinarius cupreorufus*）、托腿丝膜菌 *Cortinarius callochrous*、荷叶丝膜菌 *Cortinarius salor*、矮青丝膜菌（*Cortinarius infractus*、*Entoloma* sp.-3、*Hygrophorus subroseus*）、蜡黄湿伞 *Hygrocybe chlorophana*、变黑湿伞变种 *Hygrocybe conica* var. *conicoides*、康拉德湿伞康拉德变种 *Hygrocybe konradii* var. *konradii*、污白丝盖伞 *Inocybe geophylla*、铬黄靴耳（*Crepidotus crocophyllus*、*Inocybe* sp.-3）、黄干脐菇 *Xeromphalina campanella*、黏脐菇（*Myxomphalia maura*、*Mycena incanus*）、栎生金钱菌（*Gymnopus dryophilus*、*Melanoleuca communis*）、烟色垂幕菇 *Hypholoma capnoides*、松口蘑（*Tricholoma matsutake*、*Tricholoma inocybeoides*）、虎掌刺银耳 *Pseudohydnum gelatinosum*、大孢硬皮马勃 *Scleroderma bovista*、褐疣柄牛肝菌（*Leccinum scabrum*、*Phaeoclavulina subdecurrens*）、漏斗多孔菌 *Lentinus arcularius*、毛栓孔菌 *Trametes hirsuta*、耳状小香菇 *Lentinellus ursinus*、漏斗香菇 *Lentinus arcularius*、棉地花菌 *Albatrellus ovinus*、铜绿红菇 *Russula aeruginea*、铜色红菇 *Russula cuprea*、美丽红菇 *Russula puellaris*、亚黑红菇 *Russula subnigricans*、紫肉齿菌 *Sarcodon violacea*、袋形地星（*Geastrum saccatum*、*Helvella* sp.）、弯丝膜菌 *Cortinarius infractus*、黄环枝瑚菌 *Ramaria flavicingula*、粉红枝瑚菌 *Ramaria formosa*、篱边粘褶菌 *Gloeophyllum sepiarium*、玫瑰色拟层孔菌 *Fomitopsis rosea*、木生地星 *Geastrum mirabile*。

（4）3 700~4 000 m：在该海拔范围内大型真菌共 52 种，占总种数的 22.81%。四川地锤菌 *Cudonia sichuanensis*、黄地勺菌 *Spathularia flavida*、马鞍菌（*Helvella elastica*、*Sowerbyella* sp.-1）、新疆鹿花菌 *Gyromitra xinjiangensis*、金孢花耳 *Dacrymyces chrysospermus*、*Agaricus dolichocaulis*、黄绿卷毛菇 *Floccularia luteovirens*、白绒鬼伞 *Coprinopsis lagopus*、晶粒鬼伞 *Coprinellus micaceus*、细鳞环柄菇 *Lepiota clypeolaria*、胶质丝膜菌 *Cortinarius glaucopus*、海绿丝膜菌 *Cortinarius venetus*、紫绒丝膜菌（*Cortinarius violaceus*、*Cortinarius* sp.-3、*Cortinarius* sp.-4）、绿变粉褶伞 *Entoloma incanum*、棘孢蜡蘑（*Laccaria acanthospora*、*Laccaria* sp.-1、

Laccaria sp.-2）、金齿 / 粒蜡伞 *Hygrophorus chrysodon*、*Hygrocybe aurantiacus*、变黑湿伞 *Hygrocybe conica*、具缘盔孢伞 *Galerina marginata*、赭黄裸伞 *Gymnopilus sapineus*、薄囊丝盖伞 *Inocybe leptocystis*、暗毛丝盖伞（*Inocybe lacera*、*Inocybe* sp.-2、*Calocybe* sp.-1）、洁小菇 *Mycena pura*、黄小蜜环菌 *Armillaria cepistipes*、高卢蜜环菌 *Armillaria gallica*、半球盖菇 *Stropharia semiglobata*、大黏滑菇 *Hebeloma sinapizans*、深凹漏斗（杯）伞 *Infundibulicybe gibba*、红鳞口蘑 *Tricholoma vaccinum*、皱锁瑚菌（*Clavulina rugosa*、*Clavulina iris* var.*iris*、*Clavariadelphus truncatus*、*Ramaria barenthalensis*）、红细枝瑚菌（*Ramaria gracilis*、*Ramaria* sp.-1）、陀螺菌 *Gomphus clavatus*、朱红栓菌 *Pycnoporus cinnabarinus*、裂拟迷孔菌 *Daedaleopsis confragosa*、北方顶囊孔菌 *Climacocystis borealis*、褪绿红菇 *Russula atroglauca*、血红菇（*Russula sanguinea*、*Russula sichuanensis*）、网隙裂粉韧革菌 *Amylosereum areolatum*、竹色石革菌 *Thelephora caryophyllea*、翘鳞肉齿菌 *Sarcodon imbricatus*。

各　论

1.1　茶渍纲Lecanoromycetes

1.1.1　地卷目Peltigerales

地卷科 Peltigeraceae

地卷属 *Peltigera*

（1）*Peltigera canina* 犬地卷菌

Peltigera canina (L.) Willd. Fl. berol. prodr.: 347. (1787).

= *Peltophora canina* (L.)Clem., Gen. fung. (Minneapolis): 75.(1909).

子实体中等大。整体呈叶片状，顶端开裂，边缘稍皱褶或呈波浪状；上表面基部浅灰黑色，向边缘渐浅，表面具白色细小茸毛；下表面灰白色，基部稍带浅黄褐色，有明显的褶脉，假根密集；电镜下，菌肉菌丝光滑紧密。

图6　A,B:子实体生境　C,D:菌丝体

Fig.6　A,B:basidiocarps　C,D:hyphae

生境：潮湿的苔藓周围。

世界分布：世界广布。

中国分布：青海、云南、新疆、宁夏、贵州等。

标本：青海果洛玛可河林区，32°54′12″N，101°14′14″E，海拔 3 315 m，QHU19001、QHU19002，32°54′49″N，101°14′36″E，海拔 3 300 m，QHU19007；青海黄南藏族自治州同仁市，35°14′04″N，102°53′56″E，海拔 3327 m，QHU21002。

1.1.2 茶渍目Lecanorales

树花科 Ramalinaceae

树花属 *Ramalina*

（2）*Ramalina sinensis* 中国树花

Ramalina sinensis Jatta, Nuovo Giornale Botanico Italiano: 262 (1902).

子实体靠近树干的部分具小柄，从着生部位向上生长为片状，长 2.0~3.0 cm，宽 3.0~4.0 cm 不等，距小柄约 0.5 cm 处呈分支状，正面为灰绿色，背面为浅白色，表面有棱状花纹，凹凸不平，分枝顶端具有小盘，质地柔软呈纸质状，韧性较好不易碎，依附在树干上生长。担子（35.0~45.0）μm×（8.0~12.0）μm，长圆柱形，顶端稍膨大，无色，排列密集，担孢子（10.0~13.5）μm×（5.0~7.4）μm，长椭圆形，无色光滑，中央具两个油滴，中央部位向内溢缩。

图7　A-C:子实体生境

Fig.7　A-C:basidiocarps

生境：潮湿树干上。

世界分布：世界广布。

中国分布：青海、甘肃，东北、华北等。

标本：青海黄南藏族自治州同仁市，35°14′04″N，101°53′56″E，海拔 3 389 m，QHU20261，35°56′11″N，102°12′23″E，海拔 3 361 m，QHU22001，35°14′04″N，101°53′16″E，海拔 3 451 m，QHU21004、QHU21005。

1.2 核菌纲Pyrenomycetes

1.2.1 肉座菌目Hypocreales

肉座菌科 Hypocreaceae

菌寄生属（毡座属）*Hypomyces*

（3）*Hypomyces* sp.

菌丝体白色，完全覆盖生长于树皮表面和韧皮部。

图8　A,B:子实体生境

Fig.8　A,B:basidiocarps

生境：树枝表面。

世界分布：中国、墨西哥、西班牙、俄罗斯等。

中国分布：青海、东北地区、云南等。

标本：青海黄南麦秀林区，35°19′53″N，101°55′14″E，海拔 2 782 m，QHU20122，35°44′12″N，101°16′23″E，海拔 2 841 m，QHU21006、QHU22015。

1.2.2 球壳目Sphaeriales

麦角菌科 Clavicipitaceae

麦角菌属 *Claviceps*

（4）*Ophiocordyceps sinensis* 冬虫夏草

Ophiocordyceps sinensis (Berk.) G.H. Sung, J.M. Sung, Hywel-Jones & Spatafora, Studies in Mycology 57: 46 (2007).

子实体棍棒状,新鲜革质,无特殊气味,基部浅黄色,有6~10对小疣突,中部黄褐色,顶部黑褐色，内部白色，干后木栓质，外部灰褐色至黑褐色，光滑至略粗糙，内部白色，顶部子实体偶有 2~3 分支，整体长 4.0~6.0 cm，直径 2.0~3.0 mm。

图9　A-D:子实体生境

Fig.9　A-D:basidiocarps

生境：草地土壤中。

标本：青海果洛玛可河林区，32°39′53″N，101°04′35″E，海拔 2 980 m，QHU20079，32°09′25″N，101°27′53″E，海拔 3 157 m，QHU19012、QHU19220。

1.3　锤舌菌纲 Leotiomycetes

1.3.1　柔膜菌目 Helotiales

柔膜菌科 Helotiaceae

小双孢盘菌属 *Bisporella*

（5）*Bisporella shangrilana* 香地小双孢盘菌

Bisporella shangrilana W.Y. Zhuang & H.D. Zheng, in Zhuang, Zheng & Ren, Mycosystema 36(4): 409. (2017).

子实体小。杯状，菌盖直径 0.2~0.5 cm，平展，近圆形，橙黄色，菌柄较短，长 0.2 cm，粗 0.1 cm，浅黄色，干后呈橙色。

子囊（85.0~175.0）μm×（7.5~12.5）μm，棒状，无色透明；子囊孢子（17.5~21.5）μm×（10.0~15.0）μm，Q=1.3~2.0，Q_m=1.6，长椭圆形，无色，厚壁，中央具内含物，光滑；侧丝（67.5~72.5）μm×（2.5~3.7）μm，线形。

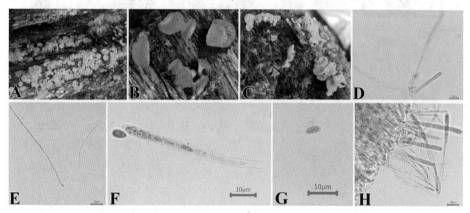

图10　A-C:子实体生境　D,H:子囊和侧丝　E:侧丝　F:子囊和子囊孢子　G:子囊孢子

Fig.10　A-C:basidiocarps D,H:asci and paraphyses E:paraphyses F:asci and ascospores G:ascospores

生境：桦树树皮。

标本：青海果洛玛可河林区，32°39′21″N，101°05′33″E，海拔 3 300 m，QHU20070；青海黄南麦秀林区，35°20′27″N，101°56′18″E，海拔 2 826 m，QHU20021、QHU21020。

1.3.2　斑痣盘菌目 Rhytismatales

地锤菌科 Cudoniaceae

地锤菌属 *Cudonia*

（6）*Cudonia sichuanensis* 四川地锤菌

Cudonia sichuanensis Zheng Wang, Mycologia 94(4): 644. (2002).

子实体较小。菌盖直径 0.3~1.4 cm，马鞍状，内卷至菌柄，杏色，表面近光滑；菌柄长约 3.5 cm，粗约 0.8 cm，柱状或稍扁平，色同菌盖或稍浅，顶部有纵生沟槽，形成纵棱，表面被白色小鳞片。

子囊（85.0~137.5）μm×（10.0~12.5）μm，棒状，无色透明，顶端膨大；子囊孢子（41.2~56.3）μm×（1.2~2.5）μm，Q=18.0~42.0，Q_m=33.4，线形，一端钝圆，一端较尖，具内含物；侧丝（67.5~72.5）μm×（2.5~3.8）μm，线形；柄皮菌丝3.8~10.0 μm，排列较整齐。

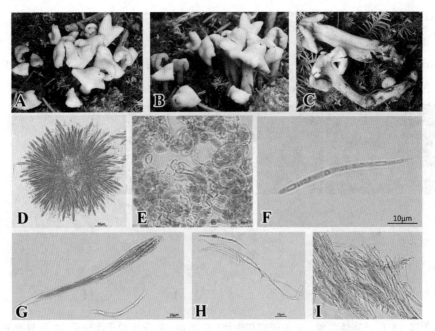

图11　A-C:子实体生境　D:子囊，子囊孢子和侧丝　E:菌盖外表皮　F:子囊孢子　G:子囊和子囊孢子　H:侧丝　I:柄皮菌丝

Fig.11　A-C:basidiocarps D:asci, ascospores and paraphyses E:non-hymenial F:ascospores G:asci and ascospores H:paraphyses I:stipitipellis

生境：落叶松针周围。

世界分布：中国、印度、英国等。

中国分布：青海、四川。

标本：青海玉树白扎林区，31°51′10″N，96°31′12″E，海拔3 784 m，QHU20375；青海玉树东仲林区，32°44′18″N，97°22′44″E，海拔3 881 m，QHU21119、QHU22011。

讨论：本研究中该种 *Cudonia sichuanensis* 菌盖呈杏色，表面光滑；已记载子实体聚生，湿润时呈亮黄色，干燥时呈棕色。

（7）*Cudonia lutea* 黄地锤菌

Cudonia lutea (Peck) Sacc. Miscell. mycol. 2: 15 (1885).

= *Vibrissea lutea* Peck, Bulletin of the Buffalo Society of Natural Sciences 1: 70 (1873).

子实体小至中等大。菌盖直径0.3~1.4 cm，幼时呈马鞍形，内卷至菌柄，杏色，表面近光滑；菌柄长约 3.5 cm，粗约 0.8 cm，柱状至扁平，色同菌盖或稍深，基部为黄褐色至黑褐色，顶部有纵沟槽，表面被白色细小鳞片。

子囊（67.5~142.5）μm×（7.5~11.3）μm，棒状，无色透明，顶端膨大；子囊孢子（41.3~56.3）μm×（1.3~2.5）μm，Q=18.0~42.0，Q_m=34.0，线形，中间稍粗，向两端尖细，具内含物；侧丝宽（67.5~87.5）μm×（2.5~3.8）μm，线形，顶端稍膨大；柄皮菌丝宽 3.8~10.0 μm，排列较乱。

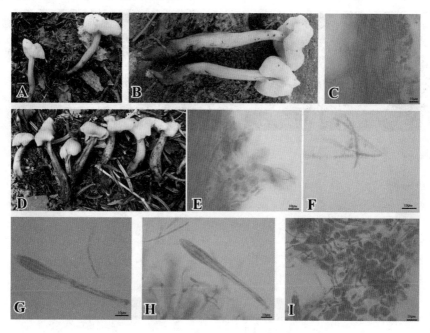

图12　A,B,D:子实体生境　C,E:柄皮菌丝　F:子囊孢子　G:子囊和子囊孢子

H:子囊,子囊孢子和侧丝　I:菌盖外表皮

Fig.12　A,B,D:basidiocarps C,E:stipitipellis F:ascospores G:asci and ascospores H:asci, ascospores and paraphyses I:non-hymenial

生境：潮湿的落叶松针周围。

世界分布：世界广布。

中国分布：中国广布。

标本：青海果洛玛可河林区，32°54′10″N，100°51′49″E，海拔 3 395 m，QHU20147，32°39′17″N，101°25′45″E，海拔 3 375 m，QHU20198。

（8）*Cudonia circinans* 旋卷地锤菌

Cudonia circinans (Pers.) Fr. Summa veg. Scand., Sectio Post. (Stockholm): 348. (1849).

= *Leotia circinans* Pers. Comm. fung. clav. (Lipsiae): 31. (1797).

子实体较小。菌盖直径 0.5~0.7 cm，橙黄色，边缘内卷至菌柄，表面近光滑或具褶皱；菌柄长 2.6 cm，粗 0.2 cm，长柱状，浅黄色至浅黄褐色，表面具沟槽和白色短茸毛，菌根较发达。

子囊（75.0~125.0）μm×（6.3~8.8）μm，棒状，无色；子囊孢子（42.5~75.0）μm×（1.3~2.5）μm，Q=21.0~42.0，Q_m=32.9，线形，无色，两端尖，具内含物，在子囊中成束，多行排列；侧丝（70.0~100.0）μm×（1.3~2.5）μm，线形，无色，顶端呈膝状弯曲，具明显的隔膜。

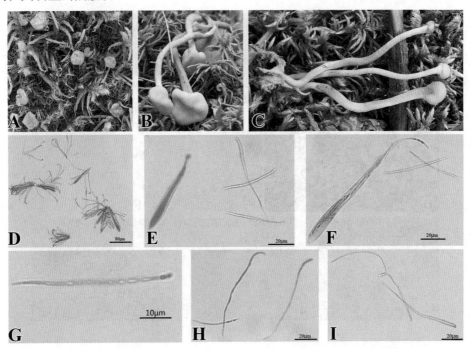

图13　A-C:子实体生境　D:子囊,子囊孢子和侧丝　E,F:子囊和子囊孢子　G:子囊孢子　H,I:侧丝

Fig.13　A-C:basidiocarps　D:asci, ascospores and paraphyses　E,F:asci and ascospores　G:ascospores H,I:paraphyses

生境：潮湿的苔藓类植物周围的土壤中。

世界分布：中国、瑞典、瑞士、挪威、加拿大、丹麦、英国、芬兰等。

中国分布：青海、西藏、湖北，东北地区。

标本：青海果洛玛可河林区，32°39′09″N，101°23′35″E，海拔 2 796 m，QHU19052；青海玉树白扎林区，31°46′12″N，96°34′19″E，海拔 2 820 m，QHU20301；青海玉树东仲林区，32°44′18″N，97°22′44″E，海拔 2 779 m，QHU20370、QHU20371。

地勺菌属 *Spathularia*

（9）*Spathularia velutipes* 绒柄拟地勺菌

Spathularia flavida Pers, Neues Mag. Bot. 1: 116. (1794).

= *Spathularia flavida* var. *minima* Mains, Mycologia 47(6): 868 (1956).

子实体较小，肉质。高 2.5~5.0 cm，子实层幼时黄褐色，成熟后呈褐色至红褐色，表面具砖红色小斑点，耳状或近勺状，沿菌柄上部两侧生长，宽 2.0~3.0 cm，波浪状或有向两侧的脉棱；菌柄长 1.5~4.0 cm，黄褐色至砖红色，略扁，表面具不明显沟槽。

子囊（82.5~110.0）μm×（7.5~11.2）μm，棒状，无色；子囊孢子（37.5~50.0）μm×（1.2~2.5）μm，Q=17.0~32.0，Q_m=22.7，线形，无色，两端尖，具内含物，在子囊中成束，多行排列；侧丝（65.0~90.0）μm×（1.2~2.5）μm，线形，无色，顶端弯曲且一侧边缘具波浪纹，呈"叉"状分支，长短不一，具隔；菌柄表皮菌丝宽 3.7~10.0 μm，油黄色，菌柄表面结构色较深，不规则砖格状。

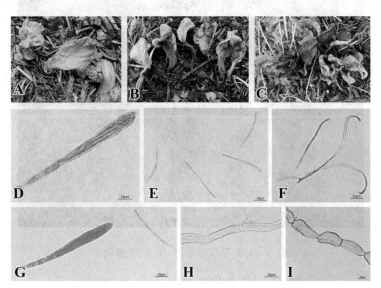

图14　A-C:子实体生境　D:子囊　E:子囊孢子　F:侧丝　G:子囊和子囊孢子　H-I:柄皮菌丝

Fig.14　A-C:basidiocarps D:vasci E:ascospores F:paraphyses G:asci and ascospores H-I:stipitipellis

生境：潮湿的苔藓类植物周围。

世界分布：世界广布。

中国分布：中国广布。

标本：青海果洛玛可河林区，32°41′18″N，101°45′22″E，海拔 3 798 m，QHU19069，32°39′51″N，100°57′21″E，海拔 3 865 m，QHU20138，32°39′12″N，101°01′16″E，海拔 3 956 m，QHU20210；青海玉树白扎林区，31°51′24″N，96°31′14″E，海拔 3 784 m，QHU20376；青海黄南麦秀林区，35°15′14″N，101°53′22″E，海拔 3 856 m，QHU20143。

讨论：经在黄地勺菌 [*Spathularia flavida* (MushroomExpert.Com)] 中查询，已记载种子实层颜色为浅黄色，透明，胶质；而本研究中该种子实层幼时黄褐色，成熟后呈褐色至红褐色，表面具砖红色小斑点。

（10）*Spathularia flavida* 黄地勺菌

Spathularia flavida Pers, Neues Mag.Bot. 1: 116. (1794).

= *Spathularia flavida* var. *minima* Mains, Mycologia 47(6): 868（'1955'）. (1956).

子实体小，淡黄色或白色胶质耳勺状，直径 1.0~1.5 cm，富含水分，较厚实，切开后可以明显看到较厚的一层菌肉；菌柄长 3.0~4.0 cm，根部生于土壤中的部分呈褐色，地表以上的菌柄与子实体同色且表面有皱缩状纹路，无菌褶，生于苔藓丛中。

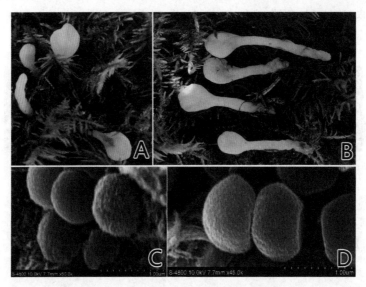

图15　A,B:子实体生境　C-D:子囊孢子

Fig.15　A,B: basidiocarps　C-D: ascospores

生境：潮湿苔藓丛中。

世界分布：世界广布。

中国分布：中国广布。

标本：青海省黄南藏族自治州同仁市，35° 15′ 46″ N，101° 53′ 38″ E，海拔 3 202 m，QHU21143，35° 23′ 47″ N，102° 04′ 23″ E，海拔 3 179 m，QHU21018、QHU21117。

1.4　盘菌纲 Pezizomycetes

盘菌目 Pezizales

马鞍菌科 Helvellaceae

马鞍菌属 *Helvella*

（11）*Helvella crispa* 皱柄白马鞍菌

Helvella crispa (Scop.) Fr. Syst. mycol. (Lundae) 2(1): 14. (1822).

= *Costapeda crispa* (Scop.) Falck, Śluzowce monogr., Suppl. (Paryz) 3: 401. (1923).

子实体较小至中等大。菌盖直径约 1.2 cm，呈不规则瓣状，边缘波浪状，白色至浅黄色；菌柄柱状，浅黄色至浅杏色，表面具沟槽，形成纵棱。

图16　A-C:子实体生境

Fig.16　A-C:basidiocarps

生境：潮湿的苔藓类植物周围的土壤中。

世界分布：中国、荷兰、英国、瑞典、丹麦、瑞士、德国、墨西哥、西班牙等。

中国分布：东北地区，青海、湖北、贵州、内蒙古、山西、四川、江西等。

标本：青海玉树白扎林区，31°46′49″N，96°34′29″E，海拔 3 691 m，QHU20315；青海玉树江西林区，32°04′45″N，97°05′22″E，海拔 3 501 m，QHU20464，32°05′46″N，96°03′40″E，海拔 3 501 m，QHU20478。

（12）*Helvella elastica* 马鞍菌

Helvella elastica Bull.Herb. Fr. (Paris) 6: tab. 242. (1785).

子实体较小。直径 1.5~2.7 cm，幼时浅盘状，子实层褐色，光滑，非子实层浅黄褐色和灰白色不均匀分布，表面被短纤毛，成熟时菌盖马鞍状，褐色，表面近光滑具稀疏短纤毛，边缘与柄分离；菌柄长约 4.5 cm，粗约 0.3 cm，柱状，色同非子实层，基部较发达，具短茸毛。

子囊（225.0~277.5）μm×（12.5~20.0）μm，柱状，无色，常具 8 个子囊孢子；子囊孢子（16.3~20.0）μm×（10.0~12.5）μm，Q=1.4~1.7，Q_m=1.5，椭圆形至卵形，表面光滑；侧丝（170.0~230.0）μm×（6.3~8.8）μm，棒状，无色，顶部稍膨大，较子囊长；柄皮菌丝近球状胞，不规则排列；非子实层为角状胞结构，近规则排列。

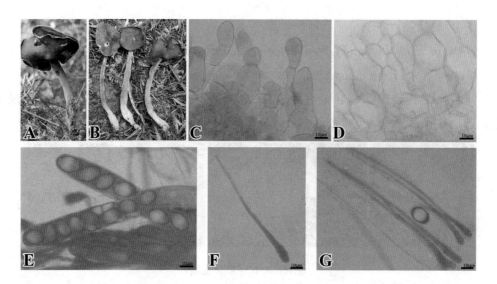

图17　A,B:子实体生境　C:柄皮菌丝　D:菌盖外表皮 E:子囊和侧丝　F.侧丝　G:子囊,子囊孢子和侧丝

Fig.17　A,B:basidiocarps C:stipitipellis D:Pileipellis E:asci and paraphyses F:paraphyses G:asci,
ascospores and paraphyses

生境：潮湿的苔藓类植物周围的土壤中。

世界分布：中国、瑞典、德国、丹麦、瑞士、挪威、西班牙等。

中国分布：东北地区，青海、湖北、西藏、贵州、陕西等。

标本：青海玉树白扎林区，32°02′35″N，97°09′25″E，海拔 3 785 m，QHU20440、QHU20458；青海玉树东仲林区，32°44′18″N，97°22′44″E，海拔 3 795 m，QHU20443；青海玉树江西林区，32°04′26″N，97°01′22″E，海拔 3 895 m，QHU20479。

讨论：经在 [*Helvella elastica* (Mushroom Expert.Com)] 中查询，已记载种子实层黄棕色至棕色，菌柄白色至浅棕色；本研究中该种幼时浅盘状，子实层褐色，光滑，非子实层浅黄褐色和灰白色不均匀分布，表面被短纤毛，成熟时菌盖马鞍状，褐色，表面近光滑具稀疏短纤毛，菌柄色同非子实层。

（13）*Helvella lacunosa* 棱柄马鞍菌

Helvella lacunosa Afzel. K. svenska Vetensk-Akad. Handl., ser. 2 4: 304. (1783).

子实体小。菌盖直径约 1.2 cm，马鞍状，灰黑色，子实层生菌盖表面；菌柄长 3.7 cm，粗 0.4 cm，柱状，浅灰黑色，表面具明显纵生沟槽，基部具白色菌丝。

子囊（200.0~262.5）μm×（11.2~13.7）μm，无色；子囊孢子（15.0~17.5）μm×（7.5~8.7）μm，Q=1.4~1.7，Q_m=1.5，椭圆形，表面光滑，中央具油滴；侧丝（155.0~227.5)μm×（5.0~7.5)μm，棒状，无色，顶部稍膨大，较子囊长；非子实层组织为球状胞，不规则排列。

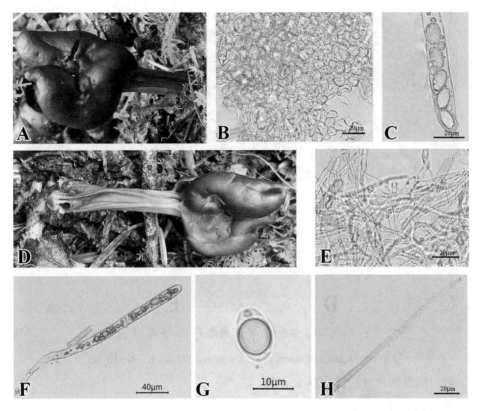

图18　A,D:子实体生境　B:非子实层　C,F,G:子囊和子囊孢子　E:柄皮菌丝　H:侧丝

Fig.18　A, D:basidiocarps B:non-hymenial C, F, G:asci and ascospores E:stipitipellis H:paraphyses

生境：潮湿的苔藓类植物周围的土壤中。

世界分布：中国、瑞典、德国、丹麦、瑞士、挪威、英国、西班牙等。

中国分布：东北地区，青海、湖北、内蒙古、山西、西藏、贵州、陕西等。

标本：青海果洛玛可河林区，32°39′16″N，100°58′23″E，海拔 3 275 m，QHU20185，32°48′34″N，101°45′29″E，海拔 3 345 m，QHU19011、QHU19010。

（14）*Helvella* sp.

子实体较小。整株呈浅盘状，子囊盘直径 3.0 cm，近平展，边沿稍内卷，黄褐色至灰黑色，子实层和非子实层表面均有零散的杏色不规则形斑点，边缘稍开裂；菌柄长约 2.5 cm，粗约 0.6 cm，柱状，有纵棱或沟条伸至子囊盘基部，杏色至浅褐色。

子囊（212.5~252.5）μm×（12.5~15.0）μm，柱状，无色，具 8 个子囊孢子；孢子（16.8~18.8）μm×（6.2~12.5）μm，Q=1.3~1.6，Q_m=1.4，宽椭圆形，无色，光滑，中央具油滴；侧丝（170.0~235.0）μm×（5.0~7.5）μm，顶端稍膨大，具隔。

图19 A,B:子实体生境 C:子囊孢子 D:子囊 E:侧丝

Fig.19 A,B:basidiocarps C:ascospores D:asci E:paraphyses

生境：潮湿的落叶松针周围土壤中。

世界分布：世界广布。

中国分布：青海、湖北、内蒙古、山西、西藏、贵州、陕西。

标本：青海玉树白扎林区，31°47′16″N，96°34′56″E，海拔3 619 m，QHU20258、QHU22071；青海玉树东仲林区，32°44′18″N，97°22′44″E，海拔3 502 m，QHU22138。

火丝菌科 Pyronemataceae

侧盘菌属 *Otidea*

（15）*Otidea cochleata*

Otidea cochleata (L.) Fuckel, Jb. nassau. Ver. Naturk. 23-24: 329（'1869-70'）. (1870).

= *Cochlearia cochleata* (L.) LambottE, Mém. Soc. roy. Sci. LiègE, Série 2 14: 323 (1887).

子实体较小。直径约2.8 cm，耳状，肉质，向内翻卷，子实层光滑，浅褐色至褐色，边缘开裂；非子实层色较浅，被有短茸毛，浅褐色。

子囊（135.0~215.0）μm×（7.5~11.3）μm，棍棒状，无色，具8个子囊孢子；子囊孢子（12.5~17.5）μm×（5.0~7.5）μm，Q=2.0~2.7，Q_m=2.3，椭圆形，无色，中央具油滴；侧丝（170.0~250.0）μm×（2.0~5.0）μm，线形，较子囊长，具明显隔膜，基部呈二叉状分支；非子实层呈角胞状组织，不规则排列。

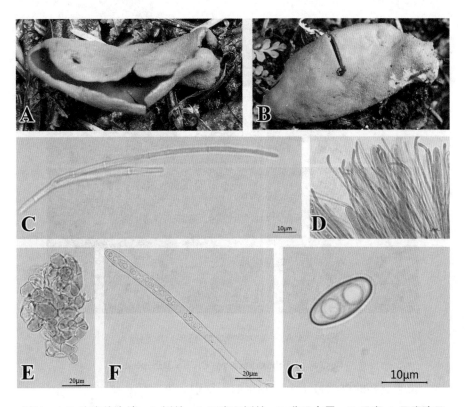

图20　A,B:子实体生境　C:侧丝　D:子囊和侧丝　E:非子实层　F:子囊　G:子囊孢子

Fig.20　A,B:basidiocarps C:paraphyses D:asci and paraphyses E:non-hymenial F:asci G:ascospores

生境：潮湿的落叶松针周围土壤中。

世界分布：中国、西班牙、挪威、瑞士、瑞典、德国、法国、比利时等。

中国分布：东北地区，青海、四川、西藏、甘肃等。

标本：青海果洛玛可河林区，32°39′57″N，100°58′16″E，海拔3 213 m，QHU20166，32°39′16″N，101°23′55″E，海拔3 275 m，QHU20186、QHU21225。

毛盘菌属 *Scutellinia*

（16）*Scutellinia scutellata* 红毛盘菌

Scutellinia scutellata (L.) LambottE, Mém. Soc. roy. Sci. LiègE, Série 2 14: 299 (1888).

= *Ciliaria scutellata* (L.) Quél. ex Boud, Hist. Class. Discom. Eur. (Paris): 61. (1907).

子实体小。碗状，无柄，子实层面橙红色，近光滑；非子实层橙色，边缘和表面均被黑褐色至黑色纤毛，顶端尖，较硬，肉质；电镜下，黑色纤毛呈长锥状，表面光滑，菌丝体排列整齐，表面近光滑。

图21　A,B:子实体生境　C:纤毛　D:菌丝

Fig.21　A,B:basidiocarps C:cilia D:hyphae

生境：长于腐朽的桦树枝干上和潮湿的土壤中。

世界分布：中国、瑞典、荷兰、丹麦、挪威、瑞士、澳大利亚等。

中国分布：东北地区，青海、湖北、内蒙古、甘肃、广西、西藏等。

标本：青海果洛玛可河林区，32°28′17″N，100°43′42″E，海拔 3 213 m，QHU19066；青海黄南麦秀林区，35°12′24″N，101°56′41″E，海拔 3 114 m，QHU20124、QHU20212。

土盘菌属 *Humaria*

（17）*Humaria hemisphaerica* 半球土盘菌

Humaria hemisphaerica (F.H. Wigg.) Fuckel, Jahrbücher des Nassauischen Vereins für Naturkunde 23-24: 322 (1870).

= *Mycolachnea hemisphaerica* (F.H. Wigg.) MairE, Publ. Inst. Bot. Barcelona 3(no. 4): 24. (1937).

子实体较小。子囊盘直径 0.3~1.5 cm，碗状或近杯状，无柄，子实层面灰白色，边缘灰褐色至褐色，表面被暗褐色粗糙的毛，非子实层浅黄褐色，向基部渐浅，被暗褐色粗糙的毛。

表面纤毛长 170.0~340.0 μm，黄褐色，呈长角锥状；子囊（175.0~250.0）μm×（15.0~20.0）μm，无色，具8个子囊孢子；子囊孢子（22.5~25.0）μm×（10.0~12.5）μm，Q=1.6~2.2，Q_m=1.9，椭圆形，表面光滑，中央具油滴；侧丝（70.0~100.0）μm×

（0.6~1.3）μm，线形，无色，顶部稍膨大，较子囊长；非子实层为角状胞结构，不规则排列。

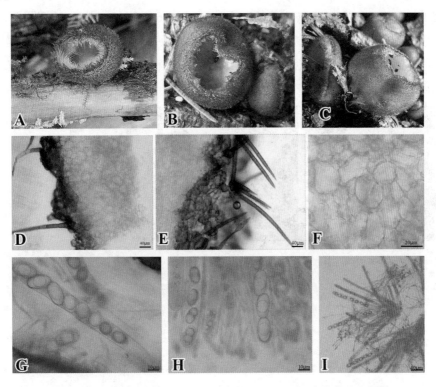

图22　A-C:子实体生境　D-F:非子实层　G-I:子囊,子囊孢子和侧丝

Fig.22　A-C:basidiocarps D-F:non-hymenial G-I:asci, ascospores and paraphyses

生境：桦树树枝上，落叶松针和苔藓类植物周围的土壤中。

世界分布：中国、比利时、瑞典、瑞士、挪威、奥地利、西班牙、丹麦、法国、土耳其等。

中国分布：东北地区，青海、湖北、内蒙古、西藏、云南、四川、甘肃、北京、河南等。

标本：青海果洛玛可河林区，32°39′34″N，100°58′39″E，海拔3 275 m，QHU20196，31°46′24″N，101°12′29″E，海拔3 293 m，QHU20293；青海玉树江西林区，32°04′34″N，97°01′58″E，海拔3 247 m，QHU20471。

索氏盘菌属 *Sowerbyella*

（18）*Sowerbyella rhenana* 雷纳索氏盘

Sowerbyella rhenana (Fuckel) J. Moravec, Mycol. helv. 2(1): 96. (1986).

= *Peziza rhenana* (Fuckel) Boud, Hist. Class. Discom. Eur. (Paris): 54. (1907).

子实体较小。菌盖直径约2.5 cm，盘状，子实层中间橙黄色，向边缘渐浅，非子实层杏色，表面被短茸毛；菌柄长约3.5 cm，粗约0.5 cm，柱状，污白色，表面被茸毛，几乎整个菌柄埋入地下。

子囊（280.0~320.0）μm×（10.0~20.0）μm，柱状，无色，常具8个子囊孢子；子囊孢子（20.0~25.0）μm×（10.0~12.5）μm，Q=1.6~2.3，Q_m=1.9，长椭圆形，无色，光滑，中央具油滴；侧丝（170.0~250.0）μm×（2.0~5.0）μm，线形，顶部稍膨大呈膝状弯曲，弯曲部分外缘呈波浪形，部分顶端呈二叉状分支，具隔，非子实层角胞状，不规则排列。

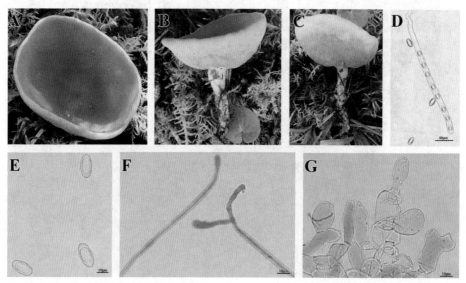

图23　A-C:子实体生境　D:子囊和子囊孢子　E:子囊孢子　F:侧丝　G:非子实层

Fig.23　A-C:basidiocarps　D:asci and ascospores　E:ascospores　F:paraphyses　G:non-hymenial

生境：潮湿的苔藓类植物周围土壤中。

世界分布：中国、澳大利亚、阿根廷、墨西哥、智利、奥地利等。

中国分布：青海、湖北、山西、陕西等。

标本：青海黄南麦秀林区，35°15′14″N，101°53′15″E，海拔3 223 m，QHU20121；青海玉树白扎林区，31°46′54″N，96°34′43″E，海拔3 691 m，QHU20362、QHU21085。

讨论：经在（*Sowerbyella rhenana* (Mushroom Expert .Com)）中查询，已记载种子囊孢子未成熟时光滑，无色，成熟后具有网状孢壁纹饰；本研究中该种子囊孢子长椭圆形，无色，表面近光滑。

（19）*Sowerbyella* sp.-1

子实体较小。菌盖直径1.4~2.4 cm，边缘稍内卷且开裂，褐色至深褐色，子实层光滑色较深，非子实层被褐色鳞片，向菌柄处渐少；菌柄柱状，较短，表面被白色茸毛。

子囊（172.5~232.5）μm×（8.8~12.5）μm，柱状，具8个子囊孢子；子囊孢子

（10.0~27.5）μm×（8.8~12.5）μm，Q=1.6~2.0，Q_m=1.8，长椭圆形，光滑，无色，中央具油滴；侧丝（150.0~215.0）μm×（1.3~2.5）μm，顶部膨大弯曲，且弯曲一侧具波浪纹；非子实层组织角胞状，不规则排列。

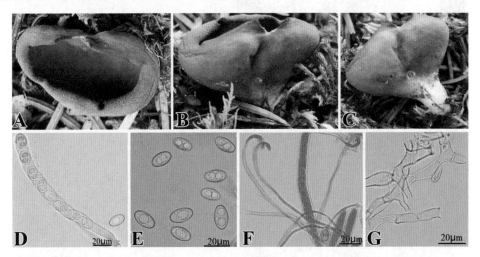

图24　A-C:子实体生境　D:子囊　E:子囊孢子　F:子囊和侧丝　G:柄皮菌丝

Fig.24　A-C:basidiocarps D:asci E:ascospores F:asci and ascospores G:stipitipellis

生境：落叶松针和苔藓类植物周围土壤中。

世界分布：中国、瑞士、墨西哥、西班牙等。

中国分布：东北地区，青海、陕西、西藏、四川、内蒙古等。

标本：青海玉树白扎林区，31°51′46″N，96°31′49″E，海拔 3 785 m，QHU20365；青海玉树东仲林区，32°44′18″N，97°22′44″E，海拔 3 741 m，QHU21046、QHU20020。

平盘菌科 Discinaceae

鹿花菌属 *Gyromitra*

（20）*Gyromitra infula* 赭鹿花菌

Gyromitra infula (Schaeff.) Quél.Enchir. fung. (Paris): 272. (1886).

= *Physomitra infula* (Schaeff.) Boud. Hist. Class. Discom. Eur. (Paris): 35. (1907).

子实体较小。菌盖直径 1.5 cm，子实层浅黄褐色至褐色，边缘呈波浪状内卷，表面近光滑；菌柄长约 5.5 cm，粗约 1.2 cm，柱状，向基部渐粗，表面被白色茸毛。

子囊（185.0~237.5）μm×（10.0~11.2）μm，柱状，无色；子囊孢子（15.0~22.5）μm×（7.5~8.8）μm，Q=2.0~3.0，Q_m=2.5，长椭圆形，无色光滑，具油滴；侧丝（87.5~147.5）μm×（2.5~3.8）μm，线形，顶端膨大呈锤状，具隔；柄皮菌丝宽 5.0~10.0 μm，具锁状联合。

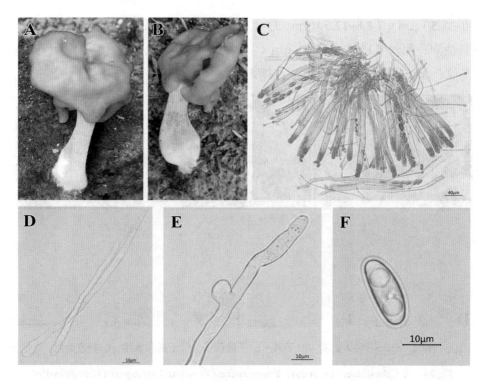

图25　A,B:子实体生境　C:子囊,子囊孢子和侧丝　D:侧丝　E:盖皮菌丝　F:子囊孢子

Fig.25　A,B:basidiocarps C:asci, ascospores and paraphyses D:paraphyses E:pileipellis F:ascospores

生境：腐烂的基质和潮湿的苔藓类植物周围。

世界分布：中国、瑞士、瑞典、挪威、奥地利、墨西哥、西班牙等。

中国分布：东北地区，青海、陕西、西藏、四川、内蒙古等。

标本：青海果洛玛可河林区，32°39′23″N，100°58′49″E，海拔 3 331 m，QHU20201，32°49′31″N，101°04′51″E，海拔 3 319 m，QHU21013、QHU21045。

（21）*Gyromitra xinjiangensis* 新疆鹿花菌

Gyromitra xinjiangensis J.Z. Cao, L. Fan & B. Liu, Acta Mycol. Sin.: 105 (1990).

子实体中等大。菌盖直径约 4.0 cm，马鞍状，黄褐色，边缘呈褐色至黑褐色，表面具较平的凹窝；菌柄长约 2.5 cm，粗约 1.0 cm，柱状，灰褐色，表面被有短茸毛，基部颜色浅，浅黄色，气味香。

子囊（185.0~237.5）μm×（10.0~11.3）μm，柱状，常具 8 个子囊孢子；子囊孢子（12.5~22.5）μm×（7.5~10.0）μm，Q=2.1~3.2，Q_m=2.5，长椭圆形，无色光滑，具油滴；侧丝（87.5~147.5）μm×（2.5~3.8）μm，线形，顶端膨大呈锤状，具隔；盖皮菌丝宽 5.0~12.5 μm，排列较乱；柄皮菌丝宽 5.0~15.0 μm，黄褐色至红褐色，排列较乱。

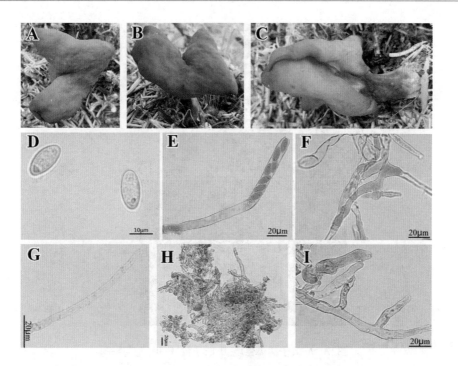

图26　A-C:子实体生境　D:子囊孢子　E:子囊和子囊孢子　F:盖皮菌丝 G:侧丝　H,I:柄皮菌丝

Fig.26　A-C:basidiocarps　D:ascospores　E:asci and ascospores　F:pileipellis G:paraphyses H,I:stipitipellis

生境：潮湿的落叶松针和苔藓类植物周围。

世界分布：世界广布。

中国分布：青海、新疆等。

标本：青海玉树白扎林区，31°51′36″N，96°31′42″E，海拔3 785 m，QHU20357；青海玉树东仲林区，32°23′45″N，97°25′44″E，海拔3 723 m，QHU21009、QHU21021。

羊肚菌科 Morchellaceae

羊肚菌属 *Morchella*

（22）*Morchella esculenta* 羊肚菌

Morchella esculenta (L.) Pers., Synopsis methodica fungorum: 618 (1801).

子实体较大，菌盖圆筒状或椭圆形，中空，表面有形似棱形的凹坑，凹坑内部颜色较浅为黄褐色，突起的棱颜色较深为黑色；菌盖直径6.0~8.0 cm，菌柄圆柱状，长约10.0 cm，近白色表面有小颗粒突起，从中央切开后内部也会有白色颗粒物存在，菌柄中空；生长在潮湿背光的苔藓中。子囊（260.0~390.0）μm×（30.0~35.0）μm，柱状，内部具8个子囊孢子，子囊孢子（33.0~35.0）μm×（24.3~28.4）μm，长椭圆形，光滑无色，下子实层组织角胞状，不规则排列。

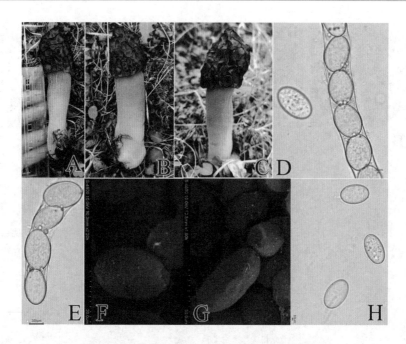

图27　A-C:子实体生境　D,E:子囊　F-H:子囊孢子

Fig.27　A-C:basidiocarps　D,E:asc　F-H:ascospores

生境：苔藓中。

世界分布：中国、法国、德国、美国、印度等。

中国分布：青海、西藏、云南、新疆等。

标本：青海黄南藏族自治州同仁市，35°14′04″N，101°53′56″E，海拔3 389 m，QHU22101；青海黄南麦秀林区，35°15′19″N，101°51′23″E，海拔2 834 m，QHU21022；青海果洛玛可河林区，32°39′22″N，101°00′35″E，海拔3 219 m，QHU22223。

盘菌科 Pezizaceae

盘菌属 *Peziza*

（23）*Peziza praetervisa* 茶褐盘菌

Peziza praetervisa Bres., Malpighia 11 (6-8): 266 (1897).

子实体较小，初期子实体呈小碗状或杯状，后期边缘会稍平展，且会有缺刻，直径 0.5~1.0 cm，子实体内表面棕褐色，稍裂开，显白色；子实体背面灰白色，少数会带有细小茸毛；菌柄不规则，具棱。

图28　A–C:子实体生境

Fig.28　A–C:basidiocarps

生境：湿润土壤中。

世界分布：世界广布。

中国分布：青海、云南、四川等。

标本：青海黄南麦秀林区，35°15′19″N，101°51′23″E，海拔3 878 m，QHU21027；青海果洛玛可河林区，32°36′24″N，101°23′34″E，海拔3 260 m，QHU21123；青海玉树江西林区，32°02′16″N，97°00′11″E，海拔2 997 m，QHU21224。

2　担子菌门 Basidiomycota

2.1　花耳纲Dacrymycetes

花耳目 Dacrymycetales

花耳科 Dacrymycetaceae

花耳属 *Dacrymyces*

（24）*Dacrymyces chrysospermus* 金孢花耳

Dacrymyces chrysospermus Berk. & M.A. Curtis, Grevillea 2 (14): 20 (1873)

= *Dacryopsis palmata* Lloyd. Mycol. Writ. 6(Letter 64): 989. (1920).

子实体较小,橙黄色或部分呈白色,呈脑花状或不规则花瓣状,光滑,边缘稍有皱缩,干后呈橙红色；菌肉胶质,有弹性。

图29　A, B:子实体生境

Fig.29　A,B:basidiocarps

生境：桦树树干上。

世界分布：世界广布。

中国分布：东北地区，青海、台湾、湖北、内蒙古、广西等。

标本：青海果洛玛可河林区，32°39′22″N，101°0′35″E，海拔3 852 m，QHU19057、QHU19068，32°36′24″N，101°23′34″E，海拔3 752 m，QHU19201、QHU20052；青海玉树白扎林区，31°47′30″N，96°34′23″E，海拔3 768 m，QHU20275、QHU20291；青海玉树江西林区，32°2′16″N，97°0′11″E，海拔3 923 m，QHU20438。

2.2　伞菌纲 Agaricomycetes

伞菌目 Agaricales

蘑菇科 Agaricaceae

蘑菇属 *Agaricus*

（25）*Agaricus dolichocaulis*

Agaricus dolichocaulis R.L. Zhao & B. Cao, Mycologia 113 (1): 199 (2020)

子实体中等大。菌盖直径 5.7~6.2 cm，浅栗褐色，向边缘渐浅，表面具放射状条纹，光滑，成熟时边缘不同程度开裂，中间稍凹陷；菌肉较薄，白色，具苦杏仁味；菌褶不等大，宽 0.4 cm，杏色，褶绿色较深，较紧密，离生；菌柄长约 9.0 cm，粗约 1.5 cm，柱状，色同菌盖，基部膨大呈球形，白色，下延性菌环生于菌柄中上部，膜质，黄色至浅橙色，空心。担孢子（7.5~10.0）μm×（3.7~5.0）μm，Q=1.5~2.3，Q_m=1.9，椭圆形至柠檬形，未成熟时呈浅黄色，成熟时带橄榄色，具脐突，表面近光滑，中央具油滴；担子（37.5~63.3）μm×（5.0~7.5）μm，棒状，无色透明，2~4 个小梗；菌髓菌丝排列较乱；菌盖表皮菌丝宽 5.0~7.5 μm，近平行排列；菌柄表皮菌丝宽 3.8~7.5 μm，排列较乱，末端近圆柱形。

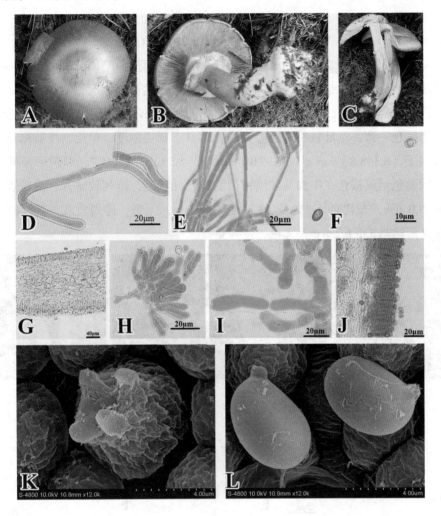

图30　A-C:子实体生境　D:柄皮菌丝　E:盖皮菌丝　F,L:担孢子　G,I:菌髓菌丝

H,J:担子和担孢子　K:担子

Fig.30　A-C:basidiocarps D:stipitipellis E:pileipellis F.L:basidiospores G,I:trama H.J:basidia and basidiospores K:basidia

生境：潮湿的苔藓类植物周围。

世界分布：中国、美国、瑞士、日本等。

中国分布：青海、山西、甘肃、内蒙古等。

标本：青海玉树白扎林区，31°47′30″N，96°34′23″E，海拔 3 795 m，QHU20417，31°47′30″N，96°34′23″E，海拔 3 795 m，QHU21023；青海果洛玛可河林区，32°39′22″N，101°0′35″E，海拔 3 280 m，QHU22024。

讨论：本研究中该种与已记载种 *Agaricus dolichocaulis* 区别为后者菌盖幼时白色，成熟时为浅紫色。

（26）*Agaricus squarrosus* 翘鳞蘑菇

Agaricus squarrosus Yu Li, Acta bot. Yunn. 12(2): 157 (1990).

子实体中等大。菌盖直径约 7.8 cm，近平展，中间稍凹陷，黄褐色至红褐色，向边缘渐浅，被纤毛状丛生鳞片；菌肉污白色，较厚；菌褶不等大，宽 0.8 cm，紫褐色至黑褐色，紧密，离生；菌柄长约 12.0 cm，粗约 1.2 cm，柱状，浅褐色，靠近菌盖部分与菌褶颜色一致，基部较粗，空心；中上部具下延性菌环，单层，浅黄褐色，易脱落。担孢子（6.3~8.8）μm×（3.8~5.0）μm，Q=1.5~2.3，Q_m=1.7，卵圆形至椭圆形，光滑，橄榄色至灰褐色，中央具油滴；菌髓菌丝球状胞，排列较整齐；菌盖表面鳞片宽 5.0~10.0 μm，黄褐色，表皮菌丝宽 5.0~8.8 μm，无色，排列较乱，具锁状联合；菌柄表皮菌丝宽 3.8~6.2 μm，无色，排列整齐。

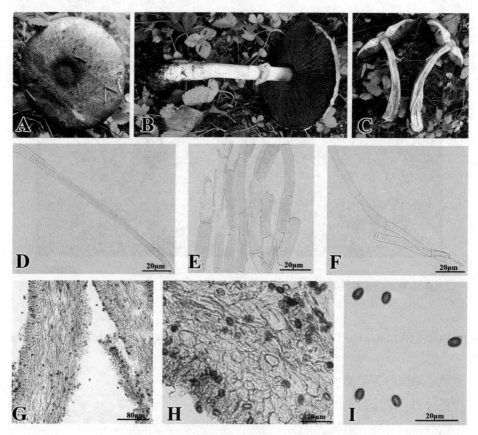

图31 A-C:子实体生境 D:柄皮菌丝 E,F:盖皮菌丝 G,H:菌髓菌丝 I:担孢子

Fig.31 A-C:basidiocarps D:stipitipellis E,F:pileipellis G,H:trama I:basidiospores

生境：青杆林下潮湿的土壤中。

世界分布：中国、德国等。

中国分布：青海、西藏、河北等。

标本：青海果洛玛可河林区，32°39′22″N，101°00′35″E，海拔3 280 m，QHU20093、QHU21025；青海黄南麦秀林区，35°15′19″N，101°51′23″E，海拔3 221 m，QHU21226。

（27）*Agaricus sylvaticus* 林地蘑菇

Agaricus sylvaticus Schaeff. Fung. bavar. palat. nasc. (Ratisbonae) 4: 62. (1774).

= *Pratella sylvatica* (Schaeff.) Gillet, Hyménomycètes (Alençon): 564. (1878).

子实体中等大。菌盖直径约4.7 cm，近平展，污白色，表面被土褐色纤毛状丛生鳞片，中间密集，边缘有菌幕残片；菌肉较厚，白色；菌褶不等大，宽0.2~0.3 cm，紧密，褶面土褐色，褶缘浅黑褐色，离生；菌柄长约5.0 cm，粗约0.9 cm，柱状，白色至污白色，基部膨大呈球形，光滑，实心，剖开里面有纵条纹，下延性菌环生于中上部，黑褐色，易脱落。电镜下，担孢子幼时近球形，成熟时椭圆形，具脐突，表面具纤维物；担子具4个小梗。

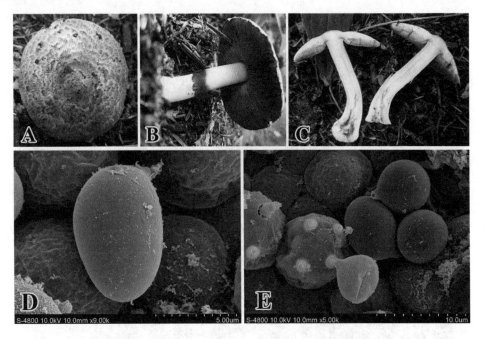

图32　A-C:子实体生境　D:担孢子　E:担子和担孢子

Fig.32　A-C:basidiocarps　D:basidiospores　E:basidia and basidiospores

生境：落叶松针周围土壤中。

世界分布：中国、英国、瑞典、瑞士、挪威、丹麦、西班牙、荷兰。

中国分布：东北地区，青海、内蒙古、湖北、湖南、西藏、贵州等。

标本：青海果洛玛可河林区，32°39′22″ N，101°0′35″ E，海拔 3 270 m，QHU20106；青海黄南麦秀林区，35°15′19″ N，101°51′23″ E，海拔 3 098 m，QHU21026、QHU21037。

（28）*Agaricus megacarpus*

Agaricus megacarpus R.L. Zhao & B. Cao, Mycologia 113 (1): 204 (2020).

子实体较小至中等大。幼时子实体钟形，白色，表面密被浅黄色短纤毛状丛生鳞片，边缘与菌柄连接；菌肉白色，较厚；菌褶不等大，宽 0.3~0.5 cm，浅杏色至浅粉色，较紧密，离生；菌柄长约 10.3 cm，粗约 2.3 cm，柱状，基部稍膨大，色同菌盖，表面密被纤毛状丛生鳞片，中空；成熟时子实体近平展，或呈扁半球形，白色，表面密被浅褐色短纤毛状丛生鳞片，边缘具菌环残片；菌褶褶面杏色至粉褐色，较紧密，腹鼓状，离生；菌柄长 4.5~5.0 cm，粗 0.6~1.2 cm，柱状，基部膨大，下延性菌环生于菌柄中上部，上部颜色与菌褶边缘同色，下部为蜡黄色，向基部为白色，表面密被短纤毛状丛生鳞片，中空。电镜下，担孢子椭圆形，大小为（7.6~10.3）$\mu m \times$（4.2~5.0）μm，Q=1.5~2.5，Q_m=1.7，表面近光滑；担子具 4 个小梗。

图33 A-E:子实体生境及剖面 F:担孢子 G:担子 H,I:担子和担孢子

Fig.33 A-E:basidiocarps and profile F:basidiospores G:basidia H,I:basidia and basidiospores

生境：潮湿的苔藓类植物周围。

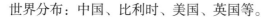

世界分布：中国、比利时、美国、英国等。

中国分布：青海、北京、河北、甘肃等。

标本：青海黄南麦秀林区，35°15′19″N，101°51′23″E，海拔2 834 m，QHU20188、QHU21089；青海果洛玛可河林区，32°39′22″N，101°0′35″E，海拔2 879 m，QHU21127、QHU21229。

（29）*Agaricus hondensis* 本田蘑菇

Agaricus hondensis Murrill, Mycologia 4(6): 296. (1912).

子实体较大。菌盖直径约10.5 cm，近平展，红褐色，中间色深，向边缘渐浅，表面被纤毛状丛生鳞片；菌肉较薄，白色，肉质；菌褶不等大，宽0.4~0.5 cm，紧密，褐色至红褐色，弯生至离生；菌柄长约5.5 cm，粗约1.0 cm，柱状，污白色稍带灰，表面被菌幕残片，基部稍膨大，实心，剖开里面有纵条纹，菌柄菌肉和表皮具明显的界限；菌环生于中上部，黄褐色，易脱落。

担孢子（5.0~7.5）μm×（3.8~5.0）μm，Q=1.2~2.0，Q_m=1.5，椭圆形，幼时浅黄褐色，成熟时黄褐色至茶褐色，光滑，中央具油滴；担子结构不明显；菌髓菌丝近平行排列；菌盖表皮菌丝宽3.8~5.0 μm，近平行排列，具内含物；菌柄表皮菌丝宽5.0~18.8 μm，无色，近平行排列。

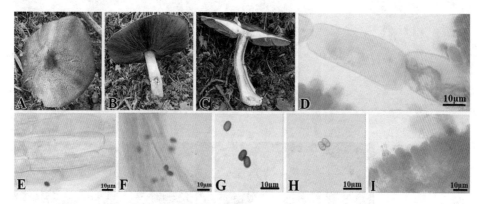

图34　A-C:子实体生境　D:菌髓菌丝　E:柄皮菌丝　F:盖皮菌丝　G,H:担孢子　I:子实层和担子

Fig.34　A-C:basidiocarps D:trama E: stipitipellis F:pileipellis G,H:basidiospores

I:hymenial and basidia

生境：青杆林下的落叶松针和苔藓类植物周围土壤中。

世界分布：中国、加拿大、英国、印度等。

中国分布：青海，西南地区。

标本：青海果洛玛可河林区，32°39′22″N，101°0′35″E，海拔3 300 m，QHU20148；青海黄南麦秀林区，35°15′19″N，101°51′23″E，海拔2 834 m，QHU21048、QHU22029。

（30）*Agaricus* sp.

子实体中等大。菌盖直径约 4.6 cm，近半球形，黑褐色，表面被灰黑色粉状物和小鳞片，成熟时边缘稍皱缩，具不明显的条纹；菌肉较厚，黄褐色，肉质；菌褶不等大，0.6~0.8 cm，褶面黑色，褶缘灰褐色，较紧密，弯生至离生，整个菌褶呈波浪状排列；菌柄长约 6.0 cm，粗约 0.8 cm，柱状，中上部具下延性菌环，浅黑褐色，表面被鳞片和不明显纵条纹，实心。担孢子（5.0~7.5）μm×（3.8~5.0）μm，Q=1.6~2.0，Q_m=1.4，卵圆形至柠檬形，黄褐色，成熟时黑褐色至黑色，表面近光滑，具油滴和明显的脐突；担子多具 4 个小梗，小梗较长；柄皮表皮菌丝宽 3.8~5.0 μm，近平行排列；菌盖表皮菌丝宽 3.8~6.2 μm，排列较乱，具内含物；靠近子实层的菌髓菌丝为球胞状组织，中间组织近平行排列；整个子实体在 KOH 溶液中呈黄褐色至黑褐色。

图35　A-C:子实体生境　D:柄皮菌丝　E:盖皮菌丝　F:菌髓结构　G,H:担孢子　I:担子

Fig.35　A-C:basidiocarps D:stipitipellis E:pileipellis F:pileipellis G,H:basidiospores I:basidia

生境：潮湿的落叶松针和苔藓类植物周围土壤中。

世界分布：中国、美国、英国、印度、日本等。

中国分布：青海、山西、陕西、云南等。

标本：青海果洛玛可河林区，32°39′22″N，101°0′35″E，海拔3 300 m，QHU20077、QHU21044；青海黄南麦秀林区，35°15′19″N，101°51′23″E，海拔3 281 m，QHU21130。

（31）*Agaricus silvicola* 白林地蘑菇

Agaricus silvicola (Vittad.) Peck (1872)

子实体中等大，直径3.0~4.0 cm，前期菌盖合拢呈球状，后期展开菌盖半球形且边缘开裂，表面粗糙有鳞片状剥落，粉白色菌肉，菌盖较厚实，触感松软；菌褶密集，离生不等长；菌柄长且粗，长5.0~6.0 cm，直径1.0~2.0 cm，中空，菌柄靠近菌盖的部分为乳白色，靠近土层的部分橘黄色且表面附着有小颗粒物，底部稍膨大。

图36　A-C:子实体生境

Fig.36　A-C:basidiocarps

生境：潮湿的草地周围。

世界分布：世界广布。

中国分布：青海、山西、河北、黑龙江等。

标本：青海黄南麦秀林区，35°15′19″N，101°51′23″E，海拔2 834 m，QHU21156；青海果洛玛可河林区，32°02′16″N，97°00′11″E，海拔2 894 m，QHU21081、QHU21183。

Echinoderma 属

（32）*Echinoderma flavidoasperum*

Echinoderma flavidoasperum Y.J. Hou & Z.W. GE, Phytotaxa 447 (4): 223 (2020)

子实体中等大。菌盖直径约5.6 cm，伞形，黄色至浅土褐色，表面具纤毛状鳞片，边缘稍内卷，具膜状菌幕残留；菌肉较厚，白色；菌褶不等大，宽约0.3 cm，浅杏色，较紧密，离生；菌柄长约10.0 cm，粗约1.5 cm，柱状，色同菌盖，向基部渐粗，表面被菌幕残片，空心。

图37　A-C:子实体生境

Fig.37　A-C:basidiocarps

生境：潮湿的苔藓类植物周围。

世界分布：中国、意大利、法国、英国等。

中国分布：青海、云南、广东等。

标本：青海果洛玛可河林区，32°2′16″N，97°0′11″E，海拔 3 512 m，QHU20445；青海黄南麦秀林区，35°15′19″N，101°51′23″E，海拔 3 378 m，QHU21131、QHU22152。

卷毛菇属 *Floccularia*

（33）*Floccularia luteovirens* 黄绿卷毛菇

Floccularia luteovirens (Alb. & Schwein.) Pouzar. Česká Mykol. 11(1): 50. (1957).

= *Tricholoma luteovirens* (Alb. & Schwein.) Ricken. Die Blätterpilze 1: 330. (1915).

子实体中等大。菌盖直径约 6.6 cm，近扁平，橙黄色，表面被白色短茸毛，边缘有少许菌幕残余；菌肉极薄，白色；菌褶不等大，宽约 0.4 cm，浅黄色，较密，弯生至离生；菌柄长约 12.0 cm，粗约 1.0 cm，柱状，黄色，中下部表面被鳞片，基部被白色茸毛，空心。担子（22.5~30.0）μm×（5.0~6.3）μm，棒状，细长，无色，具 2~4 个担子小梗；菌髓菌丝近平行排列；菌柄表皮菌丝宽 2.0~3.5 μm，近平行排列，菌盖表皮菌丝宽 1.5~5.0 μm，近平行排列。

图38　A-C:子实体生境　D:柄皮菌丝　E,F,I:担孢子和担子　G:菌髓菌丝　H:盖皮菌丝

Fig.38　A-C: basidiocarps D:stipitipellis E,F,I:basidia and basidiospores G:trama H:pileipellis

生境：潮湿的苔藓类植物周围。

世界分布：中国、瑞典、墨西哥、西班牙、奥地利、瑞士、德国、丹麦。

中国分布：青海、西藏、四川等。

标本：青海果洛玛可河林区，32°02′16″N，97°00′11″E，海拔3 724 m，QHU19023；青海玉树白扎林区，31°47′30″N，96°34′23″E，海拔3 785 m，QHU20364；青海黄南麦秀林区，35°15′19″N，101°51′23″E，海拔3 856 m，QHU22232。

（34）*Floccularia albolanaripes* 白卷毛菇

Floccularia albolanaripes (G.F. Atk.) Redhead, Can. J. Bot. 65(8): 1556. (1987).

= *Armillaria albolanaripes* G.F. Atk, Annls mycol. 6(1): 54. (1908).

子实体中等大。菌盖直径约4.5 cm，伞形至近平展，浅橙黄色，中间凸起色较深，橙色，表面被短小鳞片，边缘稍内卷；菌肉较厚，浅黄色；菌褶不等大，宽0.3~0.5 cm，较紧密，浅杏色至浅黄色，直生；菌柄长约4.5 cm，粗约1.8 cm，柱状，向基部渐粗，浅黄色，表面具黄色环状鳞片，实心。担孢子（3.8~7.5）μm×（1.0~2.5）μm，柠檬形至杏仁形，无色，中间具内含物；担子（18.8~32.5）μm×（3.8~5.0）μm，棒状，无色，具2~4个小梗；柄皮菌丝宽3.8~8.8 μm，近平行排列；盖皮菌丝宽3.8~10.0 μm，无色，近平行排列；菌髓菌丝宽 5.0~12.5 μm，近平行排列。

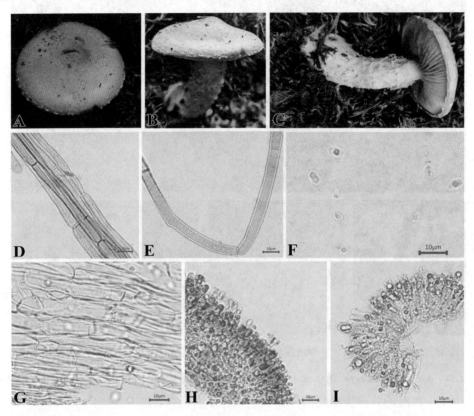

图39 A-C:子实体生境 D:柄皮菌丝 E:盖皮菌丝 F:担孢子 G:菌髓菌丝 H, I:担子和担孢子

Fig.39 A-C:basidiocarps basidiocarps D:stipitipellis E:pileipellis F:basidiospores G:trama H,I:basidia and basidiospores

生境：潮湿的苔藓类植物周围。

世界分布：中国、墨西哥、西班牙、俄罗斯。

中国分布：东北地区，青海、云南。

标本：青海黄南麦秀林区，35°15′19″N，101°51′23″E，海拔 2 782 m，QHU20101；青海玉树白扎林区，31°47′30″N，96°34′23″E，海拔 2 785 m，QHU20131、QHU22033。

鬼伞属 Coprinus

（35）*Coprinopsis lagopus* 白绒鬼伞

Coprinopsis lagopus (Fr.) Redhead, Vilgalys & Moncalvo, in Redhead, Vilgalys, Moncalvo, Johnson & Hopple, taxon 50(1): 229. (2001).

子实体较小。菌盖直径约 1.0 cm，灰色，表面具明显的黑色纵条纹和绒絮状鳞片；菌褶不等大，宽约 0.1 cm，稀疏，灰黑色，褶缘灰色，离生；菌柄柱状，长约 2.5 cm，粗约 0.1 cm，近透明，空心。

图40　A-C:子实体生境

Fig.40　A-C:basidiocarps

生境：青杆林下土壤中。

世界分布：中国、英国、丹麦、新西兰、荷兰、瑞典、瑞士、德国、墨西哥等。

中国分布：东北地区，青海、湖北、北京、江西等。

标本：青海玉树白扎林区，31°47′30″N，96°34′23″E，海拔 3 982 m，QHU20237；青海黄南麦秀林区，35°19′23″N，101°55′12″E，海拔 3 896 m，QHU22046、QHU22134。

讨论：经在 [*Coprinopsis lagopus* (MushroomExpert.Com)] 中查询，本研究中该种无保存完整标本，是因为随着担孢子成熟，产生孢子的子实层部位因本身蛋白酶等活动使其溶解，又称自溶，最终菌褶溶化呈墨汁色液体，从菌盖上落下；该种可以分解森林中的木质残渣和城市环境中木屑等，通常其生长周围都含有大量木质素。

（36）*Coprinellus micaceus* 晶粒鬼伞

Coprinellus micaceus (Bull.) Vilgalys, Hopple & Jacq. Johnson, in Redhead, Vilgalys, Moncalvo, Johnson & HopplE, Taxon 50(1): 234. (2001).

子实体小至中等大。菌盖直径约 3.4 cm，卵圆形，浅黄褐色，有条棱且表面被粗糙纤毛状鳞片；菌肉杏色，极薄；菌褶不等大，细长，宽约 0.3 cm，杏色稍带粉色，离生；菌柄长约 3.0 cm，粗约 0.4 cm，柱状，白色，向基部渐粗，光滑，空心。

图41　A-C:子实体生境

Fig.41　A-C:basidiocarps

生境：潮湿的苔藓类植物周围。

世界分布：中国、丹麦、荷兰、法国等。

中国分布：东北地区，青海、内蒙古、湖北等。

标本：青海玉树白扎林区，31°51′45″N，96°31′43″E，海拔3 788 m，QHU20323；青海黄南麦秀林区，35°19′24″N，101°55′13″E，海拔3 782 m，QHU21082；青海果洛玛可河林区，32°39′34″N，100°58′45″E，海拔3 864 m，QHU21235。

白环蘑属 *Leucoagaricus*

（37）*Leucoagaricus nympharum* 翘鳞白环蘑

Leucoagaricus nympharum (Kalchbr.) Bon, Documents Mycologiques 7 (27-28): 19 (1977)

子实体中等大。菌盖直径约8.6 cm，伞形，浅杏色，中间色较深，表面被褐色角锥状鳞片，向边缘渐稀疏，边缘具明显条纹且具残留的菌幕；菌肉白色，较薄；菌褶不等大，宽0.3~0.5 cm，乳白色，紧密，褶绿色较深，离生；菌柄长约11.0 cm，粗约0.7 cm，柱状，纤维质，向基部膨大，菌环生于菌柄中上部，菌环周围1.0 cm左右呈灰色至灰白色，其余部分浅黄褐色，靠近菌盖部分白色，实心。担孢子（7.5~11.2）μm×（5.0~7.5）μm，Q=1.5~2.0，Q_m=1.7，椭圆形至杏仁形，无色透明，光滑，具油滴；担子(17.5~25.0)μm×(6.3~8.8)μm，棒状，具2~4个小梗；菌盖表皮菌丝宽3.8~16.2 μm，浅黄褐色，具锁状联合；菌柄表皮菌丝宽5.0~20.0 μm，近平行排列，具锁状联合；菌髓菌丝球胞状。

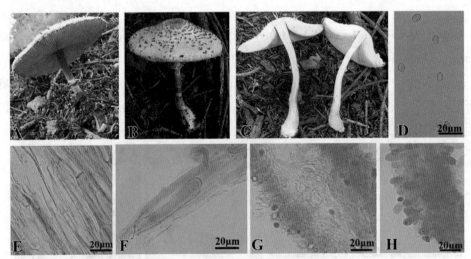

图42　A-C:子实体生境　D:担孢子　E:柄皮菌丝　F:盖皮菌丝　G,H:菌髓菌丝

Fig.42　A-C:basidiocarps D:basidiospores E:stipitipellis F:pileipellis G,H:trama

生境：青杆林下腐朽的枝条周围。

世界分布：世界广布。

中国分布：青海、内蒙古、湖南，东北地区等。

标本：青海果洛玛可河林区，32°39′34″N，100°58′45″E，海拔 3 505 m，QHU20123；青海黄南麦秀林区，35°19′24″N，101°55′13″E，海拔 3 456 m，QHU21182；青海玉树白扎林区，31°51′45″N，96°31′43″E，海拔 3 688 m，QHU22081。

马勃属 *Lycoperdon*

（38）*Calvatia caelata* (Bull. et DC.) Morgan　龟裂秃马勃

Calvatia caelata (Bull.) Morgan, 12(4): 169. (1890)

子实体直径 3.0~5.5 cm，高 2.5~5.0 cm，近球形、扁球形至圆陀螺形。外包被幼时白色至污白色，后呈浅褐色至深褐色，成熟时龟裂为两瓣，表面分布白色纤毛状白刺，后期白刺脱落，脱落的基部变为黄褐色，不育基部发达，有污白色的根状菌索。盖皮菌丝排列紧密，无色，厚壁，柄皮菌丝分布散乱，壁薄，无色，担子（18.3~120.0）μm×（3.8~6.5）μm，棒状具 2~4 个小梗，无色。

图43 A-C：子实体生境　D:柄皮菌丝　E:盖皮菌丝　F：担子

Fig.43 A-C: basidiocarps D: stipitipellis E:pileipellis F: basidia

生境：潮湿的落叶松针周围。

世界分布：中国、美国、加拿大、日本、德国、意大利等。

中国分布：青海、河北、陕西、甘肃、新疆、西藏、内蒙古、山西、香港、湖北等。

标本：青海果洛玛可河林区，32°39′21″N，100°58′34″E，海拔 3 621 m，QHU23101、QHU23155、QHU23231。

（39）*Lycoperdon mammaeforme*　白鳞马勃

Lycoperdon mammiforme Pers. 1801.

子实体较小，陀螺状，直径 3.0~5.0 cm，高 4.0~8.0 cm，不育基部比较发达，初期纯白色，后期略带黄褐色。表面具有厚的白色块状或斑片状鳞片，后期鳞片脱落而光滑，顶稍凸起且成熟时破裂一孔口。内部孢体纯白色，成熟后呈黄褐色至暗褐色。囊状体（30.3~45.0）μm×（3.8~7.5）μm，棒状，孢子（9.3~10.0）μm×（413.8~15.5）μm，近椭圆形，有内含物，表面光滑。

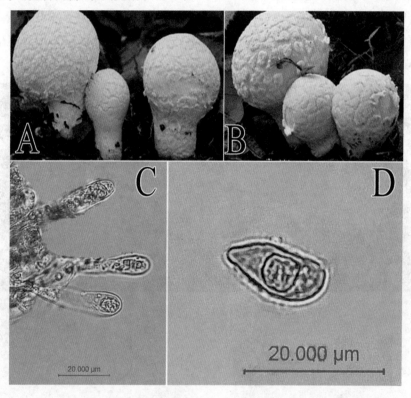

图44　A,B：子实体生境　C：囊状体　D：担孢子

Fig.44　A,B: basidiocarps　C:cystidia　D:basidiospores

生境：潮湿的落叶松针周围。

世界分布：中国、美国、英国、日本等。

中国分布：青海、西藏、陕西等。

标本：青海果洛玛可河林区，32°40′31″N，100°51′60″E，海拔 3 120 m，

QHU23141；32° 22′ 21″ N，100° 59′ 12″ E，海拔 3 098m，QHU23162。

（40）*Lycoperdon perlatum* 网纹马勃

Lycoperdon pileolatum (Kalchbr.) G. Cunn. 1944

子实体一般小，高 3.0~8.0 cm，宽 2.0~6.0 cm，倒卵形至陀螺形，初期近白色，后变灰黄色至黄色，不孕基部发达，外包被由无数小疣组成，间有较大易脱的刺，刺脱落后显出淡色而光滑的斑点。孢体青黄色，后变为褐色，有时稍带紫色。担孢子（2.0~3.3）μm×（2.0~3.3）μm，球形至近球形，褐色，表面具刺突；孢丝宽 1.3~2.8 μm，排列乱，具分叉，褐色至红褐色；外包被表皮菌丝宽 2.5~5.3 μm，浅黄褐色，厚壁。

图45　A,B：子实体生境　C:外包被表皮菌丝　D:担孢子

Fig.45　A,B:basidiocarps C:hyphae of surface D:basidiospores

生境：潮湿的落叶松针周围。

世界分布：中国、美国、巴西、俄罗斯、英国、法国、德国、意大利等。

中国分布：青海、陕西、甘肃、广东、河北、新疆、四川、云南、西藏等。

标本：青海果洛玛可河林区，32° 39′ 21″ N，100° 58′ 34″ E，海拔 3 512 m，QHU23092、QHU23163、QHU23269。

（41）*Lycoperdon pratense* 草地横膜马勃

Lycoperdon pratense Pers.., Neu. Mag. Bot.1 (1794)

子实体较小，直径 2.0~5.0 cm，高 1.0~4.0 cm，陀螺形，初期白色或污白色，成熟后灰褐色、蓝茶褐色。外孢被由白色小疣状短刺组成，后期脱落后，露出光滑的内包被。内部孢粉幼时白色，后呈黄白色，成熟后茶褐灰色或咖啡色。不育基部发达而粗壮，与产孢部分间有一明显的横膜隔离。孢子（2.3~4.0）μm×（1.8~3.5）μm，浅黄色，有小刺疣，球形；囊状体（10.3~13.0）μm×（4.8~7.5）μm，近长方形，无色；盖皮菌丝排列不规则，有隔，无色。

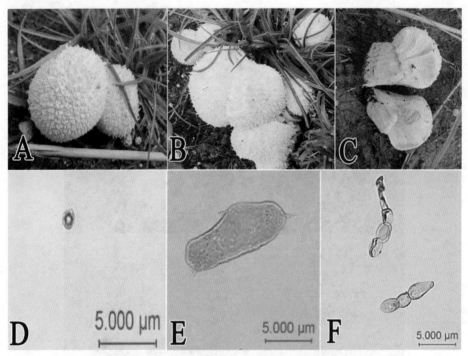

图46　A-C：子实体生境　D:孢子　E：囊状体　F:盖皮菌丝

Fig.46　A-C: basidiocarps　D:basidiospores　E:cystidia　F:pileipellis

生境：潮湿的高山草甸土壤中。

世界分布：中国、美国、英国、日本等。

中国分布：青海、广东、福建、河北、云南、新疆、西藏等。

标本：青海果洛玛可河林区，32°39′21″N，100°58′34″E，海拔 3 505 m，QHU23092，32°40′11″N，100°57′30″E，海拔 3 401 m，QHU23175。

（42）*Lycoperdon rimulatum* 裂纹马勃

Lycoperdon rimulatum Peck in Morgan, J. Cincinnati Soc. Nat. Hist. 14 (1891)

子实体宽 8.0~10.0 cm，高 10.0~12.0 cm，初为浅黄色，渐变淡褐色，最后呈紫褐色，孢体表面有白色细小的鳞片，孢体内部为白色，成熟后外包被的上半部裂开孔口，外表皮向上翘起，散出黑粉。孢丝无色或黄色，薄壁且有隔，成熟后向外释放孢子，孢子近球形，表面有细刺，盖皮菌丝排列杂乱。

图47　A, B:子实体生境　C:盖皮菌丝　D:担孢子

Fig.47　A,B: basidiocarps　C: pileipellis　D: basidiospores

生境：潮湿的苔藓类植物周围。

世界分布：中国、美国、加拿大、日本、芬兰等。

中国分布：青海、陕西、甘肃、新疆、西藏、内蒙古、山西等。

标本：青海果洛玛可河林区，32°39′21″N，100°58′34″E，海拔3 505 m，QHU23111，32°39′34″N，100°58′46″E，海拔3 470 m，QHU23146，32°39′56″N，100°58′39″E，海拔3 620 m，QHU23261。

（43）*Lycoperdon umbrinum* 赭色马勃

Lycoperdon umbrinum Pers, Syn. meth. fung. (Göttingen) 1: 147. (1801).

= *Lycoperdon umbrinum* hirtum Pers., Syn. meth. fung. (Göttingen) 1: 148. (1801).

子实体较小。高约2.5 cm，菌盖直径约2.2 cm，梨形，不孕基部较短，褐色；外包被由成丛的褐色小刺组成，小刺脱落后，呈小孔；内包被孢丝烟色至青褐色，膜质浅；孔口椭圆形。担孢子（5.0~7.5）μm×（5.0~7.5）μm，Q=1.0~1.2，Q_m=1.0，球形至近球形，褐色，表面具刺突，中央具油滴；孢丝宽1.3~3.8 μm，排列乱，具分叉，褐色至红褐色；

外包被表皮菌丝宽 2.5~6.3 μm，浅黄褐色，厚壁。

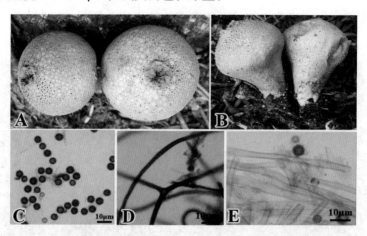

图48　A, B:子实体生境　C:担孢子　D:孢丝　E:外包被表皮菌丝

Fig.48　A,B:basidiocarps C:basidiospores D:capillitium E:hyphae of surface

生境：落叶松针周围的土壤中。

世界分布：中国、瑞典、挪威、西班牙、瑞士、奥地利等。

中国分布：东北地区，青海、内蒙古、西藏、贵州等。

标本：青海果洛玛可河林区，32°39′34″N，100°58′45″E，海拔 3 505 m，QHU20214；青海玉树白扎林区，31°51′45″N，96°31′43″E，海拔 3 657 m，QHU21135；青海黄南麦秀林区，35°19′24″N，101°55′13″E，海拔 3 412 m，QHU22037。

（44）*Lycoperdon wrightii* 白刺马勃

Lycoperdon wrightii Berk. & M.A. Curtis, Grevillea 2 (16): 50 (1873)

子实体较小，高约 4.4 cm，宽约 2.6 cm，白色，有不孕基部，长约 1.5 cm，外包被表面具短刺，易脱落，质脆，厚约 0.2 cm，内包被软，白色。担孢子（3.8~7.5）μm×（3.8~6.4）μm，Q=1.0~1.7，Q_m=1.1，球形至近球形，无色，表面纹饰呈刺状，中央具油滴。

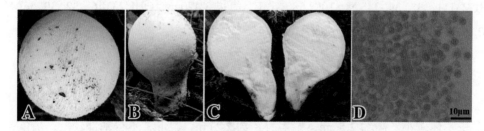

图49　A-C:子实体生境　D:担孢子

Fig.49　A-C:basidiocarps D:basidiospores

生境：潮湿的落叶松针周围土壤中。

世界分布：中国、美国、英国、瑞典等。

中国分布：东北地区，青海、江西、西藏、甘肃、四川。

标本：青海果洛玛可河林区，32°39′34″N，100°58′45″E，海拔3 505 m，QHU20218；青海黄南麦秀林区，35°19′24″N，101°55′13″E，海拔3 455 m，QHU21083、QHU21092。

黑蛋巢菌属 *Cyathus*

（45）*Cyathus striatus* 隆纹黑蛋巢菌

Cyathus striatus (Huds.) Willd. Fl. berol. prodr.: 399. (1787).

= *Cyathella striata* (Huds.) Brot.Fl. lusit. 2: 474. (1804).

子实体小，直径0.4~0.6 cm，高0.7~1.0 cm，杯状，幼时浅土褐色，盖膜覆盖开口，成熟时消失；外表面黄褐色至灰褐色，外侧被白色至杏色短茸毛，内侧光滑，浅灰褐色至黑褐色，具明显纵条纹，内含2~4个小梗，通过菌索与包被壁相连，扁圆形，直径约1 mm，灰褐色，表面光滑或具一层近白色的膜。担孢子（6.3~7.5）μm×（2.5~3.8）μm，Q=2.0~3.0，Q_m=2.6，长椭圆形，无色，两端稍尖，厚壁；小包菌丝宽1.0~5.0 μm，厚壁，具锁状联合；外包被粗毛组织宽2.5~10.0 μm，油黄色，厚壁；外包被菌丝呈角胞状组织，排列紧密。

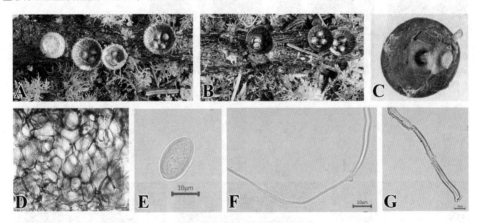

图50 A,B:子实体生境 C:小包 D:外包被组织 E:孢子 F:小包菌丝 G:外包被粗毛

Fig.50 A,B:basidiocarps C:Packet D:hyphae E:basidiospores F:hyphae G:cilia

生境：枯枝上。

世界分布：中国、西班牙、荷兰、英国、丹麦、瑞士、德国等。

中国分布：东北地区，青海、湖北、江西、内蒙古、甘肃等。

标本：青海果洛玛可河林区，32°39′05″N，101°00′23″E，海拔3 200 m，QHU20031、QHU21086；青海黄南麦秀林区，35°19′24″N，101°55′13″E，海拔3 190 m，QHU22083。

环柄菇属 *Lepiota*

（46）*Lepiota clypeolaria* 细鳞环柄菇

Lepiota clypeolaria (Bull.) P. Ku mm, Führ. Pilzk. (Zerbst): 137. (1871).

= *Agaricus clypeolarius* Bull, Herb. Fr. (Paris) 9: tab. 405. (1789).

子实体中等大。菌盖直径约 4.1 cm，伞形，杏色，表面被黄褐色纤毛状丛生鳞片，中间向边缘稀疏，边缘有残余絮状菌幕；菌肉较薄，色同菌盖；菌褶不等大，宽约 0.4 cm，色同菌盖，靠近菌盖部分呈波浪状，离生；菌柄长约 9.0 cm，粗约 7.0 cm，柱状，向基部渐粗，下延性菌环生于中上部，以下部分色较菌盖浅，表面具棉毛状鳞片，基部有白色茸毛，实心。担孢子（10.0~17.5）μm×（5.0~6.3）μm，Q=2.2~3.2，Q_m=2.8，长卵圆形至长椭圆形，一端钝圆，一端尖细，无色透明，光滑，具油滴，厚壁；担子无色透明，具 2~4 个小梗；菌盖表皮菌丝宽 3.7~5.0 μm，无色透明；菌盖表面鳞片宽 8.7~15.0 μm，角胞状，油黄色；菌柄表皮菌丝宽 5.0~12.5 μm，近平行排列；菌髓菌丝球状胞；各组织均具锁状联合。

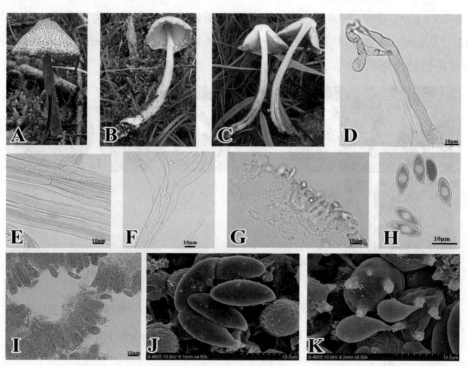

图51　A-C:子实体生境　D:菌盖表面鳞片　E:柄皮菌丝　F:盖皮菌丝　G:菌髓菌丝　H,J:担孢子
I,K:担子和担孢子

**Fig.51　A-C:basidiocarps D:scale of pileus E: stipitipellis F:pileipellis G:pileipellis H,J:basidiospores
I,K:basidia and basidiospores**

生境：潮湿的落叶松针和苔藓周围。

世界分布：世界广布。

中国分布：东北地区，青海、湖北、山西、内蒙古、甘肃、江西、云南、宁夏。

标本：青海玉树白扎林区，31°51′45″N，96°31′43″E，海拔 3 784 m，QHU20379；青海果洛玛可河林区，32°39′5″N，101°0′23″E，海拔 3 841 m，QHU21087；青海黄南麦秀林区，35°19′24″N，101°55′13″E，海拔 3 845 m，QHU22040。

（47）*Lepiota cristata* 冠状环柄菇

Lepiota cristata (Bolton) P. Kumm, Führ. Pilzk. (Zerbst): 137. (1871).

= *Lepiotula cristata* (Bolton) Locq. ex E. Horak, Beitr. Kryptfl. Schweiz 13: 338. (1968).

子实体中等大。菌盖直径约 3.5 cm，近平展，白色至奶油色，表面具栗褐色至红褐色纤毛状丛生鳞片，中间密集，向边缘渐稀疏，且边缘具纵条纹，成熟时开裂；菌肉极薄，白色；菌褶不等大，宽 0.5~0.6 cm，白色，紧密，边缘具齿纹，弯生至离生；菌柄长约 12.0 cm，粗约 0.4 cm，柱状，细长，白色至浅黄色，光滑具不明显纵条纹，空心，易碎。担孢子（5.0~10.0）μm×（3.8~5.0）μm，Q=1.5~2.3，Q_m=1.8，椭圆形，两端尖，无色透明，厚壁，中央具油滴；菌柄表皮菌丝宽 7.5~17.5 μm，近平行排列，具内含物；菌盖表皮菌丝宽 7.5~20.0 μm，排列较乱；菌柄表皮菌丝宽 5.0~15.0 μm，近平行排列。

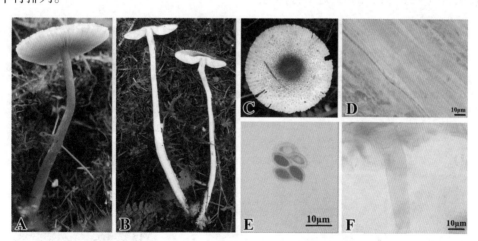

图52　A-C:子实体生境　D:柄皮菌丝　E:担孢子　F:盖皮菌丝

Fig.52　A-C:basidiocarps D:stipitipellis E:basidiospores F:pileipellis

生境：潮湿的苔藓类植物周围。

世界分布：中国、英国、瑞典、瑞士、荷兰、挪威、德国、西班牙等。

中国分布：东北地区，青海、陕西、内蒙古、江西、山西等。

标本：青海黄南麦秀林区，35°19′24″N，101°55′13″E，海拔 2 778 m，

QHU20061；青海果洛玛可河林区，32°41′23″ N，100°39′34″ E，海拔 2 998 m，QHU20120，32°39′34″ N，100°58′45″ E，海拔 2 795 m，QHU20180、QHU20229。

鹅膏科 Amanitaceae

鹅膏属 *Amanita*

（48）*Amanita battarrae* 褐黄鹅膏菌

Amanita battarrae (Boud.) Bon, Documents Mycologiques 16 (61): 16 (1985).

=*Amanita umbrinolutea* var. *fuscoolivacea* Kühner ex Contu. Boln Soc. Micol. Madrid 13: 91(1989).

子实体中等大。菌盖直径 4.5~7.5 cm，近平展，棕褐色，向边缘颜色变浅，表面光滑，中间有一乳状凸起，边缘有明显的长条棱，灰黑色，成熟时长条棱开裂；菌肉薄，白色稍带灰色调；菌褶不等长，宽 0.2~0.6 cm，污白色，边缘灰色，离生；菌柄长 12.0~14.0 cm，粗 0.9~1.1 cm，柱状，向基部渐粗，浅黄褐色，表面具鳞片，空心；菌托污白色稍带土黄色，苞状。担孢子（10.0~13.7）μm×（10.0~12.5）μm，Q=1.0~1.1，Q_m=1.0，球形至近球形，无色透明，近光滑，具明显的脐突，中央具油滴；担子（42.5~67.5）μm×（15.0~20.0）μm，无色透明，棒状，顶部膨大明显，具 2~4 个小梗，细长；盖皮菌丝宽 7.5~32.5 μm，排列较乱，透明；菌肉菌丝逆规则状排列；柄皮菌丝宽 22.5~31.3 μm，近平行排列。

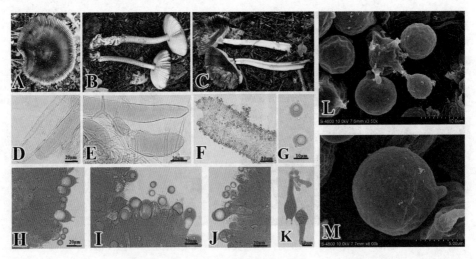

图53　A-C:子实体生境　D:柄皮菌丝　E:盖皮菌丝　F:菌髓结构　G, M:担孢子　H-L:担子和担孢子

Fig.53　A-C:basidiocarps D:stipitipellis E:pileipellis F:trama G, M:basidiospores H-L:basidia and basidiospores

生境：青杆林下潮湿的苔藓类植物周围。

世界分布：世界广布。

中国分布：青海、湖北、山东、云南、东北地区、广西、四川、贵州。

标本：青海果洛玛可河林区，32°32′45″N，100°57′34″E，海拔3 219 m，QHU20040、QHU20059；青海黄南麦秀林区，35°19′24″N，101°55′13″E，海拔3 325 m，QHU20139、QHU22041。

（49）*Amanita* cf. *Similis Boedijn* 相似鹅膏

菌盖直径7.0~18.0 cm，扁半球形至平展，菌盖表面光滑，棕褐色至黄色，中央略突起，深褐色，菌盖边缘有条纹，成熟后菌盖边缘绽开，菌肉白色，菌褶离生，白色，分布密集，不等长，菌柄长7.0~13.0 cm，直径2.0~2.5 cm，近圆柱形，靠近菌褶处变细，白色至浅黄色，空心，菌托高1.5~2.5 cm，宽2.0~2.5 cm，袋状，白色。担孢子6.0 μm×（4.5~5.9）μm，椭圆形，具液泡，薄壁，光滑；担子棒状，具2~4个小梗，无色，柄皮菌丝排列整齐，有隔，无色。

图54　A-D：子实体生境　E：担孢子　F：柄皮菌丝　G,H：担子

Fig.54　A-D:basidiocarps E: basidiospores F:stipitipellis G,H:basidia

生境：潮湿的苔藓类植物周围。

世界分布：欧洲广大地区和亚洲大部分地区。

中国分布：青海、四川、云南等地区。

标本：青海果洛玛可河林区，32°32′45″N，100°57′34″E，海拔3 219 m，QHU23075；青海果洛班前林区，32°32′67″N，100°57′38″E，海拔3 108 m，QHU23185、QHU23201。

（50）*Amanita hemibapha* 花柄橙红鹅膏菌

Amanita hemibapha (Berk. & Broome) Sacc.Syll. fung. (Abellini) 5: 13. (1887).

= *Agaricus hemibaphus* Berk. & BroomE, Trans. Linn. Soc. London 27(2): 149(1870).

= *Amanita similis* Boedijn, Sydowia 5(3-6): 322. (1951).

= *Amanita hemibapha* subsp. *similis* (Boedijn) Corner & Bas, Persoonia 2(3): 295. (1962).

子实体较大。菌盖直径约18.1 cm，扁半球形至近平展，中间橙黄色，向边缘为橙色，边缘具有1.0 cm左右的条棱，表面近光滑；菌肉白色至浅黄色；菌褶不等大，宽约0.9 cm，黄色至浅橙色，较紧密，直生；菌柄长约29.5 cm，粗约2.9 cm，柱状，浅橙色，表面具环状排列鳞片，菌托苞状，白色，空心；下延性菌环生于菌柄中上方，膜质。担孢子（10.0~11.3）μm×（7.5~8.7）μm，Q=1.2~1.5，Q_m=1.3，近宽椭圆形，无色，光滑，中间具油滴，具明显的脐突；担子（50.0~57.5）μm×（8.7~12.5）μm，棒状，具2~4个小梗，梗较长；菌髓菌丝顺两侧型，宽18.8~26.2 μm，下子实层组织球胞状；菌盖表皮细胞宽2.5~8.7 μm，排列较乱，具锁状联合；菌柄表皮菌丝宽6.3~25.0 μm，近平行排列。

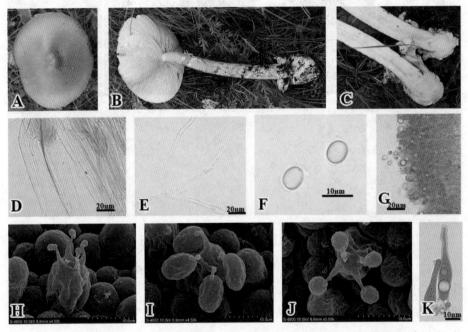

图55　A-C:子实体生境　D:柄皮菌丝　E:盖皮菌丝　F:担孢子　G-K:担子和担孢子

Fig.55　A-C:basidiocarps D:stipitipellis E:pileipellis F:basidiospores G-K:basidia and basidiospores

生境：青杆林下潮湿的土壤。

世界分布：中国、墨西哥、澳大利亚、韩国、泰国、马来西亚等。

中国分布：东北区地，青海、湖北、广西、四川、云南等。

标本：青海果洛玛可河林区，32°29′34″ N，100°43′34″ E，海拔3 206 m，QHU20125、QHU21040；青海黄南麦秀林区，35°19′24″ N，101°55′13″ E，海拔3 256 m，

QHU22042。

（51）*Amanita pantherina* 豹斑毒鹅膏菌

Amanita pantherina (DC.) Krombh.Naturgetr. Abbild. Beschr. Schwämme (Prague): 29. (1846).

= *Amanitaria pantherina* (DC.) E.-J. Gilbert, in Bresadola, Iconogr. mycol., Suppl. I (Milan) 27: 70. (1940).

子实体中等大。菌盖直径约 10.5 cm，近平展，黄褐色，向边缘色较浅，呈浅土褐色，表面具浅灰褐色块状鳞片，向边缘渐稀疏，边缘具明显条棱且皱缩；菌肉较薄，白色；菌褶不等大，宽 0.3~0.4 cm，白色，较紧密，弯生；菌柄长约 16.0 cm，粗约 1.2 cm，柱状，灰白色，下延性菌环，生于菌柄中上部，膜质，以下部分具纤毛状鳞片，基部膨大呈近球状形，菌托环带状，空心。担孢子（10.0~12.5）μm×（8.7~10.0）μm，Q=1.0~1.5，Q_m=1.2，宽椭圆形，无色，光滑，中央具油滴；担子（28.8~60.0）μm×（10.0~15.0）μm，棒状，无色，具 2~4 个小梗；菌髓菌丝角胞状，排列较紧密；菌柄表皮菌丝宽 8.7~10.0 μm，近平行排列。

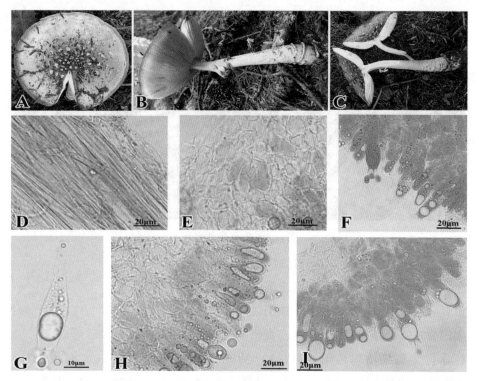

图56　A-C:子实体生境　D:柄皮菌丝　E:菌盖外表皮　F-I:担子和担孢子

Fig.56　A-C:basidiocarps D:stipitipellis E:Pileipellis F-I:basidia and basidiospores

生境：潮湿的落叶松针周围土壤中。

世界分布：中国、瑞典、荷兰、丹麦、瑞士、英国、挪威、西班牙等。

中国分布：东北地区，青海、广西、江西、湖南、云南等。

标本：青海玉树江西林区，32°2′16″N，97°0′11″E，海拔 3 513 m，QHU19371；青海果洛玛可河林区，32°39′34″N，100°58′45″E，海拔 3 505 m，QHU19055，32°31′45″N，100°54′34″E，海拔 3 505 m，QHU20220。

珊瑚菌科 Clavariaceae

拟锁瑚菌属 *Clavulinopsis*

（52）*Clavulinopsis amoena* 怡人拟锁瑚菌

Clavulinopsis amoena (Zoll. & Moritzi) Corner, Monograph of Clavaria and allied Genera, (Annals of Botany Memoirs No. 1): 352. (1950).

= *Clavulinopsis aurantiocinnabarina* f. *amoena* (Zoll. & Moritzi) R.H. Petersen, Mycol. Mem. 2: 25. (1968).

子实体小型。长 3.0~4.0 cm，粗 0.2~0.5 cm，基部稍细，表面光滑，亮黄色，不分枝，细长，梭形至长纺锤形或披针形。

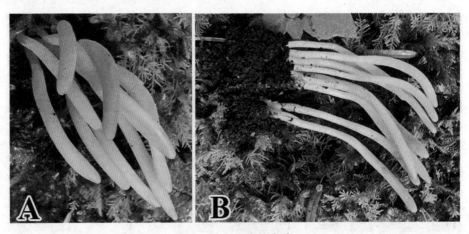

图57　A, B:子实体生境

Fig.57　A,B:basidiocarps

生境：潮湿的苔藓类植物周围土壤中。

世界分布：中国、澳大利亚、瑞士、加拿大、古巴等。

中国分布：青海、湖北、广西、贵州、山东、广西、江西等。

标本：青海果洛玛可河林区，32°39′34″N，100°58′45″E，海拔 3 213 m，QHU20169、QHU21141；青海玉树江西林区，32°02′16″N，97°00′11″E，海拔 3 212 m，QHU22043。

丝膜菌科 Cortinariaceae

丝膜菌属 *Cortinarius*

（53）*Cortinarius callochrous* 托腿丝膜菌

子实体中等大小。菌盖直径 4.0~15.0 cm，扁半球形，后渐平展，表面光滑，成熟后开裂，棕褐色。菌肉淡粉色，质地紧密，菌褶直生，稠密，不等长，菌柄弯生，圆柱形，色同菌肉，靠近根部处有白色的菌丝，长 4.0~13.0 cm，粗 0.6~15.0 cm，内部实心，略膨大。担孢子（7.3~10.0）μm×（4.8~7.5）μm，椭圆形至杏仁形，黄褐色，中央具油滴，表面粗糙；囊状体（24.5~35.0）μm×（7.8~11.2）μm，棒状，无色；菌髓菌丝近平行排列；菌柄表皮菌丝宽 3.7~7.3 μm，近平行排列，具锁状联合。

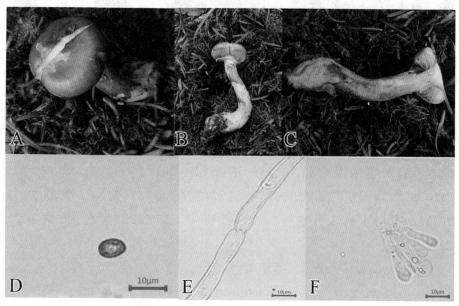

图58　A-C:子实体生境　D:孢子　E:柄皮菌丝　F:囊状体

Fig.58　A-C: basidiocarps D: basidiospores E:stipitipellis F:cystidia

生境：潮湿的苔藓类植物周围。

世界分布：中国、瑞典、英国、德国、西班牙等。

中国分布：青海、四川、云南、西藏等。

标本：青海果洛玛可河林区，32°39′21″N，100°58′34″E，海拔 3 505 m，QHU23098、QHU23112；青海果洛友谊桥林区，32°40′01″N，100°59′35″E，海拔 3 601 m，QHU23151。

（54）*Cortinarius rufo-olivaceus* 紫红丝膜菌

Cortinarius rufo-olivaceus (Pers.) Fr., Epicrisis Systematis Mycologici: 268 (1838).

=*Gomphos rufo-olivaceus* (Pers.) Kuntze. Revis. gen. pl. (Leipzig) 2: 854. (1891).

子实体中等大。菌盖直径 4.1~6.0 cm，半球形至近球形，土褐色，锈褐色至黄褐色，中间颜色较深，红褐色呈不均匀斑状，表面被纤毛状丛生鳞片，边缘丝膜与菌柄相连，幼时为污白色至浅黄色，成熟时黄褐色；菌肉较厚，白色；菌褶不等大，宽 0.2~0.5 cm，污黄色至青褐色；菌柄长 4.0~8.0 cm，粗 1.5~2.5 cm，基部膨大近球形，色同菌褶，表面具未脱落的丝膜，有明显的纵条纹，实心。

图59　A-C:子实体生境

Fig.59　A-C:basidiocarps

生境：潮湿的苔藓类植物周围。

世界分布：中国、瑞典、丹麦、西班牙、瑞士、英国、挪威、波兰、比利时等。

中国分布：东北地区，青海、宁夏、内蒙古、甘肃、四川。

标本：青海黄南麦秀林区，35°16′25″N，101°55′34″E，海拔 3 025 m，QHU21147；青海玉树白扎林区，31°51′21″N，96°31′23″E，海拔 3 098 m，QHU20332；青海玉树东仲林区，32°44′18″N，97°22′44″E，海拔 3 235 m，QHU22129。

（55）*Cortinarius infractus* 弯丝膜菌

Cortinarius infractus (Pers.) Fr., Epicrisis Systematis Mycologici: 261 (1838).

=*Gomphos infraxus* (Pers.) Kuntze. Revis. gen. pl. (Leipzig) 2: 854. (1891).

子实体小至中等大。菌盖直径 2.6~3.0 cm，伞形至近半圆形，土褐色至栗褐色，水浸状，表面被短纤毛；菌肉较厚，白色；菌褶不等大，宽 0.3~0.5 cm，灰褐色至浅锈色，褶绿色较浅，弯生近直生；菌柄长 4.2~6.7 cm，粗 1.5~2.3 cm，柱状，近白色，表面具纵条纹和短纤毛，顶部具浅锈色菌幕，实心。担孢子（7.5~10.0）μm×（6.2~8.8）μm，Q=1.1~1.4，Q_m=1.2，肾形，柠檬形或椭圆形，黄褐色，表面有纹饰，中央具油滴；担子（30.0~42.5）μm×（7.5~8.8）μm，棒状，具 2~4 个小梗，小梗基部较粗长；菌髓菌丝宽 2.5~5.0 μm，近平行排列；菌盖表皮具胶质层，菌丝宽 3.7~5.0 μm，胶质化，具锁状联合；菌柄菌丝 5.0~7.5 μm，近平行排列，具锁状联合。

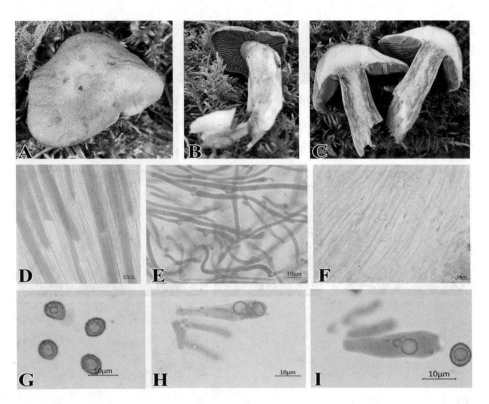

图60 A-C:子实体生境 D:柄皮菌丝 E:盖皮菌丝 F:菌髓菌丝 G:担孢子 H:担子 I:担子和担孢子

Fig.60 A-C:basidiocarps D:stipitipellis E:pileipellis F:trama G:basidiospores H:basidia I:basidia and basidiospores

生境：潮湿的苔藓类植物周围。

世界分布：世界广布。

中国分布：中国广布。

标本：青海玉树白扎林区，31°51′45″N，96°31′43″E，海拔 3 700 m，QHU20361、QHU21049；青海玉树江西林区，32°02′16″N，97°00′11″E，海拔 3 513 m，QHU22044。

讨论：经过 [*Cortinarius infractus* (MushroomExpert.Com)] 里查询，已记载种菌盖颜色不呈锈色或者橙棕色且菌褶无锈褐色色调；本研究中该种菌盖颜色为土褐色至栗褐色，水浸状。

（56）*Cortinarius glaucopus* 胶质丝膜菌（黏液丝膜菌，黏丝膜菌）

Cortinarius glaucopus (Schaeff.) Gray, A natural arrangement of British plants 1: 629 (1821).

=*Gomphos glaucopus* (Schaeff.) Kuntze. Revis. gen. pl. (Leipzig) 2: 854. (1891).

子实体较小。菌盖直径约 3.0 cm，近半球形，锈红色，表面有纤毛，边缘青褐色稍内卷，具污白色至浅黄色丝膜；菌肉较薄，浅紫色；菌褶不等大，宽约 0.3 cm，色同菌肉，稍密，弯生；菌柄长约 5.0 cm，粗约 2.4 cm，近柱状，色同菌肉，基部膨大，实心。担孢子（7.5~10.0）μm×（3.7~5.0）μm，Q=1.5~2.0，Q_m=1.8，肾形或椭圆形，浅红褐色，表面具纹饰，中央具油滴；担子（20.0~27.5）μm×（6.2~7.5）μm，棒状，具 2~4 个小梗；菌髓菌丝宽 2.5~5.0 μm，近平行排列；菌盖表皮具胶质层，菌丝宽 2.5~7.5 μm，胶质化，具锁状联合；菌柄菌丝 5.0~7.5 μm，近平行排列，具锁状联合。

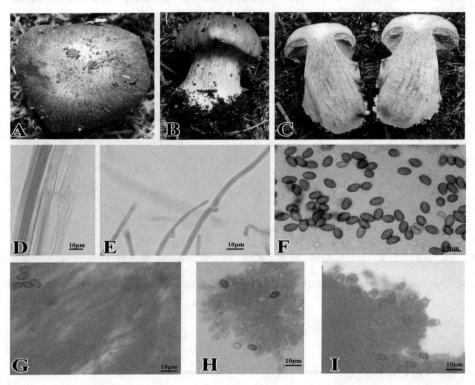

图61　A-C:子实体生境　D:柄皮菌丝　E:盖皮菌丝　F:担孢子　G:菌髓菌丝　H,I:担子和担孢子

Fig.61　A-C:basidiocarps D:stipitipellis E:pileipellis F:basidiospores G:trama

H,I:basidia and basidiospores

生境：潮湿的苔藓类植物周围。

世界分布：世界广布。

中国分布：东北地区，青海、宁夏、云南、西藏、内蒙古、甘肃、贵州、陕西。

标本：青海玉树白扎林区，31°50′45″N，96°32′34″E，海拔 3 795 m，QHU20401；青海玉树江西林区，32°2′16″N，97°0′11″E，海拔 3 756 m，QHU20225；青海玉树东仲林区，32°44′22″N，97°41′44″E，海拔 3 851 m，QHU22121。

讨论：经过在 [*Cortinarius glaucopus* (MushroomExpert.Com)] 里查询，已记载种主

要特征为菌盖颜色各样，多为灰色、橄榄色等，表面具放射状短纤毛，菌褶幼时紫色至浅紫色，菌柄幼时呈现蓝色调，孢子略粗糙；本研究中该种菌盖锈红色，表面有纤毛，边缘青褐色稍内卷，具污白色至浅黄色丝膜。

（57）*Cortinarius odorifer*

Cortinarius odorifer Britzelm., Berichte des Naturhistorischen Vereins Augsburg 28: 123 (1885).

=*Cortinarius odorifer* var. *suborichalceus* Rob. Henry. Bull. trimest. Soc. mycol. Fr. 105(2): 125. (1989).

子实体中等大。菌盖直径约 5.5 cm，近平展，中间色较深，橙红色，表面被短纤毛，边缘橙色，菌肉较厚，浅黄色；菌褶不等大，宽约 0.6 cm，褶面杏色稍偏橙色，褶绿色较白，较紧密，弯生；菌柄长约 5.8 cm，粗约 1.1 cm，柱状，浅橙色，基部膨大，表面具纵条纹和未脱落的褐色丝膜，内部黄色，实心。担孢子（12.5~17.5）μm×（7.5~8.3）μm，Q=1.6~2.3，Q_m=1.9，长椭圆形，一端钝圆，一端尖细，黄褐色，表面具不规则片状纹饰；担子（37.5~65.0）μm×（7.5~11.2）μm，棒状，具 2~4 个小梗；盖皮菌丝宽 2.5~7.5 μm，胶质化，排列较乱，具锁状联合；柄皮菌丝宽 3.7~10.0 μm，近平行排列。

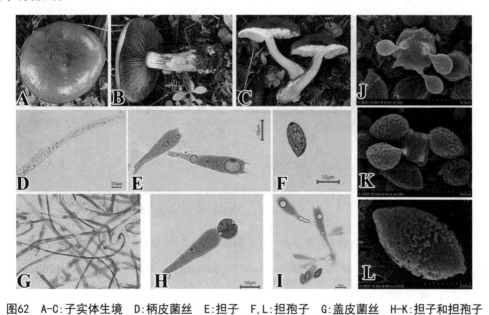

图62 A-C:子实体生境 D:柄皮菌丝 E:担子 F,L:担孢子 G:盖皮菌丝 H-K:担子和担孢子

Fig.62 A-C:basidiocarps D:stipitipellis E:basidia F,L:basidiospores G:pileipellis H-K:basidia and basidiospores

生境：潮湿的苔藓类植物周围。

世界分布：中国、瑞典、瑞士、法国、奥地利、西班牙、爱尔兰、加拿大等。

中国分布：青海、广东、云南等。

标本：青海玉树江西林区，32°2′16″N，97°0′11″E，海拔3 650 m，QHU20427；青海玉树白扎林区，31°50′43″N，96°32′45″E，海拔3 612 m，QHU21091；青海果洛玛可河林区，32°39′23″N，100°58′34″E，海拔3 445 m，QHU21193。

（58）*Cortinarius oulankaensis*

Cortinarius oulankaensis Kytöv., Niskanen, Liimat. & H. Lindstr., Mycologia 105 (4): 987 (2013)

子实体中等大。菌盖直径3.8~5.2 cm，斗笠形至近半球形，锈褐色至黄褐色，向边缘色较深，具浅黑褐色条纹，表面具短纤毛；菌褶不等大，宽0.4~0.8 cm，色同菌盖，较紧密，弯生至离生；菌柄长5.6~6.8 cm，粗0.7~1.5 cm，柱状，中下部稍膨大，污白色，表面具黄褐色纤毛，基部深入地下1.0~1.8 cm。担孢子（7.5~12.5）μm×（5.0~8.8）μm，Q=1.3~1.7，Q_m=1.4，杏仁形至椭圆形，黄褐色，两端较细，且一端具明显的小脐突，中央具油滴；担子（27.5~47.5）μm×（11.2~16.2）μm，棒状，黄色，多为4个小梗，基部较粗，向上较细；菌髓菌丝宽3.8~12.5 μm，浅油黄色，近平行排列；菌盖表皮菌丝宽3.7~15.0 μm，近平行排列。

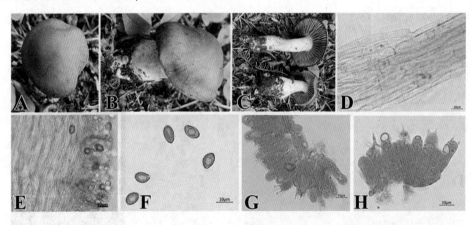

图63　A-C:子实体生境　D:盖皮菌丝　E:菌髓菌丝　F:担孢子　G,H:担子和担孢子

Fig.63　A-C:basidiocarps D:pileipellis E:trama F:basidiospores G,H:basidia and basidiospores

生境：落叶松针周围

世界分布：中国、挪威、瑞典、加拿大、芬兰、爱沙尼亚。

中国分布：青海、西藏、云南。

标本：青海玉树江西林区，32°02′16″N，97°00′11″E，海拔3 650 m，QHU20444；青海玉树东仲林区，32°42′38″N，97°12′34″E，海拔3 601 m，QHU21097；青海果洛玛可河林区，32°39′45″N，100°58′12″E，海拔3 443 m，

QHU21096。

（59）*Cortinarius badioflavidus*

Cortinarius badioflavidus Ammirati, Beug, Niskanen, Liimat. & Bojantchev, Fungal Diversity 78: 142 (2016).

子实体中等大。菌盖直径约 5.1 cm，近平展，锈褐色，水浸状，中间具一明显的乳状脐突，边缘具纵条纹，表皮与菌肉易分离，成熟时边缘开裂；菌肉极薄，较菌盖稍浅；菌褶不等大，宽 0.5~0.9 cm，色同菌盖，稀疏，褶面具粉状物，弯生至离生；菌柄约 6.8 cm，粗约 0.8 cm，柱状，色同菌盖，表面具鳞片，基部稍膨大，空心。担孢子（7.5~10.0）μm×（6.2~7.5）μm，Q=1.2~1.6，Q_m=1.4，肾形至卵圆形，黄褐色，表面粗糙，有明显小脐突，中央具油滴；担子（30.0~47.5）μm×（11.2~16.2）μm，棒状，黄色，具 2~4 个小梗，细长；菌髓菌丝宽 5.0~20.0 μm，近平行排列；菌盖表皮菌丝宽 6.2~20.0 μm，油黄色，近平行排列；菌柄表皮菌丝宽 5.0~15.0 μm，油黄色，近平行排列。

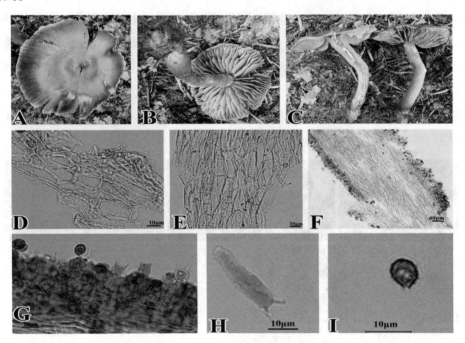

图64 A-C:子实体生境 D:柄皮菌丝 E:盖皮菌丝 F:菌髓结构 G:担子和担孢子 H:担子 I:担孢子

Fig.64 A-C:basidiocarps D:stipitipellis E:pileipellis F:trama G:basidia and basidiospores
H:basidia I:basidiospores

生境：青杆林下潮湿的苔藓类植物周围土壤中。

世界分布：中国、美国、瑞典。

中国分布：青海、四川、宁夏、广州、云南。

标本：青海果洛玛可河林区，32°39′31″ N，100°58′34″ E，海拔 3 243 m，QHU20174；青海黄南麦秀林区，35°20′34″ N，102°56′23″ E，海拔 3 250 m，QHU22045；青海玉树白扎林区，31°46′33″ N，96°34′11″ E，海拔 3 134 m，QHU22092。

（60）*Cortinarius venetus* 海绿丝膜菌

Cortinarius venetus (Fr.) Fr., Epicrisis Systematis Mycologici: 291 (1838).

= *Agaricus raphanoides venetus* Fr. Syst. mycol. (Lundae) 1: 230. (1821).

= *Gomphos venetus* (Fr.) Kuntze Revis. gen. pl. (Leipzig) 2: 854. (1891).

= *Dermocybe veneta* (Fr.) Ricken Die Blätterpilze 1: 162. (1915).

子实体较小至中等大。菌盖直径 2.5~4.8 cm，近半球形至伞形，土褐色至黄褐色，表面密被纤毛状丛生小鳞片，边缘具浅绿色丝膜与菌柄相连，成熟时稍开裂；菌肉浅土褐色至浅黄褐色；菌褶不等大，宽 0.3~0.6 cm，色较菌盖深或稍呈锈褐色，较紧密，水浸状，褶缘呈白色，波浪状，稍弯生；菌柄长 5.5~8.0 cm，粗 0.8~1.2 cm，柱状，基部膨大近球形，中上部白色，其余色同菌盖，被环状纤毛状小鳞片，空心。担孢子（6.2~15.0）μm×（7.0~8.8）μm，Q=1.0~2.0，Q_m=1.5，卵圆形至柠檬形，黄褐色，表面粗糙，中央具油滴；担子（22.5~57.5）μm×（5.0~13.7）μm，棒状，具 2~4 个小梗；菌髓菌丝宽 3.7~20.0 μm，油黄色至黄色，排列整齐；菌盖表皮菌丝宽 3.7~12.5 μm，末端圆柱形，近平行排列，具锁状联合；菌柄表皮菌丝宽 5.0~13.7 μm，近平行排列，具锁状联合。

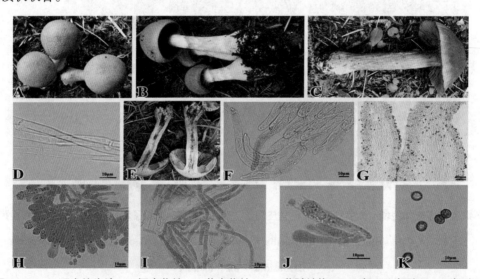

图65　A-C, E:子实体生境　D:柄皮菌丝　F:盖皮菌丝　G, I:菌髓结构　H, J:担子和担孢子　K:担孢子

Fig.65　A-C,E:basidiocarps　D:stipitipellis　F:pileipellis　G,I:trama　H,J:basidiaand basidiospores
K:basidiospores

生境：苔藓类植物周围的土壤中。

世界分布：中国、墨西哥、瑞典、瑞士、挪威、奥地利、西班牙、丹麦、法国等。

中国分布：青海、云南。

标本：青海玉树白扎林区，31°46′34″N，96°34′19″E，海拔 3 874 m，QHU20290；青海玉树东仲林区，32°44′18″N，97°22′44″E，海拔 3 795 m，QHU20400；青海黄南麦秀林区，35°20′23″N，102°56′15″E，海拔 3 957 m，QHU20312、QHU20038。

（61）*Cortinarius fuscoperonatus*

Cortinarius fuscoperonatus Kühner, Bulletin Mensuel de la Société Linnéenne de Lyon 24 (2): 39 (1955).

子实体较小。菌盖直径 2.3~2.6 cm，半球形至钟形，灰褐色，表面被纤毛状鳞片，丝膜灰白色，边缘内卷；菌肉薄，茶褐色；菌褶不等大，宽 0.4~0.5 cm，黄褐色，弯生至稍离生；菌柄长约 5.5 cm，粗约 1.0 cm，柱状，向基部渐粗，浅黄褐色，表面被环状鳞片，丝膜连接处颜色较深，实心，受伤后色较深。

图66　A-C:子实体生境

Fig.66　A-C:basidiocarps

生境：落叶松针周围的土壤中。

世界分布：中国、瑞典、瑞士、法国、奥地利、挪威、墨西哥等。

中国分布：青海、云南、江西、山东。

标本：青海玉树白扎林区，31°46′54″N，96°34′34″E，海拔 3 261 m，QHU20317；青海玉树东仲林区，32°44′18″N，97°22′44″E，海拔 3 254 m，QHU22122；青海黄南麦秀林区，35°20′33″N，102°56′22″E，海拔 3 250 m，QHU22098。

讨论：本研究中该种与已记载种 *Cortinarius subfuscoperonatus* 为近缘种，在系统发育树中，二者聚为一个大支，为姐妹群；区别在于后者孢子较宽，菌盖为浅灰棕色，偶尔呈红褐色至灰棕色，成熟时边缘波浪状。

（62）*Cortinarius violaceus* 紫绒丝膜菌

Cortinarius violaceus (L.) Gray. Nat. Arr. Brit. Pl. (London) 1: 628. (1821).

子实体中等大。菌盖直径约 3.8 cm，扁半球形，紫褐色，表面被较密的纤毛状短鳞片，边缘具锈色的残留丝膜；菌肉较薄，浅紫色；菌褶不等大，宽 0.4~0.5 cm，较稀疏，褶面紫色被浅锈色粉状物，稍弯生；菌柄长约 7.5 cm，粗约 1.1 cm，柱状，向基部渐粗，色较菌盖浅，紫色部分被锈色丝膜，表面具环状纤毛状鳞片，基部深入地下 4.0~5.0 cm，空心。担孢子（10.0~15.0）μm×（7.5~10.0）μm，Q=1.0~2.0，Q_m=1.6，卵圆形至杏仁形，黄褐色，表面粗糙且凸起之间有纤维物连接，中央具油滴，部分有明显的脐突；担子（42.5~60.0）μm×（11.2~16.3）μm，棒状，无色，具 2~4 个小梗，少有 5 个小梗；缘囊体(75.0~102.5）μm×（6.5~9.0）μm，烧瓶状，顶端钝圆，浅黄褐色，顶部具结晶体；菌髓菌丝宽 7.5~10.0 μm，近平行排列；菌盖表皮菌丝宽 8.7~13.8 μm，排列较乱，具锁状联合；菌柄表皮菌丝宽 6.2~16.3 μm，近平行排列，具锁状联合。

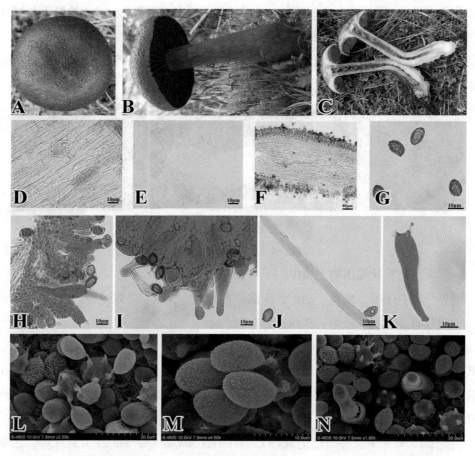

图67　A-C:子实体生境　D:柄皮菌丝　E:盖皮菌丝　F:菌髓结构　G,M:担孢子

H,I,N:担子、担孢子和囊状体　J:菌髓菌丝和担孢子　K,L:担子和担孢子

Fig.67　A-C:basidiocarps D:stipitipellis E:pileipellis F:trama G,M: basidiospores H,I,N:basidia, basidiospores, cystidia J:trama, basidiospores K,L:basidia, basidiospores

生境：潮湿的苔藓类植物周围。

世界分布：中国、瑞士、瑞典、法国、挪威、英国、意大利、荷兰等。

中国分布：青海、云南、西藏、宁夏、东北地区、四川、贵州、安徽、内蒙古等。

标本：青海玉树白扎林区，31°50′46″N，96°32′21″E，海拔3 795 m，QHU20415；青海黄南麦秀林区，35°20′33″N，102°56′22″E，海拔3 852 m，QHU20273、QHU22119。

（63）*Cortinarius cupreorufus*

Cortinarius cupreorufus Brandrud, in Brandrud, Lindström, Marklund, Melot & Muskos, Cortinarius, Flora Photographica (Matfors) 3: 27. (1994).

子实体中等大。菌盖直径6.0~8.0 cm，半球形至近球形，成熟时近平展，土褐色至锈褐色，有光泽，中间有裂纹，被鳞片；菌褶较紧密，色同菌盖，直生；菌柄长6.5~8.5 cm，粗1.5~2.5 cm，柱状，较菌盖颜色浅，顶部近白色，表面被未脱落的丝膜，基部膨大呈球状，内实。担孢子（10.0~12.5）μm×（6.2~7.5）μm，Q=1.3~2.0，Q_m=1.6，杏仁形至肾形，一端较尖，一端钝圆，黄褐色，表面粗糙；担子（27.5~31.2）μm×（7.5~10.0）μm，无色，棒状，具2~4个小梗；菌髓菌丝近平行排列；菌盖表皮菌丝宽3.7~6.2 μm，胶质化，浅黄褐色，排列较乱；菌柄表皮菌丝宽6.2~10.0 μm，近平行排列，浅黄褐色，具锁状联合。

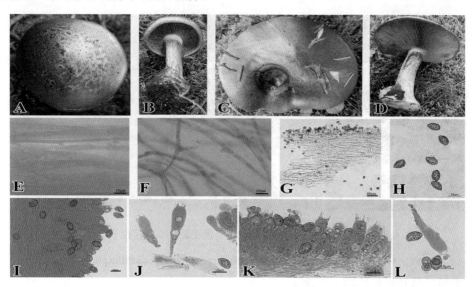

图68　A-D:子实体生境　E:柄皮菌丝　F:盖皮菌丝　G:菌髓结构　H:担孢子　I-L:担孢子和担子

Fig.68　A-D:basidiocarps E:stipitipellis F:pileipellis G:trama H:basidiospores

I-L:basidia and basidiospores

生境：潮湿的苔藓类植物周围。

世界分布：中国、瑞士、瑞典、奥地利、挪威、加拿大、西班牙等。

中国分布：青海、云南、吉林等。

标本：青海玉树白扎林区，31°50′46″N，96°32′21″E，海拔 3 692 m，QHU20305；青海玉树东仲林区，32°44′18″N，97°22′44″E，海拔 3 597 m，QHU20318；青海玉树白扎林区，31°50′46″N，96°32′21″E，海拔 3 550 m，QHU20335、QHU20340。

（64）*Cortinarius salor* 荷叶丝膜菌（蓝紫丝膜菌）

Cortinarius salor Fr. Epicr. syst. mycol. (Upsaliae): 276 (1838).

= *Gomphos salor* (Fr.) KuntzE, Revis. gen. pl. (Leipzig) 2: 854. (1891).

子实体中等大。菌盖直径约 4.3 cm，近平展，中间浅黄褐色，向边缘为浅紫色，潮湿部分为紫色，表面具黏液，表皮易撕拉；菌肉较薄，水浸状，浅黄褐色；菌褶不等大，宽 0.3~0.5 cm，浅黄褐色，较紧密，直生至稍弯生；菌柄长约 8.0 cm，粗约 1.0 cm，柱状，浅杏色，表面具残留的黄褐色丝膜，向基部渐膨大，具假根，中空。担孢子（5.0~15.0）μm×（3.5~8.7）μm，Q=1.0~2.0，Q_m=1.5，卵圆形至柠檬形，黄褐色，表面粗糙，中央具油滴；菌髓菌丝宽 3.7~20.0 μm，排列整齐，油黄色；菌盖表皮菌丝宽 3.7~12.5 μm，排列较乱，具锁状联合；菌柄表皮菌丝宽 5.0~13.7 μm，近平行排列，具锁状联合。

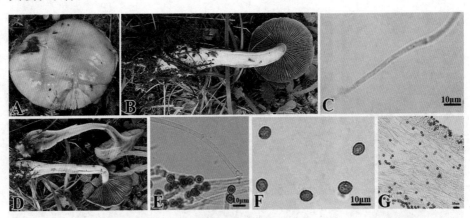

图69　A,B,D:子实体生境　C:柄皮菌丝　E:盖皮菌丝　F:担孢子　G:菌髓菌丝

Fig.69　A,B,D:basidiocarps C:stipitipellis E:pileipellis F:basidiospores G:trama

生境：落叶松针周围的土壤中。

世界分布：世界广布。

中国分布：东北地区，青海、内蒙古、宁夏等。

标本：青海果洛玛可河林区，32°39′21″N，100°58′34″E，海拔 3 505 m，QHU20216；青海玉树白扎林区，31°50′46″N，96°32′21″E，海拔 3 691 m，

QHU20298；青海黄南麦秀林区，35°46′43″N，101°34′21″E，海拔3 396 m，QHU21146。

（65）*Cortinarius phaeochrous*

Cortinarius phaeochrous J. Favre, Ergebn. wiss. Unters. schweiz. NatnParks, N.S. 33: 204. (1955).

子实体较小。菌盖直径1.2~4.5 cm，半球形至近球形，浅红褐色至紫褐色，表面密被白色丝膜，边缘白色丝膜与菌柄相连；菌肉浅紫褐色，厚；菌褶不等大，宽0.2~0.4 cm，紫色，干后偏黄褐色至红褐色，较紧密，直生至稍弯生；菌柄长3.2~3.5 cm，粗0.6~0.8 cm，柱状，基部稍膨大，色同菌盖，表面被白色丝膜和环状短小鳞片，实心。担孢子（6.2~8.7）μm×（3.0~3.6）μm，Q=1.6~2.3，Q_m=1.8，杏仁形至柠檬形，黄褐色，中央具油滴；担子（35.0~41.2）μm×（7.5~10.0）μm，棒状，具2~4个小梗，小梗较细；菌髓菌丝宽3.7~10.0 μm，近平行排列；菌盖表皮菌丝宽3.7~10.0 μm，近平行排列，具锁状联合；菌柄表皮菌丝宽3.7~7.5 μm，近平行排列，具锁状联合。

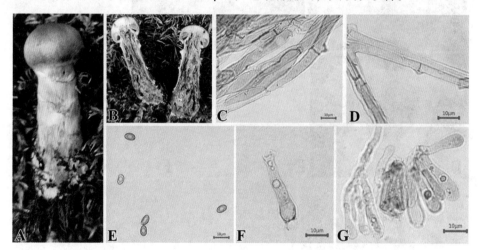

图70　A,B:子实体生境　C:盖皮菌丝　D:柄皮菌丝　E:担孢子　F,G:担子

Fig.70　A,B:basidiocarps C:pileipellis D:stipitipellis E:basidiospores F,G:basidia

生境：落叶松针周围。

世界分布：中国、瑞典、瑞士、法国、西班牙等。

中国分布：青海、云南、四川。

标本：青海黄南麦秀林区，35°46′24″N，101°34′42″E，海拔2 996 m，QHU20030；青海玉树江西林区，32°04′34″N，97°02′45″E，海拔2 778 m，QHU21014；青海玉树白扎林区，31°50′46″N，96°32′21″E，海拔2 879 m，QHU22051。

（66）*Cortinarius epipurrus*

Cortinarius epipurrus Chevassut & Rob. Henry, Docums Mycol. 8(no. 32): 72. (1978).

子实体小至中等大。菌盖直径 0.9~2.7 cm，近半球形，黄褐色，表面具丝状物，边缘色浅，稍开裂，丝膜与菌盖同色；菌肉薄，浅土褐色；菌褶不等大，宽 0.1~0.5 cm，与菌盖同色，水浸状，边缘色浅近白色，直生；菌柄长 3.6~3.7 cm，粗 0.4~1.6 cm，柱状，基部膨大，色较菌盖浅，表面具纵条纹和纤毛，基部具白色茸毛，实心。担孢子（7.5~10.0）μm ×（5.0~7.5）μm，Q=1.2~1.7，Q_m=1.4，椭圆形至杏仁形，黄褐色，中央具油滴，表面粗糙；担子（27.5~35.0）μm ×（8.7~11.2）μm，棒状，无色，具 2~4 个小梗，小梗较细；菌髓菌丝近平行排列；菌盖表皮菌丝宽 11.2~17.5 μm，近平行排列，具锁状联合；菌柄表皮菌丝宽 3.7~6.2 μm，近平行排列，具锁状联合。

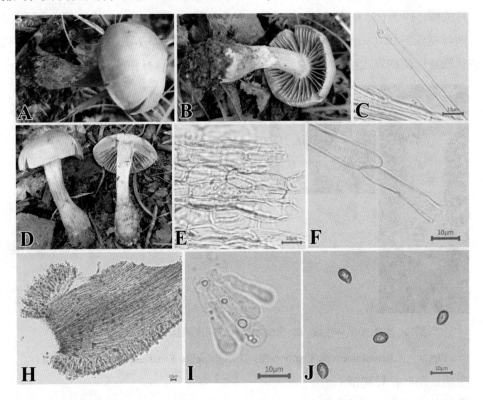

图71　A,B,D:子实体生境　C:柄皮菌丝　E,F:盖皮菌丝　H:菌髓菌丝　I:担子　J:担孢子

Fig.71　A,B,D:basidiocarps C:stipitipellis E,F:pileipellis H:trama I:basidia J:basidiospores

生境：落叶松针周围土壤中。

世界分布：中国、丹麦、法国、西班牙、意大利、挪威等。

中国分布：青海、云南、江西、山西、陕西。

标本：青海黄南麦秀林区，35°19′24″N，101°55′13″E，海拔 2 782 m，

QHU20066；青海玉树江西林区，32°4′43″N，97°2′35″E，海拔 2 784 m，
QHU21115；青海果洛玛可河林区，32°41′54″N，100°55′34″E，海拔 2 997 m，
QHU22154。

（67）*Cortinarius colymbadinus* 矮青丝膜菌

Cortinarius colymbadinus Fr., Epicrisis Systematis Mycologici: 289 (1838)

子实体中等大。菌盖直径约 5.0 cm，钟形至半球形，边缘波浪状，土褐色，表面
被黄褐色放射状条纹和小鳞片，边缘色浅；菌肉较厚，浅灰褐色，水浸状；菌褶不等
大，宽 0.3~0.5 cm，深灰色至灰褐色，较紧密，边缘波纹状，直生；菌柄长约 10 cm，
粗约 1.3 cm，柱状，浅灰褐色，表面被纵条纹和丝状鳞片，基部菌根较发达，具白
色茸毛，实心。担孢子（6.0~8.7）μm×（6.2~7.5）μm，Q=1.0~1.4，Q_m=1.2，卵圆
形，在 KOH 溶液中呈黄褐色，表面粗糙，部分中央具油滴；担子（28.7~36.2）μm×
（6.3~7.5）μm，棒状，具 2~4 个小梗，较短；菌髓菌丝宽 3.7~6.2 μm，近平行排列；
菌盖表皮菌丝宽 2.5~7.5 μm，胶质化。

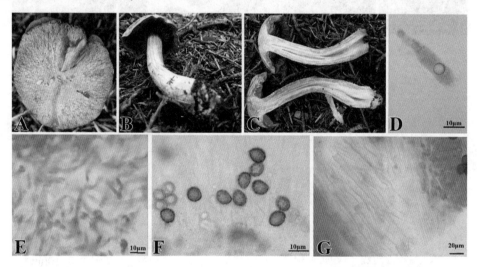

图72　A-C:子实体生境　D:担子　E:盖皮菌丝　F:担孢子　G:菌髓菌丝

Fig.72　A-C:basidiocarps D:basidia E:pileipellis F:basidiospores G:trama

生境：青杆林下的落叶松针土壤周围。

世界分布：中国、瑞典、瑞士、丹麦、西班牙等。

中国分布：青海、甘肃、西藏、宁夏、云南等。

标本：青海果洛玛可河林区，32°41′23″N，100°55′34″E，海拔 3 395 m，
QHU22143；青海玉树江西林区，32°04′13″N，97°02′27″E，海拔 3 633 m，
QHU21099；青海黄南麦秀林区，35°19′24″N，101°55′13″E，海拔 3 682 m，
QHU22053。

（68）*Cortinarius* sp.-1

子实体较小。菌盖直径约3.5 cm，伞形，粉红色至浅褐色，表面被白色纤毛状鳞片，边缘有残留菌幕，褐色丝膜连至菌柄；菌肉较厚，浅粉色；菌褶不等大，0.3~0.5 cm，较紧密，褐色，弯生；菌柄长约6.8 cm，粗约2.3 cm，柱状，向基部渐粗，色较菌盖浅，具鳞片，实心。担孢子（7.5~10.0）μm×（5.0~6.2）μm，Q=1.4~2.0，Q_m=1.5，椭圆形至杏仁形，具明显脐突，黄褐色，表面粗糙，中央具油滴；担子（28.8~37.5）μm×（7.5~10.0）μm，棒状，具2~4小梗；菌盖表皮菌丝宽3.7~7.5 μm，无色，排列乱，具锁状联合；菌髓菌丝近平行排列，具锁状联合；菌柄表皮菌丝宽5.0~15.0 μm，无色，近平行排列，具内含物和锁状联合。

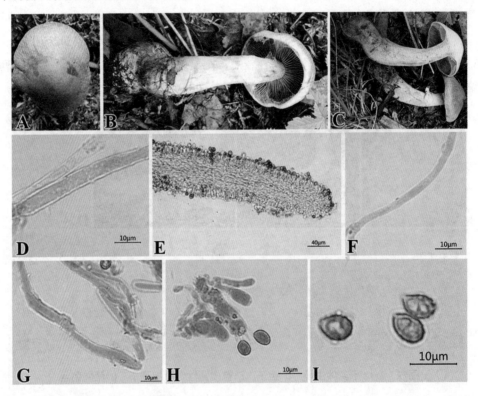

图73　A-C:子实体生境　D:柄皮菌丝　E,F:菌髓菌丝　G:盖皮菌丝　H:担子和担孢子　I:担孢子

Fig.73　A-C:basidiocarps D:stipitipellis E,F:trama G:pileipellis

H:basidia and basidiospores I:basidiospores

生境：落叶松针周围的土壤中。

世界分布：中国、瑞典、丹麦等。

中国分布：青海、西藏、宁夏、云南等。

标本：青海玉树江西林区，32°04′23″N，97°02′34″E，海拔3 033 m，QHU20412；青海黄南麦秀林区，35°19′24″N，101°55′13″E，海拔3 221 m，

QHU21126；青海果洛玛可河林区，32°39′21″N，100°58′34″E，海拔 3 305 m，QHU22054。

（69）*Cortinarius* sp.-2

子实体中等大。菌盖直径 7.1 cm，扁半球形至钟形，中间紫褐色，向边缘渐浅，表面被有稀疏丝状纹，边缘开裂；菌肉较薄，污灰色，水浸状，肉质；菌褶不等大，宽 0.4~0.6 cm，茶褐色至锈褐色，较密，弯生至离生；菌柄长约 7.0 cm，粗约 1.5 cm，柱状，浅黄褐色，向基部膨大，且色深，表面被菌幕残余，顶部被白色颗粒状物，实心；电镜下，担孢子椭圆形，表面具缺片状纹饰，纤维物丰富，具脐突；担子具 4 个小梗，较长。

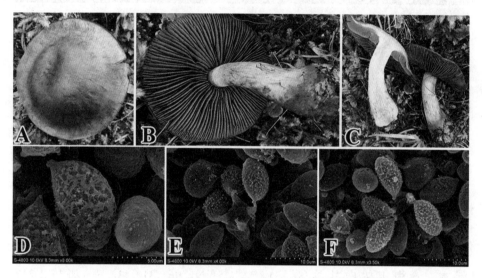

图74　A-C:子实体生境　D:担孢子　E,F:担子和担孢子

Fig.74　A-C:basidiocarps D:basidiospora E,F:basidia and basidiospora

生境：潮湿的苔藓类植物周围中。

世界分布：中国、瑞典、瑞士、丹麦、西班牙等。

中国分布：青海、甘肃、西藏、宁夏、云南等。

标本：青海果洛玛可河林区，32°39′21″N，100°58′34″E，海拔 3 301 m，QHU20215；青海玉树白扎林区，31°51′45″N，96°31′43″E，海拔 3 237 m，QHU22125；青海黄南麦秀林区，35°19′24″N，101°55′13″E，海拔 3 134 m，QHU22155。

（70）*Cortinarius* sp.-3

子实体中等大。菌盖直径约 3.3 cm，近扁平形至钟形，锈红色，边缘浅灰黑色，最外缘白色，表面被纤毛状鳞片，具金属光泽；菌肉较薄，污白色；菌褶不等大，宽 0.5~0.7 cm，锈色，边缘具小齿纹且近白色，直生；菌柄长约 5.5 cm，粗约 1.0 cm，近柱状，向基部渐粗，浅锈色，表面具纵条纹，纤维质，埋在地下的部分呈白色，空心。担孢子（8.7~10.0）μm×（5.0~6.2）μm，Q=1.6~2.0，Q_m=1.8，柠檬形至杏仁形，黄褐色，表面具疣突，中央具油滴；担子（26.2~40.0）μm×（7.5~12.5）μm，棒状，无色，具2~4小梗；菌髓菌丝8.7~12.5 μm，排列较乱，具锁状联合。

图75　A-D:子实体生境　E:菌髓结构　F:担子和担孢子　G:担孢子　H:担子

Fig.75　A-D:basidiocarps E:trama F:basidia and basidiospora G:basidiospora H:basidia

生境：落叶松针和苔藓类植物周围土壤中。

世界分布：中国、瑞典、瑞士、丹麦、西班牙等。

中国分布：青海、山西、云南。

标本：青海玉树白扎林区，31°51′45″N，96°31′43″E，海拔3 247 m，QHU20367；青海黄南麦秀林区，35°19′24″N，101°55′13″E，海拔2 782 m，QHU21047；青海果洛玛可河林区，32°39′21″N，100°58′34″E，海拔3 170 m，QHU22026。

（71）*Cortinarius* sp.-4

子实体小至中等大。菌盖直径3.8~5.5 cm，伞形至钟形，茶褐色至红褐色，表面光滑或被短纤毛，成熟时边缘开裂，白色丝膜连至菌柄；菌肉浅棕色，较厚；菌褶不等大，宽0.4~0.5 cm，色较菌盖浅，弯生；菌柄长6.0~7.5 cm，粗3.5~5.0 cm，柱状，近纺锤形，较粗，白色，表面被絮状物，地下部分呈红褐色，实心。担孢子（11.2~15.0）μm×（7.5~8.7）μm，Q=1.1~2.0，Q_m=1.5，卵圆形至柠檬形，黄褐色，具明显的脐突，表面粗糙，中央具油滴；担子（37.5~57.5）μm×（10.0~13.7）μm，棒状，具2~4个小梗；菌髓菌丝排列整齐；菌盖表皮菌丝宽3.8~8.7 μm，近平行排列；菌柄表皮菌丝宽5.0~11.2 μm，近平行排列。

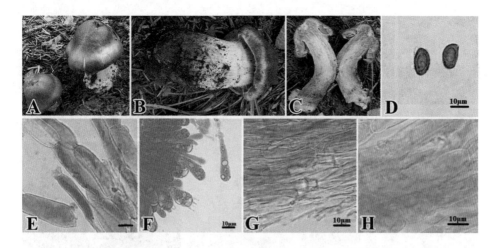

图76　A-C:子实体生境　D:担孢子　E:柄皮菌丝　F:担子　G:盖皮菌丝　H:菌髓菌丝

Fig.76　A-C:basidiocarps D:basidiospora E:stipitipellis F:basidia G:pileipellis H:trama

生境：落叶松针周围的土壤中。

世界分布：中国、瑞典、瑞士、丹麦、西班牙等。

中国分布：青海、甘肃、西藏、宁夏、云南等。

标本：青海玉树白扎林区，31°51′34″N，96°31′45″E，海拔 3 784 m，QHU20384；青海果洛玛可河林区，32°39′21″N，100°58′34″E，海拔 3 857 m，QHU20227、QHU22124。

粉褶伞科 Entolomataceae

粉褶伞属 *Entoloma*

（72）*Entoloma incanum* 绿变粉褶伞

Entoloma incanum (Fr.) Hesler, Beihefte zur Nova Hedwigia 23: 147 (1967)

=*Entoloma incanum* var. *citrinobrunneum* Arnolds. Biblthca Mycol. 90: 336. (1982).

子实体小。菌盖直径约 2.5 cm，钟形至稍平展，黄绿色，中部下凹，黄褐至腐朽叶色，表面具明显的沟条纹，光滑；菌肉薄，污白色至浅绿色，水浸状；菌褶不等大，宽 0.2~0.3 cm，稀疏，浅杏色至浅黄色，部分褶面稍带褶皱，直生至稍离生；菌柄长约 2.0 cm，粗约 0.3 cm，柱状，黄绿色，水浸状，表面近光滑，基部具白色小茸毛，伤变孔雀蓝绿色，顶部颜色较为明显，浅绿色，空心。担孢子（10.0~11.2）μm×（7.5~10.0）μm，Q=1.1~1.6，Q_m=1.3，星形，具 5~6 角，无色透明，表面近光滑，具脐突，中央具油滴；担子（33.7~42.5）μm×（10.0~12.4）μm，棒状，顶端膨大，具 2~4 个小梗；菌髓菌丝近平行排列。

图77　A-C:子实体生境　D:菌髓结构　E,L:担子　F,H-J:担子和担孢子　G:担孢子

Fig.77　A-C: basidiocarps D:trama E,L:basidia F,H-J:basidia and basidiospora G:basidiospora

生境：潮湿的腐木落叶周围。

世界分布：世界广布。

中国分布：青海、湖北、山东、贵州、西藏。

标本：青海玉树昂赛林区，32°48′34″N，95°35′39″E，海拔 3 964 m，QHU20234；青海玉树东仲林区，32°41′49″N，97°31′22″E，海拔 3 966 m，QHU20239；青海果洛玛可河林区，32°39′21″N，100°58′34″E，海拔 3 857 m，QHU21051。

（73）*Entoloma* sp.-1

子实体较大。菌盖直径 10.3 cm，近平展，灰色至浅灰褐色，近光滑，表面具同心纹和不明显纵条纹，肉质；菌肉极薄，浅灰色，水浸状；菌褶不等大，宽约 0.8 cm，浅粉色，较紧密，边缘有小齿纹，弯生；菌柄长约 10.1 cm，粗约 1.5 cm，柱状，基部稍粗，白色，表面被不明显纵条纹，空心。担孢子（8.7~10.0）μm×（7.5~8.7）μm，Q=1.0~1.4，Q_m=1.2，星形，具 4~6 角，具脐突，中央具油滴；担子（27.5~37.5）μm×（5.0~11.2）μm，棒状，具 2~4 个小梗，小梗细短；菌髓菌丝宽 8.7~17.5 μm，近平行排列；盖皮菌丝宽 2.5~10.0 μm，近平行排列，具锁状联合；柄皮菌丝宽 2.5~12.0 μm，近平行排列，具锁状联合。

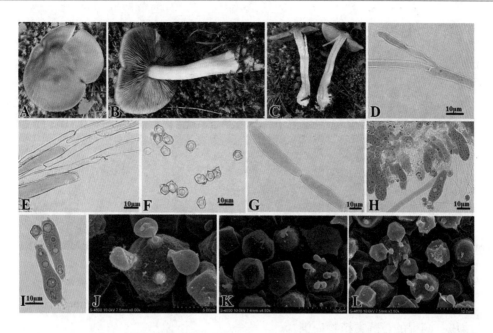

图78　A-C:子实体生境　D:盖皮菌丝　E:柄皮菌丝　F:担孢子　G:菌髓菌丝　H-L:担子和担孢子

Fig.78　A-C:basidiocarps D:pileipellis E:stipitipellis F:basidiospora G:trama

H-L:basidia and basidiospora

生境：潮湿的苔藓类植物周围。

世界分布：中国、瑞典、瑞士、丹麦、西班牙等。

中国分布：青海、甘肃、西藏、宁夏、云南等。

标本：青海果洛玛可河林区，32°39′34″ N，100°57′23″ E，海拔 3 280 m，QHU20069、QHU20074，32°39′14″ N，100°57′53″ E，海拔 3 120 m，QHU21186。

（74）*Entoloma* sp.-2

子实体小至中等大。菌盖直径约 3.6 cm，近半球形或钟形，边缘大波浪，墨绿色，表面被短纤毛；菌肉浅灰黑色；菌褶不等大，宽约 0.3 cm，杏色至黄色，较紧密，弯生至离生；菌柄长约 8.8 cm，粗约 0.6 cm，柱状，浅墨绿色，被短纤毛，基部稍膨大，有白色茸毛，实心；担孢子星形，具 4~6 角，表面近光滑；担孢子具 2~4 个小梗。

图79　A-C:子实体生境　D:担孢子　E:担子和担孢子　F:担子

Fig.79　A-C:basidiocarps　D:basidiospora　E:basidia and basidiospora　F:basidia

生境：潮湿的苔藓类植物周围。

世界分布：中国、新西兰、法国、印度。

中国分布：青海、山西、甘肃等。

标本：青海果洛玛可河林区，32°39′45″N，100°57′23″E，海拔 3 280 m，QHU21289；青海玉树白扎林区，32°2′16″N，97°0′11″E，海拔 3 513 m，QHU21079；青海玉树昂赛林区，32°44′45″N，95°32′23″E，海拔 3 966 m，QHU22057。

（75）*Entoloma* sp.-3

子实体较小。菌盖直径 2.1 cm，近半球形，灰褐色，中间深黑色稍凹陷，向边缘具纤毛状丛生鳞片，边缘具沟条纹；菌肉极薄，杏色；菌褶不等大，粗约 0.5 cm，色同菌肉，波浪状，离生；较稀疏，菌柄长约 11.8 cm，粗约 0.5 cm，柱状，色同菌盖，基部约 1.0 cm 深入地下，白色，空心。担孢子（7.5~11.2）μm×（5.0~8.7）μm，Q=1.3~1.5，Q_m=1.4，星形，近光滑，具 5~6 个角，具明显脐突，中央具油滴；担子（15.0~30.0）μm×（5.0~12.5）μm，无色，棒状，具 1~4 个小梗，多为 1~2 个，基部较粗；菌髓菌丝近平行排列；菌柄表皮菌丝宽 3.7~20.0 μm，无色，近平行排列。

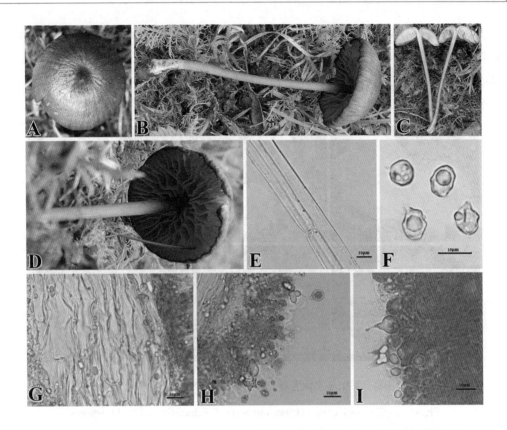

图80　A-D:子实体生境　E:柄皮菌丝　F:担孢子　G:菌髓菌丝　H,I:担子和担孢子

Fig.80　A-D:basidiocarps E:stipitipellis F:basidiospores G:trama H,I:basidia and basidiospores

生境：潮湿的苔藓类植物周围的土壤中。

世界分布：中国、新西兰。

中国分布：青海、山西、甘肃等。

标本：青海玉树白扎林区，32°02′16″N，97°00′11″E，海拔 3 513 m，QHU20393；青海玉树东仲林区，32°22′19″N，97°29′14″E，海拔 3 614 m，QHU20448；青海黄南麦秀林区，35°16′34″N，101°55′45″E，海拔 3 688 m，QHU21050。

斜盖伞属 *Clitopilus*

（76）*Clitopilus piperitus* 辣斜盖伞

Clitopilus piperitus (G. Stev.) Noordel. & Co-David, in Co-David, Langeveld & Noordeloos, Persoonia 23: 163. (2009).

= *Lepista piperita* G. Stev, Kew Bull. 19(1): 6. (1964).

= *Rhodocybe piperita* (G. Stev.) E. Horak, N.Z. Jl Bot. 9(3): 446. (1971).

子实体中等大。菌盖直径 3.8~6.5 cm，伞形至近平展，土褐色至浅红褐色，边缘稍内卷具短条纹，表面被细小鳞片；菌肉肉质，较厚，白色至乳白色，靠近菌盖边缘部分具波浪纹；菌褶不等大，较紧密，浅黄色，稍衍生；菌柄长 5.5~7.8 cm，粗 1.8~2.5 cm，柱状，色同菌肉，基部具发达的假根和菌索，中实；担孢子肾形至杏仁形，表面具不同大小的短棒状凸起；担子具 4 个小梗。

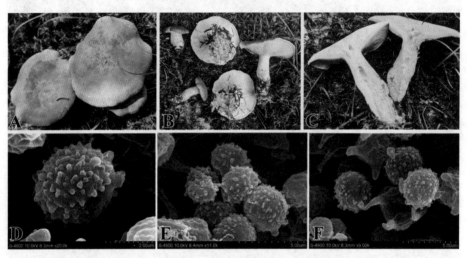

图81　A-C:子实体生境　D:担孢子　E,F:担子和担孢子

Fig.81　A-C:basidiocarps D:basidiospores E,F:basidia and basidiospores

生境：潮湿的苔藓类植物周围的土壤中。

世界分布：中国、新西兰。

中国分布：青海、山西、甘肃等。

标本：青海黄南麦秀林区，35°16′23″N，101°55′45″E，海拔 3 011 m，QHU21148；青海玉树江西林区，32°03′22″N，97°12′45″E，海拔 3 300 m，QHU21151；青海果洛玛可河林区，32°39′05″N，101°00′45″E，海拔 3 215 m，QHU22058。

轴腹菌科 Hydnangiaceae

蜡蘑属 *Laccaria*

（77）*Laccaria laccata* 红蜡蘑

Laccaria laccata (Scop.) CookE, Grevillea 12(no. 63): 70. (1884).

子实体小至中等大。菌盖直径 2.3~3.0 cm，近平展，中间稍凹陷，边缘稍向内翻卷，浅黄褐色稍带粉色，表面光滑，边缘有条棱；菌肉薄，色同菌盖；菌褶不等大，宽 0.3~0.6 cm，肉粉色，表面被白色粉状物，稀疏，有褶皱，肉质，离生；菌柄长约 3.5 cm，粗约 0.4 cm，柱状，杏色至浅黄褐色，表面被短茸毛，实心。担孢子（7.5~12.5）μm×（6.2~10.0）μm，Q=1.0~1.3，Q_m=1.1，球形至近球形，无色，表面具刺突；担子（35.0~50.0）μm×（8.7~12.5）μm，棒状，具2~4个小梗，梗长，基部较粗；菌盖表皮细胞宽5.0~20.0 μm，排列较乱，具锁状联合；菌髓菌丝近平行排列；菌柄表皮菌丝宽5.0~15.0 μm，近平行排列，具锁状联合。

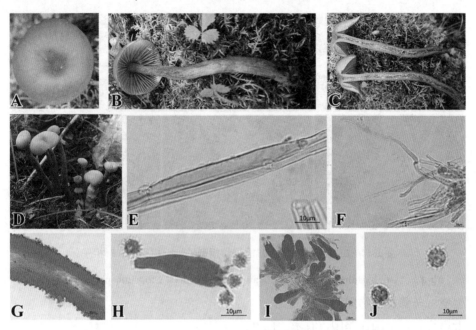

图82 A-D:子实体生境 E:柄皮菌丝 F:盖皮菌丝 G:菌髓结构 H,I:担子和担孢子 J:担孢子

Fig.82 A-D:basidiocarps E:stipitipellis F:pileipellis G:trama

H,I:basidia and basidiospores J:basidiospores

生境：青杆林下的落叶松针和苔藓类植物周围土壤中。

世界分布：中国、英国、瑞典、丹麦、挪威、瑞士等。

中国分布：青海、内蒙古、云南、江西等。

标本：青海果洛玛可河林区，32°39′05″ N，101°00′22″ E，海拔3 215 m，QHU20034；青海玉树江西林区，32°21′16″ N，97°10′11″ E，海拔3 320 m，QHU20455，32°04′56″ N，97°00′22″ E，海拔3 501 m，QHU20466；青海黄南麦秀林区，35°08′34″ N，101°45′35″ E，海拔3 200 m，QHU21077。

（78）*Laccaria acanthospora* 棘孢蜡蘑

Laccaria acanthospora A.W. Wilson & G.M. Muell. in Wilson, Hosaka, Perry & Mueller, Mycoscience 54(6): 412. (2013).

子实体小至中等大。菌盖直径2.3~3.0 cm，近平展，向外翻卷，浅黄褐色稍带粉色，表面具短纤毛，边缘具不明显条棱；菌肉薄，色同菌盖；菌褶不等大，宽0.3~0.6 cm，褶面具褶皱，较厚，肉粉色，褶间具横褶脉，稀疏，表面被白色物质，肉质，离生；

菌柄柱状，长约3.5 cm，粗约0.4 cm，杏色至浅黄褐色，表面被不均匀白色条纹，基部稍膨大，具白色短茸毛，实心；担子近球形，表面具角锥状纹饰；担子棒状，常具4个小梗，小梗基部粗。

图83　A-C:子实体生境　D:担子和担孢子　E:担孢子　F:担子

Fig.83　A-C:basidiocarps　D:basidia and basidiospores　E:basidiospores　F:basidia

生境：苔藓类植物周围。

世界分布：中国、美国、日本、印度。

中国分布：青海、西藏、四川等。

标本：青海省玉树白扎林区，31°49′45″N，96°32′56″E，海拔3 780 m，QHU20402；青海玉树江西林区，32°03′32″N，97°12′34″E，海拔3 800 m，QHU21052；青海果洛玛可河林区，32°39′05″N，101°00′22″E，海拔3 872 m，QHU22059。

讨论：本研究中该种与已记载种 *Laccaria acanthospora* 的区别为后者菌褶片状，离生。

（79）*Laccaria* sp.-1

子实体中等大。菌盖近平展，杏色至浅土褐色，边缘稍外卷呈波浪状，表面具明显长沟条纹，近光滑；菌肉极薄，色同菌盖，水浸状；菌褶不等大，褶面粉色，褶缘红褐色，褶间有横脉，较稀疏，腹鼓状，直生至稍弯生；菌柄柱状，色同菌盖，表面被短茸毛，基部具白色茸毛，空心。

图84　A-C:子实体生境

Fig.84　A-C:basidiocarps

生境：潮湿的苔藓类植物周围。

世界分布：中国、新西兰。

中国分布：青海、山西、甘肃等。

标本：青海玉树白扎林区，31°49′34″N，96°32′45″E，海拔3 780 m，QHU20394；青海玉树江西林区，32°3′45″N，97°12′21″E，海拔3 894 m，QHU21063；青海果洛玛可河林区，32°39′5″N，101°0′22″E，海拔3 952 m，QHU22060。

（80）*Laccaria* sp.-2

子实体中等大。菌盖直径约3.9 cm，近平展，中间稍凹陷，杏色，向边缘色深，浅黄褐色，表面具小鳞片；菌肉极薄，与菌盖同色；菌褶不等大，宽约0.6 cm，粉色，边缘水浸状，较稀疏，弯生；菌柄长约5.5 cm，粗约0.5 cm，柱状，褐色至红褐色，表面被白色不均匀纵条纹，空心。担孢子（7.5~10.0）μm×（6.3~10.0）μm，Q=1.0~1.2，Q_m=1.1，球形至近球形，脐突不明显，具角锥状纹饰；担子（32.5~42.5）μm×（11.4~17.5）μm，棒状，粗短，顶端较宽，常具2~4个小梗，偶具5个小梗，小梗基部粗；盖皮菌丝宽5.0~12.5 μm，排列较乱，具锁状联合；柄皮菌丝宽3.8~10.0 μm，近平行排列，具锁状联合。

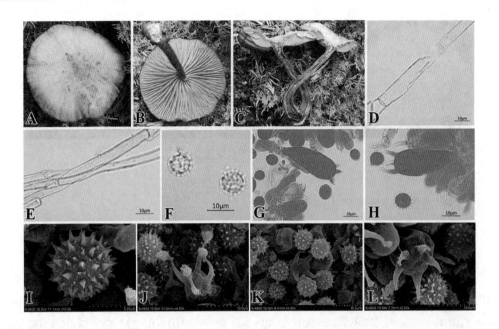

图85　A-C:子实体生境　D:盖皮菌丝　E:柄皮菌丝　F,I:担孢子　G,H,J,K:担子和担孢子

Fig.85　A-C:basidiocarps D:pileipellis E:stipitipellis F,I:basidiospores

G,H,J,K:basidia and basidiospores

生境：潮湿的苔藓类植物周围。

世界分布：中国、新西兰。

中国分布：青海、山西、甘肃。

标本：青海玉树白扎林区，31°42′45″N，96°31′43″E，海拔3 778 m，QHU20452；青海玉树江西林区，32°3′23″N，97°12′46″E，海拔3 865 m，QHU21064，青海果洛玛可河林区，32°39′5″N，101°0′22″E，海拔3 951 m，QHU22009。

蜡伞科 Hygrophoraceae

蜡伞属 *Hygrophorus*

（81）*Hygrophorus chrysodon* 金齿/粒蜡伞

Hygrophorus chrysodon (Batsch) Fr. Epicr. syst. mycol. (Upsaliae): 320 ('1836-1838'). (1838).

子实体小至中等大。菌盖直径约 2.5 cm，近半球形至球形，柠檬黄，光滑至表面被短纤毛状鳞片，幼时边缘稍内卷；菌肉较薄，污白色至浅黄色；菌褶宽约 0.3 cm，不等大，杏色，弯生，较紧密；菌柄长约 4.5 cm，粗约 0.9 cm，柱状，向基部渐粗，色较菌盖浅，表面被丛生鳞片，实心。担孢子（10.0~12.5）μm×（3.8~7.5）μm，Q=1.6~2.5，Q_m=2.1，长卵圆形或梭形，黄褐色，部分具油滴，具明显脐突，光滑；担

子（45.0~50.0）μm×（7.5~10.0）μm，长棒状，具 4 个小梗，细长；菌盖表皮菌丝宽
3.8~5.0 μm，具锁状联合；菌柄表皮菌丝末端有近球状结构，具锁状联合。

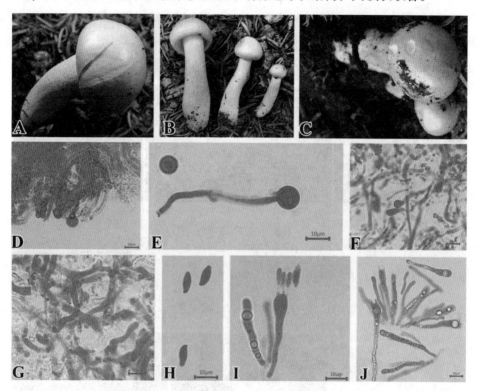

图86　A-C:子实体生境　D,E:菌柄表皮末端组织　F,G:盖皮菌丝　H:担孢子　I,J:担子和担孢子

Fig.86　A-C:basidiocarps D,E:surface of stripe F,G:pileipellis H:basidiospores

I,J:basida and basidiospores

生境：潮湿的落叶松针周围土壤中。

世界分布：中国、瑞士、瑞典、英国、丹麦、西班牙、挪威、荷兰、墨西哥等。

中国分布：东北地区，青海、四川、西藏、甘肃、内蒙古、江苏等。

标本：青海玉树白扎林区，31°51′45″N，96°31′43″E，海拔 3 784 m，
QHU20378；青海玉树东仲林区，32°14′58″N，97°32′14″E，海拔 3 840 m，
QHU20389。

（82）*Hygrophorus subroseus*

Hygrophorus subroseus L.C. Bai & T.T. Qiang, sp. nov.

子实体中等大。菌盖直径 5.2~6.8 cm，近平展，呈心形，粉色至深红色，中间色较深，
距离边缘约 0.5 cm 处具深红色的皱缩，呈环状且边缘具深红色的鳞片；潮湿时，菌肉
呈透明至白色；菌褶不等大，宽 3.0~5.0 cm，浅杏色，具 2~3 次褶皱，波浪状，部分褶
面具粉色至浅深红色斑点，近衍生，较紧密；菌柄长约 6.5 cm，粗约 1.2 cm，柱状，浅

粉色，表面具红色鳞片，基部近白色具白色茸毛，且稍膨大。担孢子（8.8~11.3）μm×（5.0~6.3）μm，Q=1.6~2.0，Q_m=1.8，椭圆形至长椭圆形，光滑，无色，薄壁，部分具中央油滴和脐突；担子（45.0~67.5）μm×（6.3~10.0）μm，棍棒状至近柱状，细长，光滑，无色，具2~4个小梗；盖皮菌丝宽1.3~5.0 μm，排列较乱，末端细胞圆柱形，具分支；菌柄菌丝宽2.5~11.3 μm，近平行排列；所有组织均存在锁状联合。

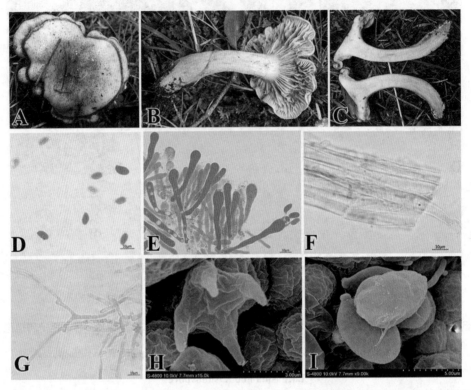

图87　A-C:子实体生境　D,I:担孢子　E:担子和担孢子　F:柄皮菌丝　G:盖皮菌丝　H:担子

Fig.87　A-C: basidiocarps D,I:basidiospores E:basidia and basidiospores F:stipitipellis

G:pileipellis H:basidia

生境：潮湿的落叶松针土壤周围。

世界分布：中国。

中国分布：青海。

标本：青海果洛玛可河林区，33°08′46″ N，100°58′46″ E，海拔3 505 m，QHU21062、QHU21069；青海玉树白扎林区，31°51′56″ N，96°31′46″ E，海拔3 684 m，QHU21163。

讨论：该种主要特征为菌盖近平展呈心形，粉色至深红色，中间色较边缘深，且离边缘约0.5 cm处具一条深红色环带，菌褶具2~3次褶皱，波浪状且部分表面具浅红色斑点。在 [*Hygrophorus erubescens* (MushroomExpert.Com)] 中查询，该种与 *H.*

erubescens 较相似，其菌盖白色至粉红色，表面光滑或具短纤毛且伴随着条纹或者斑点；菌褶白色至浅黄色，菌柄伤后呈浅黄色，光滑或具短纤毛；二者相似点在于散生或聚生在针叶林下土壤中。同样也与 *H. pudorinus* 相似，其菌盖浅橙色至橙色，中间色较深，菌褶灰橙色具分叉，部分表面呈粉红色或浅红色，菌柄表面具稀疏絮状物，二者相似之处为担孢子和担子大小在同一变化范围内，且锁状联合存在于所有组织。

湿伞属 *Hygrocybe*

（83）*Hygrocybe aurantiacus

Hygrocybe aurantiacus L.C.Bai & T.T.Qiang, sp. nov. (MycoBank: MB839154)

子实体小型。菌盖直径 1.3~2.2 cm，通常呈半球形至近平展，浅蜡黄色至橙色，中间稍凹且表面具鳞片，水浸状，边缘波浪状，偶尔开裂；菌肉潮湿时呈橙黄色；菌褶宽 0.3~0.5 cm，腹鼓状，稀疏，部分边缘锯齿状，褶片间具横褶脉，易碎，完整的子实体具 25~32 褶片，直生至近离生；菌柄长 3.3~3.7 cm，粗 0.2~0.4 cm，柱状，水浸状，近光滑，基部稍膨大具白色菌丝，中生，空心。担孢子（6.3~7.5）μm×（3.8~5.0）μm，Q=1.3~2.0，Q_m=1.6，椭圆形、长椭圆形或圆柱形，光滑，无色，薄壁，部分中间具油滴，脐突长 0.5~1.0 μm；担子（33.8~46.3）μm×（6.3~10.0）μm，棍棒状至柱状，光滑，薄壁，无色，常具 4 个小梗，成熟时基部具锁状联合；盖皮菌丝宽 3.8~13.8 μm，近平行排列，薄壁；柄皮菌丝宽 3.8~16.3 μm，近平行排列。所有菌丝组织均存在锁状联合。

图88 A-D:子实体生境 E:柄皮菌丝 F:盖皮菌丝 G,H:担子和担孢子

Fig.88 A-D:basidiocarps E:stipitipellis F:pileipellis G,H:basidia and basidiospores

生境：潮湿的高山草甸土壤中。

世界分布：中国。

中国分布：青海。

标本：青海玉树白扎林区，32°38′36″N，96°57′44″E，海拔 3 964 m，

QHU19232；青海玉树东仲林区，32°47′19″N，97°14′31″E，海拔 3 850 m，QHU20080；青海果洛玛可河林区，33°48′06″N，100°58′31″E，海拔 3 505 m，QHU21066。

讨论：该种主要特征为菌盖蜡黄色，表面具鳞片，部分菌褶边缘锯齿状且两个褶片间具横褶脉，部分担孢子中央具油滴而脐突长 0.5~1.0 μm，锁状联合几乎存在于所有菌丝组织，生长于高山草甸土壤。与 *H. caespitosa* 和 *H. sparifolia* 相似，前者菌盖呈肉桂棕色或灰色，表面具鳞片；菌褶波浪状，灰白色，靠近菌柄处具褶皱，菌柄黄色，光滑，水浸状，担子和囊状体棍棒状，菌髓菌丝近平行排列，盖皮菌丝浅棕色，无锁状联合；后者菌盖浅黄色至黄色，表面具黑棕色纤维物，菌褶幼时黄白色，成熟时为灰黄色，伤后呈灰棕色，菌柄基部尖细，表面具不明显条纹，担子近柱状，内含物为棕色，柄皮菌丝内含物棕黄色。也与 *H. calciphila* 和 *H. indica* 相似，前者菌盖橙色至橙红色，表面具纤维物，生长于钙质土壤中，孢子椭圆形，典型的担子具 4 个小梗，波兰种与 *H. miniata* 相似，且不能从宏观特征将二者区分，后来学者发现 *H. calciphila* 鉴别特征为从侧面看孢子宽椭圆形至椭圆形，而在正视图中其呈现为椭圆形，目前仅在碱性壤土或黏土 (pH 值为 6~8) 中收集到。后者菌盖橙棕色，成熟时呈橙红色，边缘具短条纹呈波浪状，菌褶分叉，橙色或红橙色，幼时菌柄橙棕色，成熟时为顶端橙红色，基部灰橙色且具白色菌丝，孢子具油滴，担子无色或具浅黄色的内含物，盖皮菌丝壁呈浅黄色，末端细胞近圆柱状，柄皮菌丝壁为浅黄色。

（84）*Hygrocybe chlorophana* 蜡黄湿伞

Hygrocybe chlorophana (Fr.) Wünsche, Die Pilze: 112. (1877).

= *Godfrinia chlorophana* (Fr.) Herink, Sb. severočesk. Mus., Hist. Nat. 1: 69. (1958).

子实体较小。菌盖斗笠形，黄色，中间乳状凸起橙黄色，具有短条纹，表面近光滑，边缘稍外卷且开裂；菌褶不等大，较稀疏，浅黄色，边缘齿纹状，弯生；菌柄柱状，细长，黄色，基部白色；担孢子椭圆形，表面近光滑，具脐突；担子棒状，常具 1~2 个小梗。

图89　A-C:子实体生境　D:担子和担孢子

Fig.89　A-C:basidiocarps　D:basidia and basidiospores

生境：潮湿的落叶松针土壤周围。

世界分布：中国、法国、瑞典、挪威、芬兰等。

中国分布：青海、东北地区、云南、内蒙古、四川等。

标本：青海玉树江西林区，32°3′40″N，97°12′24″E，海拔3 600 m，QHU19253；青海玉树白扎林区，32°33′16″N，96°50′44″E，海拔3 664 m，QHU21067；青海玉树东仲林区，32°24′18″N，97°14′22″E，海拔3 505 m，QHU22049。

（85）*Hygrocybe conica var. conicoides* 变黑湿伞变种

Hygrocybe conica var. conicoides (P.D. Orton) Boertm., The genus Hygrocybe. Fungi of Northern Europe - Vol. 1: 162 (1995)

子实体较小，受伤易变黑。菌盖直径约1.6 cm，初期圆锥形，后呈斗笠形，橙红色，中间凸起颜色较暗，湿时较黏；菌肉薄，橙黄色；菌褶不等大，宽约0.2 cm，浅黄色，较稀疏，离生；菌柄长约4.1 cm，粗约0.3 cm，柱状，橙色，表面具纵条纹，空心，受伤后变为黑色；担孢子椭圆形，表面近光滑，具脐突；担子棒状，多具2个小梗，小梗基部较粗。

图90　A-C:子实体生境　D:担子和担孢子

Fig.90　A-C:basidiocarps D:basidia and basidiospores

生境：潮湿的苔藓类植物周围。

世界分布：中国、瑞典、挪威、匈牙利、澳大利亚、新西兰、美国。

中国分布：青海、四川、江西。

标本：青海玉树昂赛林区，33°46′40″N，96°34′10″E，海拔 3 695 m，QHU20235；青海玉树江西林区，32°13′10″N，97°12′04″E，海拔 3 652 m，QHU21072；青海玉树东仲林区，32°44′18″N，97°22′44″E，海拔 3 614 m，QHU22073。

（86）*Hygrocybe konradii var. konradii* 康拉德湿伞康拉德变种

子实体较小。菌盖直径约 3.0 cm，伞形近平展，橙黄色，向边缘渐浅，呈黄色，边缘具明显的沟条纹和小波纹，有黏液；菌肉极薄，色同菌盖；菌褶不等大，宽 0.4~0.6 cm，黄色，边缘具小齿纹，褶面具不明显的褶皱，近离生；菌柄长约 4.3 cm，粗约 0.8 cm，柱状，黄色至浅橙黄色，表面具纵条纹，基部白色，空心。担孢子（10.0~11.3）μm×（7.5~8.8）μm，Q=1.1~1.5，Q_m=1.3，椭圆形至柠檬形，光滑，具脐突；担子（30.0~47.5）μm×（7.5~12.5）μm，棒状，无色，具 1~4 个小梗，小梗较粗，多具 1~2 个；菌盖表皮菌丝宽 3.8~15.0 μm，排列较乱，具锁状联合；菌柄表皮菌丝宽 2.5~16.3 μm，近平行排列，具锁状联合。

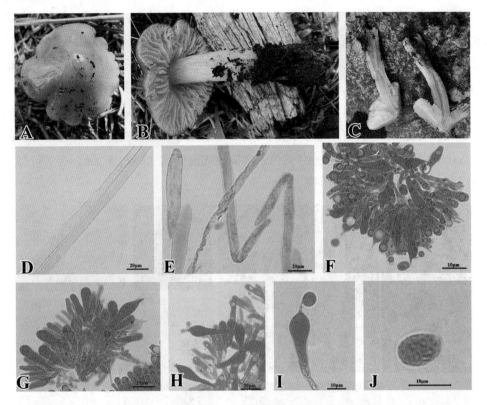

图91　A-C:子实体生境　D:柄皮菌丝　E:盖皮菌丝　F-I:担子和担孢子　J:担孢子

Fig.91　A-C:basidiocarps D:stipitipellis E:pileipellis F-I:basidia and basidiospores J:basidiospores

生境：潮湿的落叶松针的周围土壤中。

世界分布：中国、丹麦、意大利。

中国分布：青海、四川、西藏、云南。

标本：青海玉树白扎林区，31°46′50″N，96°34′24″E，海拔3 691 m，QHU20330；青海玉树东仲林区，32°23′18″N，97°27′14″E，海拔3 604 m，QHU21068；青海玉树昂赛林区，33°36′20″N，96°44′13″E，海拔3 695 m，QHU22062。

（87）*Hygrocybe conica* 变黑湿伞

Hygrocybe conica (Schaeff.) P. Kumm. Führ. Pilzk. (Zerbst): 111. (1871).

= *Agaricus conicus* Schaeff. Fung. bavar. palat. nasc. (Ratisbonae) 4: 2. (1774).

= *Hygrophorus conicus* (Schaeff.) Fr. Epicr. syst. mycol. (Upsaliae): 331 ('1836-1838'). (1838).

= *Godfrinia conica* (Schaeff.) MairE, Bull. Soc. mycol. Fr. 18(suppl.): 116. (1902).

子实体小至中等大。菌盖直径 4.0 cm，斗笠形，成熟后近平展，浅橙黄色稍带绿，表面具纵条纹，边缘波浪纹且稍带橙红色；菌肉极薄，灰绿色，水浸状；菌褶不等大，宽 0.1~0.3 cm，黄色至浅黄褐色，较长，稀疏，离生；菌柄长 9.2 cm，粗 0.8 cm，柱状，黄色至浅橙色，有螺旋状排列的纵条纹，实心，整株子实体受伤后变黑色。担孢子（8.8~11.3）μm×（5.0~7.5）μm，Q=1.2~2.3，Q_m=1.7，椭圆形至柠檬形，浅褐色，中央具油滴，具明显的脐突，表面近光滑；担子（30.0~37.5）μm×（7.5~10.0）μm，棒状，顶端膨大，浅灰黑色，具有 1~4 个小梗，1~2 个小梗居多；菌盖表皮菌丝宽 5.0~7.5 μm，近平行排列，浅灰色，中间部分灰褐色；菌柄表皮菌丝宽 3.8~17.5 μm，近平行排列，颜色同菌柄菌丝；菌髓菌丝近平行排列。

图92　A-D:子实体生境　E:柄皮菌丝　F:盖皮菌丝　G:菌髓结构　H:担孢子　I-M:担子和担孢子

Fig.92　A-D:basidiocarps E:stipitipellis F:pileipellis G:trama H:basidiospores

I-M:basidia and basidiospores

生境：潮湿的落叶松针和苔藓类植物周围土壤中。

世界分布：中国、英国、瑞典、挪威、丹麦、西班牙、法国、德国等。

中国分布：青海、湖北、东北地区、西藏、云南等。

标本：青海玉树白扎林区，32°45′23″N，96°37′23″E，海拔 3 982 m，QHU20243；青海玉树江西林区，32°3′45″N，97°12′21″E，海拔 3 600 m，QHU20272；青海玉树东仲林区，32°14′18″N，97°45′21″E，海拔 3 641 m，QHU22177。

靴耳科 Crepidotaceae

靴耳属 *Crepidotus*

（88）*Crepidotus herbaceus* 叶生靴耳

Crepidotus herbaceus T. Bau & Y.P. Ge, Phytotaxa 552 (1): 25 (2022)

子实体较小。菌盖直径 1.4~2.5 cm，近圆形或不规则，呈覆瓦状生长在枝干，奶白色至污白色，表面具不明显短纤毛，近光滑，边缘波浪纹；菌肉较薄，与菌盖同色；菌褶不等大，宽 0.2~0.4 cm，以着生在树枝的点为中心，呈辐射式着生，中间为杏色，向边缘渐为白色；无菌柄。

图93　A-B:子实体生境

Fig.93　A-B:basidiocarps

生境：桦树枝条。

世界分布：中国、瑞典、瑞士、丹麦、西班牙等。

中国分布：青海、甘肃、西藏、宁夏、云南等。

标本：青海果洛玛可河林区，32°37′57″N，100°53′40″E，海拔 3 215 m，QHU20027、QHU21042；青海玉树白扎林区，31°47′37″N，96°34′21″E，海拔 3 167 m，QHU19077。

讨论：本研究中该种与已记载种 *Crepidotus herbaceus* 的区别为前者生活在桦树枝干上，而后者主要群生于草本植物叶片。

（89）*Crepidotus crocophyllus* 铬黄靴耳

Crepidotus crocophyllus (Berk.) Sacc. Syll. fung. (Abellini) 5: 886. (1887).

= *Agaricus crocophyllus* Berk. London J. Bot. 6: 313. (1847).

子实体中等大。初期扇形至半圆形，中间稍凸起，橙黄色至黄褐色，表面被锈褐色角锥状鳞片，边缘内卷；菌褶不等大，浅黄色，弯生至稍离生；无菌柄。

担孢子近球形，表面近光滑；担子棒状至宽棒状，具 4 个梗，小梗基部稍粗，向顶端渐细；缘生囊状体圆柱状，顶端稍钝。

图94 A-B:子实体生境 C-E:担子、担孢子和缘生囊状体

Fig.94 A-B:basidiocarps C-E:basidia, basidiospores and cheilocystidia

生境：腐木。

世界分布：中国、荷兰、加拿大、法国、西班牙、奥地利、乌克兰等。

中国分布：青海、东北地区、云南、四川等。

标本：青海玉树江西林区，32°03′14″N，97°01′37″E，海拔 3 650 m，QHU19288、QHU21181；青海玉树东仲林区，32°14′58″N，97°33′24″E，海拔 3 600 m，QHU21218。

讨论：本研究中该种与已记载种 *Crepidotus crocophyllus* 的区别为二者子实体菌盖表面鳞片疏密程度具有差异，其模式种为 *Crepidotus nephrodes*。

层腹菌科 Hymenogastraceae

盔孢伞属 *Galerina*

（90）*Galerina marginata* 具缘盔孢伞

Galerina marginata (Batsch) Kühner, Encyclopédie Mycologique 7: 225 (1935)

= *Galerula marginata* (Batsch) Kühner Bull. trimest. Soc. mycol. Fr. 50: 78. (1934).

子实体较小。菌盖直径 1.8~3.0 cm，扁半球形至近平展，黄褐色稍带肉粉色，中间凹陷色较深，呈红褐色，边缘有纵条纹；菌肉污白色，较薄，肉质；菌褶不等大，宽 0.3~0.5 cm，浅黄褐色，直生至弯生；菌柄长 2.5~3.1 cm，粗 0.3~0.5 cm，柱状，顶部约 0.2~0.5 cm 处，具有白色的颗粒，向下呈约 0.2 cm 的橙黄色，其他部分红褐色，向基部渐深，表面具白色纤维状物。

图95 A-B:子实体生境

Fig.95 A-B:basidiocarps

生境：腐朽的倒木与地面的连接处。

世界分布：中国、瑞典、丹麦、英国、法国、瑞士、加拿大、西班牙、比利时等。

中国分布：青海、云南、西藏、内蒙古、东北地区、湖北等。

标本：青海玉树白扎林区，31°47′27″N，96°34′50″E，海拔 3 796 m，QHU20278；青海黄南麦秀林区，35°34′21″N，101°30′15″E，海拔 3 876 m，QHU21043、QHU22099。

裸伞属 *Gymnopilus*

（91）*Gymnopilus sapineus* 赭黄裸伞（枞裸伞）

Gymnopilus sapineus (Fr.) MairE, Fungi Catalaunici: Contributions à l'étude de la Flore Mycologique de la Catalogne: 96 (1933)

子实体小至中等大。菌盖直径 2.1~4.5 cm，扁半球形至近平展，橙黄色至橙色，边缘色浅，被橙色短茸毛，表面干；菌肉污白色至浅橙色，较薄；菌褶不等大，宽 0.2~0.5 cm，浅橙色，边缘黄褐色，具波浪纹，褶面被不均匀锈状物，直生至稍衍生；菌柄长 2.1~6.3 cm，粗 0.4~0.6 cm，柱状，色同菌盖，表面具纵条纹，基部稍膨大有白色绒状物，幼时实心，成熟后空心。担孢子（6.3~8.8）μm×（3.8~6.3）μm，$Q=1.0~2.3$，$Q_m=1.7$，浅黄褐色至黄褐色，杏仁形至柠檬形，表面粗糙，中央具油滴；担子（15.0~22.5）μm×（5.0~6.3）μm，棒状，油黄色，具 2~4 个小梗，细长；菌髓菌丝宽 5.0~15.0 μm，近平行排列，具锁状联合；菌盖表皮菌丝宽 5.0~15.0 μm，排列较乱，具锁状联合；菌柄表皮菌丝宽 3.8~15.0 μm，呈砖格状近平行排列，黄褐色，具锁状联合；菌褶菌丝细胞交织型。

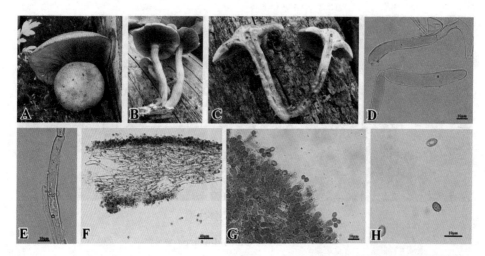

图96 A-C:子实体生境 D:盖皮菌丝 E:柄皮菌丝 F:菌髓结构 G:担孢子和担子 H:担孢子

Fig.96 A-C:basidiocarps D:pileipellis E:stipitipellis F:trama G:basidia and basidiospores H:basidiospores

生境：腐朽的倒木与地面的连接处。

世界分布：中国、瑞典、丹麦、瑞士、挪威、英国、德国、荷兰等。

中国分布：青海、云南、西藏、内蒙古、东北地区等。

标本：青海玉树白扎林区，31°47′28″N，96°34′07″E，海拔3 796 m，QHU20282；青海黄南麦秀林区，35°02′27″N，101°00′25″E，海拔3 876 m，QHU20287；青海玉树江西林区，31°51′27″N，96°31′56″E，海拔3 784 m，QHU20386。

丝盖伞科 Inocybaceae

丝盖伞属 *Inocybe*

（92）*Inocybe leptocystis* 薄囊丝盖伞

Inocybe leptocystis G.F. Atk., American Journal of Botany 5: 212 (1918)

= *Inocybe hygrophila* J. Favre. Ergebn. wiss. Unters. schweiz. NatnParks 6(42): 467. (1960).

子实体小至中等大。菌盖直径2.5~3.5 cm，伞形至近半球形，浅黄褐色至褐色，中间脐状突起较明显且近光滑，其他部分表面被灰白色纤毛状丛生小鳞片，边缘白色锯齿状；菌肉白色，较薄，肉质；菌褶不等大，宽0.4~0.5 cm，浅黄褐色，褶绿色浅，污白色，稍弯生至近直生；菌柄长5.0~7.0 cm，粗0.3~0.5 cm，柱状，纤维质，米黄色至浅黄褐色，向基部渐膨大且被白色茸毛，表面被纵条纹和鳞片，实心。担孢子（7.5~12.5）μm×（5.0~6.3）μm，Q=1.2~2.5，Q_m=1.9，幼时近球形，成熟时椭圆形至长柠檬形，一端较细，一端钝圆，浅黄褐色，中央具油滴，表面近光滑或具零散纤维物；担子（25.0~32.5）μm×（5.0~10.0）μm，棒状，无色透明，具2~4个小梗；囊状体（62.5~77.5）μm×（12.5~15.0）μm，棒状，浅油黄色，顶部膨大呈球状，较明显，厚壁；菌盖表皮菌丝宽3.8~15.0 μm，近透明，排列较乱，具锁状联合；菌柄表皮菌丝宽3.8~10.0 μm，近平行排列，具锁状联合。

图97　A-C:子实体生境　D:柄皮菌丝　E:盖皮菌丝　F:囊状体　G,L:担孢子　H-I:担子、担孢子和囊状体　J:担子　K:担子和担孢子

Fig.97　A-C:basidiocarps D:stipitipellis E:pileipellis F:cystidia G，L:basidiospores H-I:basidia、basidiospores and cystidia J:basidia K:basidia and basidiospores

生境：潮湿的苔藓类植物周围。

世界分布：中国、瑞士、瑞典、法国、挪威、英国、意大利、荷兰等。

中国分布：青海、甘肃、宁夏、内蒙古。

标本：青海玉树白扎林区，31°46′27″N，96°34′57″E，海拔3 895 m，QHU20294；青海玉树东仲林区，32°14′18″N，97°24′55″E，海拔3 614 m，QHU20297；青海玉树江西林区，31°51′20″N，96°31′59″E，海拔3 714 m，QHU20373。

讨论：本研究中该种与已记载种 *Inocybe leptocystis* 区别为后者多生长于云杉林且菌盖表面的鳞片更加丰富且细小。

（93）*Inocybe nitidiuscula* 光帽丝盖伞

Inocybe nitidiuscula (Britzelm) Lapl, Dictionnaire iconographique de Champignons supérieures (Hyménomycètes) (Paris): 523. (1894).

= *Agaricus nitidiuscula* Britzelm, Ber. naturhist. Augsburg 8: 7. (1891).

子实体小至中等大。菌盖直径2.4~3.5 cm，伞形至斗笠，土褐色至黄褐色，表面密被纤毛状丛生小鳞片和放射状条纹，中间色较深且密，向边缘渐疏且边缘有皱缩；菌肉浅土褐色至浅黄褐色，薄；菌褶不等大，宽 0.5~0.6 cm，幼时为浅土褐色，成熟时为土褐色至浅黄褐色，较紧密，褶缘波浪状，稍弯生至离生；菌柄长 4.5~5.5 cm，粗 0.4~0.5 cm，柱状，基部稍膨大，上部分为黄白色，向下渐为土褐色，表面具短小鳞片，空心。担孢子（12.5~16.3）μm×（6.3~15.0）μm，Q=1.7~2.4，Q_m=2.0，杏仁形至长椭圆形，两端较细，黄褐色，脐突明显，中央具油滴；担子（31.3~40.0）μm×（8.8~13.8）μm，棒状，油黄色，具 2~4 个小梗，小梗较细；侧生囊状体（63.3~77.5）μm×（12.5~17.5）μm，烧瓶状，厚壁，浅黄褐色，成熟时为黄褐色，顶部有结晶体；缘生囊状体，顶部膨大呈球形，薄壁；菌盖表皮菌丝宽 7.5~20.0 μm，近平行排列，隔膜处缢缩，具锁状联合；菌柄表皮菌丝宽 7.5~15.0 μm，近平行排列，具锁状联合。

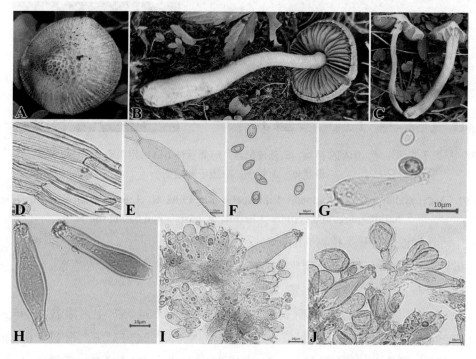

图98　A-C:子实体生境　D:柄皮菌丝　E:盖皮菌丝　F:担孢子　G:担子和担孢子

H:侧囊体　I:侧囊体、担子和担孢子　J:侧囊体和缘囊体

Fig.98　A-C:basidiocarps　D:stipitipellis　E:pileipellis　F:basidiospores　G:basidia and basidiospores

H:pleurocystidia　I:pleurocystidia, basidia and basidiospores　J:pleurocystidia and cheilocystidia

生境：落叶松针周围。

世界分布：中国、瑞典、瑞士、英国、挪威、加拿大、西班牙等。

中国分布：青海、湖北、内蒙古、东北地区、甘肃等。

标本：青海黄南麦秀林区，35°02′27″N，101°00′25″E，海拔 3 276 m，

QHU20012；青海玉树江西林区，31°43′20″N，96°33′29″E，海拔 3 287 m，QHU21070、QHU20082。

讨论：本研究中该种与已记载种 *Inocybe nitidiuscula* 区别为后者菌柄上端稍具粉色，向基部近白色，菌盖褐色，向边缘色较浅；菌柄顶端具囊状体。

（94）*Inocybe geophylla* 污白丝盖伞

Inocybe geophila（*Bull.*）*P. Kumm., Führer Pilzk.* 78（1871）.

子实体较小。菌盖直径 1.2~2.5 cm，幼期钟形，后平展中部凸起，表面干，近污白色，中部带黄色，具放射状纤毛，盖边缘呈齿状。菌肉白色，薄，菌褶较密，粉褐色至黄褐色，直生后弯生。菌柄圆柱形，长 2.5~7.0 cm，粗 0.2~0.5 cm，浅黄色，顶部具白色粉状物，实心。担孢子（8.2~10.2）μm×（6.2~8.7）μm，Q=1.0-1.6，Q_m=1.3，长椭圆形，脐突不明显，部分具油滴；囊状体（41.3~50.3）μm×（7.5~8.7）μm，棒状，具 2~4 个小梗，菌髓菌丝近平行排列，宽 14.0~23.0 μm；柄皮菌丝宽 5.0~8.8 μm，近平行排列。

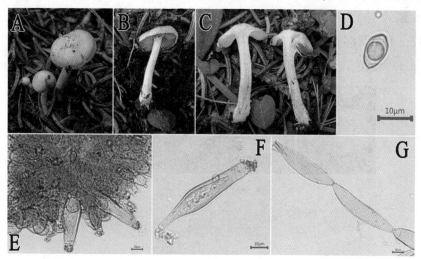

图99　A-C：子实体生境　D：担孢子　E-F：囊状体　G：柄皮菌丝

Fig.99 A-C: basidiocarps D:basidiospores E-F:cystidia G:stipitipellis

生境：落叶松针周围的土壤。

世界分布：中国、西班牙、英国、德国等。

中国分布：青海、黑龙江、吉林、广东等。

标本：青海果洛玛可河林区，32°39′45″N，100°58′57″E，海拔 3 213 m，QHU23109；青海黄南麦秀林区，35°02′45″N，101°00′56″E，海拔 3 304 m，QHU23097；青海玉树白扎林区，31°06′21″N，96°56′21″E，海拔 3 352 m，QHU23253。

（95）*Inocybe griseovelata* 灰丝盖伞

Inocybe griseovelata Kühner, Bull. Soc. nat. Oyonnax 9(Suppl. (Mém. hors sér. 1)): 4. (1955).

子实体中等大。菌盖直径 2.3~5.5 cm，斗笠形至漏斗形，中间具明显乳突，土褐色，向边缘渐为浅土褐色且稍内卷，表面被纤毛状丛生小鳞片；菌肉极薄，浅杏色至污白色；菌褶不等大，宽 0.4~0.6 cm，色同菌肉，边缘色浅，弯生至近离生；菌柄长 5.0~5.7 cm，粗 0.4~0.6 cm，柱状，浅土褐色，表面具纵条纹，中上部表面被小鳞片，空心。担孢子（8.8~15.0）μm×（5.0~7.5）μm，Q=1.8~2.8，Q_m=2.3，椭圆形至杏仁形，浅黄褐色，脐突明显，中央具油滴；担子（25.0~35.0）μm×（5.0~7.5）μm，棒状，无色，具 2~4 个小梗，小梗较细；侧生囊状体（57.5~72.5）μm×（8.8~11.3）μm，纺锤形，无色，厚壁，具结晶体，基部较钝；褶缘囊状体（22.5~40.0）μm×（10.0~17.5）μm，棒状至梨形，薄壁，无色至浅油黄色；菌髓菌丝宽近平行排列；菌盖表面鳞片宽 3.8~5.0 μm，排列较乱，浅黄褐色；表皮菌丝宽 10.0~15.0 μm，近平行排列，具锁状联合；菌柄表面鳞片宽 2.5~5.0 μm，浅油黄色，较乱；表皮菌丝宽 7.5~11.3 μm，无色，近平行排列，具锁状联合。

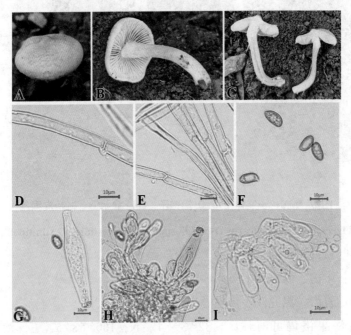

图100　A-C:子实体生境　D:柄皮菌丝　E:盖皮菌丝　F:担孢子　G:侧囊体和担孢子

H:侧囊体和缘囊体　I:担子和担孢子

Fig.100　A-C:basidiocarps　D:stipitipellis　E:pileipellis　F:basidiospores

G:pleurocystidia and basidiospores　H:pleurocystidia and pheilocystidia　I:basidia and basidiospores

生境：落叶松针周围的土壤。

世界分布：中国、瑞典、法国、比利时、西班牙等。

中国分布：青海、东北地区、内蒙古等。

标本：青海黄南麦秀林区，35°02′45″N，101°00′56″E，海拔 3 304 m，QHU20002；青海玉树白扎林区，31°36′45″N，96°33′57″E，海拔 3 328 m，QHU22080、QHU20453。

（96）*Inocybe laurina*

Inocybe laurina Bandini, B. Oertel & C. Hahn, Mycologia Bavarica 20: 65 (2020)

子实体中等大。菌盖直径 2.5 cm，斗笠形至伞形，中间具明显的乳突，黄褐色，向边缘颜色渐浅，浅土褐色至浅黄褐色，表面被放射短纤毛状丛生小鳞片，中间密，边缘疏；菌肉较薄，浅杏色至污白色；菌褶不等大，宽 0.4 cm，浅土褐色，边缘色较浅，呈锯齿状，弯生至近离生；菌柄长 4.2 cm，粗 0.3 cm，柱状，色较菌褶浅，中上部被浓密鳞片，纤维质，中实。

图101　A-C:子实体生境

Fig.101　A-C:basidiocarps

生境：落叶松针周围的土壤。

世界分布：中国、瑞典、法国、比利时、西班牙等。

中国分布：青海、东北地区、内蒙古。

标本：青海黄南麦秀林区，35°14′32″N，101°51′05″E，海拔 3 260 m，QHU19089；青海玉树白扎林区，31°06′21″N，96°56′21″E，海拔 3 289 m，QHU19099；青海玉树东仲林区，32°54′28″N，97°32′46″E，海拔 3 109 m，QHU22085。

（97）*Inocybe cervicolor* 褐鳞 / 鹿皮色丝盖伞

Inosperma cervicolor (Pers.) Matheny & Esteve-Rav, Matheny, Hobbs & Esteve~Raventós, Mycologia: 19. (2019).

子实体小至中等大。菌盖直径 1.8 cm，斗笠形至伞形，中间有明显的乳突，黄褐色，表面被丛生鳞片，向上翻卷，易撕拉；菌肉杏色至污白色，较薄；菌褶不等大，宽 0.2~0.4 cm，色稍浅于菌盖，较疏，弯生至稍离生；菌柄长 5.5 cm，粗 0.3 cm，柱状，杏色至浅土褐色，表面被短小鳞片，具纵条纹，纤维质，中实；担孢子长椭圆形，表面近光滑，具明显脐突；担子具 4 个小梗，小梗较短。

图102　A-C:子实体生境　D:担孢子　E:担子和担孢子

Fig.102　A-C:basidiocarps D:basidiospores E:basidia and basidiospores

生境：落叶松针周围的土壤。

世界分布：中国、瑞典、瑞士、挪威、西班牙等。

中国分布：青海、东北地区、甘肃等。

标本：青海黄南麦秀林区，35°19′60″N，101°51′32″E，海拔 3 260 m，QHU20064、QHU20065；青海玉树白扎林区，31°06′21″N，96°56′21″E，海拔 3 098 m，QHU21100。

讨论：本研究中该种与已记载种 *Inocybe cervicolor* 区别为后者菌盖深褐色，盖表具块状鳞片。

（98）*Inocybe gansuensis* 甘肃丝盖伞

Inocybe gansuensis T. Bau & Y. G. Fan, Mycosystema 39 (9): 1701 (2020)

子实体中等大。菌盖直径 3.5~4.3 cm，斗笠形至伞形，黄褐色至褐色，中间乳突不明显，表面被短纤毛，边缘呈环状皱缩；菌肉较厚，污白色；菌褶不等大，宽0.5 cm，较密，色较菌盖浅，弯生；菌柄长 5.2~6.3 cm，粗 0.2~0.6 cm，柱状，色同菌褶，表面具纵条纹，纤维质，基部稍膨大，实心。担孢子（12.5~17.5）μm×（7.5~8.8）μm，Q=1.5~2.2，Q_m=1.8，幼时近球形，成熟时椭圆形至长椭圆形，黄褐色至锈色，表面近光滑或稍具纤维物，中央具油滴，具明显脐突；担子（23.5~33.8）μm×（7.5~11.3）μm，棒状，无色，具 2~4 个小梗，小梗较细，侧生囊状体（62.5~72.5）μm×（16.3~22.5）μm，纺锤形，无色，厚壁，具结晶体，基部较钝；褶缘囊状体（25.0~42.5）

μm×（10.0~15.0）μm，棒状至梨形，薄壁，无色至浅油黄色；菌髓菌丝宽近平行排列；菌盖表皮菌丝宽 10.0~11.3 μm，近平行排列，具锁状联合；菌柄表皮菌丝宽7.5~15.0 μm，近平行排列，具锁状联合。

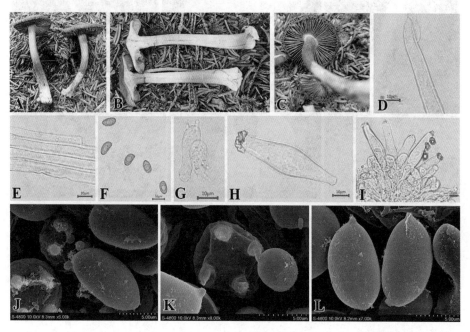

图103　A-C:子实体生境　D:盖皮菌丝　E:柄皮菌丝　F.L:担孢子　G:担子　H-I:囊状体

J-K:担子和担孢子

Fig.103　A-C:basidiocarps D:pileipellis E:stipitipellis F, L:basidiospores G:basidia

H-I:cystidia J, K:basidia and basidiospores

生境：云杉林下土壤。

世界分布：中国。

中国分布：青海、甘肃。

标本：青海黄南麦秀林区，35°16′13″N，101°55′37″E，海拔 3 006 m，QHU21102、QHU21133；青海黄南麦秀林区，35°14′32″N，101°51′05″E，海拔3 260 m，QHU21107。

（99）*Inocybe flocculosa* 鳞毛丝盖伞

Inocybe flocculosa Sacc. Syll. fung. (Abellini) 5: 768. (1887).

子实体小至中等大。菌盖直径 2.2 cm，扁半球形，浅黄褐色至浅土褐色，中间具乳突，色深，褐色，表面被短纤毛，边缘具明显的菌幕残留，污白色；菌肉薄，水浸状；菌褶不等大，宽 0.3 cm，浅杏色，褶缘白色，锯齿状，较紧密，离生；菌柄长 5.2 cm，粗 0.3 cm，柱状，杏色至浅黄色，被白色细小鳞片，实心。

图104　A-C:子实体生境　D-E:担子和担孢子

Fig.104　A-C:basidiocarps　D-E:basidia and basidiospores

生境：潮湿的苔藓类植物周围。

世界分布：中国、瑞典、瑞士、英国、丹麦、西班牙、挪威等。

中国分布：青海、甘肃、东北地区、内蒙古等。

标本：青海玉果洛玛可河林区，32°39′11″N，100°58′05″E，海拔3 213 m，QHU21106；青海黄南麦秀林区，35°14′32″N，101°51′05″E，海拔3 260 m，QHU22084、QHU21209。

（100）*Inocybe lacera* 暗毛丝盖伞

Inocybe lacera (Fr.) P. Kumm. Führ. Pilzk. (Zerbst): 79. (1871).

= *Agaricus lacerus* Fr. Syst. mycol. (Lundae) 1: 257. (1821).

子实体中等大。菌盖直径4.2 cm，伞形至斗笠形，土褐色，中间有乳状凸起，表面具放射状条纹且具纤维状丛生鳞片；菌肉较薄，污白色；菌褶不等大，宽0.3~0.5 cm，污黄色至浅褐色，边缘色较褶面见，具小齿纹，弯生至离生；菌柄长6.0 cm，粗0.6 cm，柱状，基部稍膨大，表面被有纵条纹且具稀疏的浅土褐色鳞片，中上部白色，其他部分土褐色，其纵剖面也具纵条纹，实心。担孢子（8.8~11.5）μm×（5.0~6.3）μm，Q=1.4~2.3，Q_m=1.9，长椭圆形，浅黄褐色，光滑，中央具油滴，部分脐突明显；担子（30.0~40.0）μm×（6.3~8.8）μm，棒状，常具4个小梗，小梗较细；囊状体（52.5~75.0）μm×（12.5~17.5）μm，纺锤形，厚壁，具结晶体，油黄色；菌盖表皮菌丝宽6.3~8.8 μm，具小颗粒状内含物，近平行排列；菌柄表皮菌丝宽5.0~8.8 μm，具小颗粒状内含物，近平行排列，所有部位均具锁状联合。

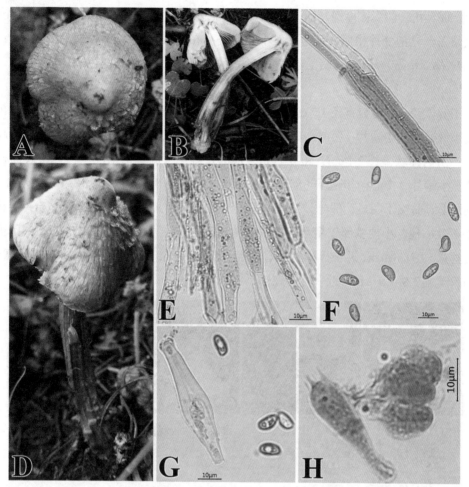

图105 A, B, D:子实体生境 C:柄皮菌丝 E:盖皮菌丝 F:担孢子

G:侧囊体和担孢子 H:担子

Fig.105 A,B,D:basidiocarps C:stipitipellis E:pileipellis F:basidiospores

G:Pleurocystidia and basidiospores H:basidia

生境：潮湿的落叶松针周围。

世界分布：中国、瑞典、挪威、英国、比利时、丹麦、瑞士等。

中国分布：青海、东北地区、四川、山东、湖南、西藏、云南、甘肃。

标本：青海果洛玛可河林区，32°39′05″N，101°00′41″E，海拔3 883 m，QHU21110；青海玉树白扎林区，31°51′26″N，96°31′22″E，海拔3 785 m，QHU22095；青海黄南麦秀林区，35°14′32″N，101°51′05″E，海拔3 865 m，QHU20366。

讨论：本研究中该种具多种变种，且各变种之间存在较大的差异，*Inocybe lacera* var. *helobia* 暗毛丝盖伞沼生变种其担子褐色至暗褐色，菌盖表面具鳞片，担孢子长椭圆形，偶具角，侧囊体厚壁，柄长，顶端具结晶体；与 *Inocybe lacera* var. *heterosperma* 暗毛丝盖伞异孢变种相似，其孢子大小和形态存在很大差异，多种类型孢子共存；与 *Inocybe lacera* var. *rhacodes* 暗毛丝盖伞灰鳞变种盖柄表面均具灰白色鳞片。

（101）*Inocybe* sp.-1

子实体较小。菌盖直径 1.7 cm，扁平至半球形，锈褐色，中间颜色较深，锈红色，表面被纤毛状丛生鳞片；菌肉与菌盖同色；菌褶不等大，宽 0.3 cm，黄褐色，较稀疏，直生；菌柄柱状，长 2.1 cm，粗 0.3 cm，顶部黄褐色，向基部渐浅至白色，表面被纤毛状丛生鳞片，空心。担孢子（8.8~11.3）μm ×（6.3~8.8）μm，Q=1.0~1.8，Q_m=1.4，长椭圆形，脐突不明显，部分具油滴；担子（41.3~50.0）μm ×（7.5~8.8）μm，棒状，具 2~4 个小梗，小梗基部较粗且长；菌髓菌丝近平行排列，宽 15.0~25.0 μm；菌盖表皮菌丝宽 5.0~8.8 μm，近平行排列；表皮纤毛宽 11.3~27.5 μm，表面粗糙，具锁状联合；菌柄菌丝宽 3.8~7.5 μm，近平行排列，具锁状联合。

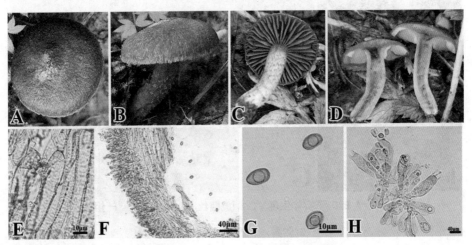

图106　A-D:子实体生境　E:盖皮菌丝　F:菌髓结构　G:担孢子　H:担子和担孢子

Fig.106　A-D:basidiocarps E:pileipellis F:trama G:basidiospores H:basidia and basidiospores

生境：落叶松针周围的土壤。

世界分布：中国、新西兰、美国、澳大利亚。

中国分布：青海、山西、甘肃等。

标本：青海玉树昂赛林区，33°45′22″ N，96°37′54″ E，海拔 3 082 m，QHU21116；青海果洛玛可河林区，32°39′05″ N，101°00′41″ E，海拔 3 183 m，QHU21381、QHU21217。

（102）*Inocybe* sp.-2

子实体中等大。菌盖直径 3.0 cm，伞形，褐色，向边缘变浅，为浅杏色，中间有一乳突，色深，开裂，表面具丝状条纹；菌肉薄，水浸状；菌褶不等大，宽 0.3 cm，浅杏色，褶缘白色，锯齿状，较紧密，离生；菌柄柱状，长 6.6 cm，粗 0.4 cm，柱状，杏色至浅黄色，具纵条纹，顶部具白色小颗粒；担孢子幼时近球形，成熟时长椭圆形，表面近光滑，具明显的脐突；担子具 4 个小梗，较粗短。

图107　A-C:子实体生境　D:担孢子　E-F:担子和担孢子

Fig.107　A-C:basidiocarps　D:basidiospores　E-F:basidia and basidiospores

生境：潮湿的苔藓类植物周围。

世界分布：中国、新西兰。

中国分布：青海、山西、甘肃等。

标本：青海玉果洛玛可河林区，32°39′29″N，100°58′08″E，海拔 3 213 m，QHU20155；青海玉树昂赛林区，33°45′22″N，96°37′54″E，海拔 3 682 m，QHU21121；青海玉树东仲林区，32°16′23″N，97°15′21″E，海拔 3 518 m，QHU21142。

（103）*Inocybe* sp.-3

子实体较小。菌盖直径 2.1 cm，伞形，浅土褐色，表面具纤毛状丛生鳞片，向边缘渐浅；菌肉薄，杏色；菌褶不等大，宽 0.2~0.4 cm，粉色至浅紫红色，较紧密，褶绿色浅锯齿状，弯生至近离生；菌柄长 9.5 cm，粗 0.9 cm，柱状，色同菌盖，表面布满白色鳞片，实心，纤维质。担孢子（8.8~12.5）μm×（5.0~6.3）μm，Q=1.4~2.5，Q_m=2.0，长椭圆形，黄褐色，具明显的脐突和油滴；担子（27.5~37.5）μm×（3.8~8.8）μm，棒状，无色；囊状体（70.0~162.5）μm×（10.0~20.0）μm，烧瓶状，基部平截，顶端圆柱状或烧瓶状，两端钝圆，较细的一端具结晶体；菌盖表皮菌丝宽 5.0~15.0 μm，油黄色，具锁状联合；菌柄表皮菌丝宽 2.5~5.0 μm，无色，具锁状联合。

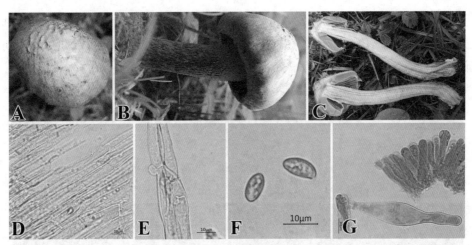

图108　A-C:子实体生境　D:柄皮菌丝　E:盖皮菌丝　F:担孢子　G:囊状体和担子

Fig.108　A-C:basidiocarps D:stipitipellis E:pileipellis F:basidiospores G:cystidia and basidia

生境：潮湿的苔藓类植物周围的土壤中。

世界分布：中国、墨西哥、瑞典、瑞士、挪威、奥地利、西班牙、丹麦、法国等。

中国分布：青海、云南、四川、甘肃。

标本：青海玉树白扎林区，32°2′29″N，97°0′29″E，海拔3 513 m，QHU20447；青海玉果洛玛可河林区，32°39′29″N，100°58′08″E，海拔3 213 m，QHU21120、QHU22078。

（104）*Inocybe patouillandii* 变红丝盖伞

子实体较小，直径2.0~3.0 cm，钟形或扁半球形，棕褐色菌盖中央稍凸起，边缘整齐光滑，表面中央凸起部分颜色较深，逐渐向边缘变淡，表面具有星射状花纹，菌肉较薄；菌柄整体呈圆柱状，长约3.0~4.0 cm，直径1.0~2.0 cm，底部稍膨大，灰白色，底部菌丝体发达，菌柄实心；菌褶小而密集，灰白色至棕褐色，直生。担子顶端膨大，稍圆，外表面光滑，（35.0~54.3）μm×（5.3~6.7）μm，顶端具有四个担子小梗，担孢子着生在其上，担孢子（8.6~10.8）μm×（4.0~6.7）μm，Q=1.3~2.7，Q_m=2.0，椭圆形，两端稍尖，中央具油滴。

图109　A-C:子实体生境　D:孢子　E:囊状体

Fig.109　A-C:basidiocarps　D:basidiospores　E:cystidia

生境：湿润苔藓中。

世界分布：世界广布。

中国分布：青海、云南、四川、甘肃。

标本：青海黄南麦秀林区，35°16′27″N，101°55′20″E，海拔 3 016 m，QHU21124、QHU21128；青海玉树昂赛林区，32°45′09″N，96°37′35″E，海拔 3 982 m，QHU21228。

离褶伞科 Lyophyllaceae

离褶伞属 *Lyophyllum*

（105）*Lyophyllum infumatum* 烟熏离褶伞

Lyophyllum infumatum (Bres.) Kühner, Bull. mens. Soc. linn. Soc. Bot. Lyon 7: 211. (1938).

= *Tricholoma infumatum* (Bres.) A. Pearson & Dennis, Trans. Br. mycol. Soc. 31(3-4): 151. (1948).

= *Clitocybe infumata* (Bres.) Kaufm, Pap. Mich. Acad. Sci. 8: 202 ('1927'). (1928).

子实体中等大。菌盖直径 3.0 cm，近半球形，栗棕色，表面具放射状条纹、短纤毛鳞片和金属光泽，部分表面被白色物质，边缘稍内卷；菌肉极薄，浅杏色；菌褶不等大，宽 0.3~0.4 cm，杏色，边缘色较深且呈波浪纹，直生至稍衍生；菌柄长 5.8 cm，粗 0.5 cm，柱状，浅土褐色，顶部白色，被稀疏鳞片，空心至实心。担孢子（11.3~16.3）μm×（7.5~8.8）μm，Q=1.3~2.2，Q_m=1.8，星形，无色，光滑，中央具油滴；担子（40.0~50.0）μm×（10.0~15.0）μm，棒状，无色，具2~4个小梗，小梗粗短；菌髓菌丝近平行排列；菌盖表皮菌丝宽 2.5~7.5 μm，排列较乱；菌柄表皮菌丝宽 2.5~6.3 μm，近平行排列，具锁状联合，电镜下子实层表面具丰富纤维物。

图110　A-C：子实体生境　D：柄皮菌丝　E-F：担子和担孢子　G：盖皮菌丝　H-K：担子

Fig.110　A-C:asidiocarps D:stipitipellis E-F:basidia and basidiospores G:pileipellis H-K:basidiospores

生境：落叶松针周围的土壤中。

世界分布：中国、墨西哥、瑞典、瑞士、挪威、奥地利、西班牙、丹麦、法国等。

中国分布：青海、云南、四川、甘肃。

标本：青海黄南麦秀林区，35°16′45″N，101°55′0″E，海拔 2 963 m，QHU20043、QHU20078；青海玉树白扎林区，31°51′15″N，96°31′42″E，海拔 2 795 m，QHU20403。

蚁巢伞属 *Termitomyces*

（106）*Termitomyces clypeatus* 鸡枞菌

Termitomyces clypeatus R. Heim, Bull. Jard. bot. État Brux. 21: 207. (1951).

子实体小至中等大。菌盖直径 4.0 cm，近半圆形至平展，浅褐色至灰褐色，中间颜色较深，灰褐色，表面被疏松纤毛状小鳞片伴有裂纹，成熟时边缘开裂；菌肉白色；菌褶不等大，宽 0.4 cm，白色至乳白色，疏松，衍生；菌柄长 9.0 cm，粗 0.6 cm，菌环生于菌柄中上部，上部白色，下部灰褐色网纹，空心。担孢子（10.0~15.0）μm ×（6.3~7.5）μm，Q=1.5~2.5，Q_m=2.0，长椭圆形，部分具油滴，近光滑，表面具稀疏纤维物；担子（40.0~62.5）μm ×（7.5~10.0）μm，棒状，具 2~4 个小梗，基部较粗，细长；菌髓菌丝宽 15.0~25.0 μm，近平行排列；菌盖表皮具胶质层，菌丝宽 2.5~3.8 μm，胶质化，具锁状联合，菌肉菌丝宽 11.3~15.0 μm；菌柄菌丝宽 3.8~7.5 μm，近平行排列，具锁状联合。

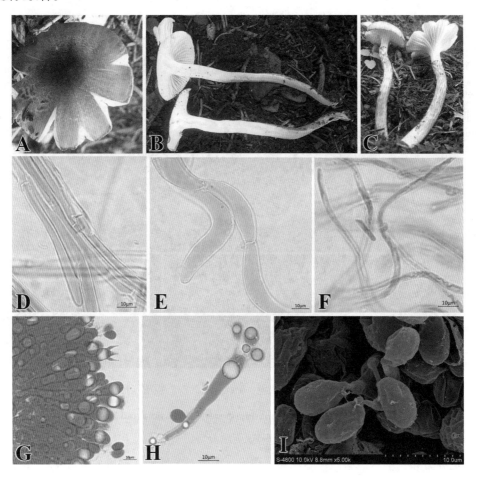

图111　A-C:子实体生境　D:柄皮菌丝　E:盖皮菌肉菌丝　F:盖皮菌丝　G-I:担子和担孢子

Fig.111　A-C:basidiocarps　D:stipitipellis　E:hyphae of caro　F:pileipellis

G-I:basidia and basidiospores

生境：落叶松针周围的土壤。

世界分布：中国、马来西亚、印度、泰国等。

中国分布：青海、贵州、云南等。

标本：青海果洛玛可河林区，32°39′45″N，100°57′32″E，海拔3 082 m，QHU20103；青海玉树昂赛林区，32°45′09″N，96°37′35″E，海拔3 982 m，QHU22074；青海玉树东仲林区，32°15′21″N，97°24′42″E，海拔3 251 m，QHU20071。

毛褶伞属 *Clitolyophyllum*

（107）*Clitolyophyllum* sp.−1 毛褶伞属

子实体中等大。菌盖直径7.5 cm，漏斗状，浅驼色，表面光滑，具长条纹，约为菌盖直径的一半，边缘呈波浪纹状；菌肉极薄，水浸状，白色；菌褶不等大，宽0.2~0.4 cm，较薄，灰色至浅驼色，衍生；菌柄长8.9 cm，粗0.9 cm，柱状，色同菌盖，表面被灰白色物质，中间具较浅的凹槽，基部稍膨大，具假根，中空；电镜下，担孢子幼时近球形，表面稍皱缩，成熟时长椭圆形，表面近光滑，具明显脐突；担子具4个小梗，较长。

图112　A-C:子实体生境　D:担孢子　E-F:担子和担孢子

Fig.112　A-C:basidiocarps D:basidiospores E-F:basidia and basidiospores

生境：潮湿的苔藓类植物周围的土壤。

世界分布：中国、墨西哥、瑞典、瑞士、挪威、奥地利、西班牙、丹麦、法国等。

中国分布：青海、云南、四川、甘肃。

标本：青海黄南麦秀林区，35°15′23″N，101°53′05″E，海拔3 136 m，QHU20117、QHU21118；青海果洛玛可河林区，32°29′25″N，100°17′30″E，海拔3 270 m，QHU22077。

丽蘑属 *Calocybe*

（108）*Calocybe* sp.-1

子实体小至中等大。菌盖直径 2.5 cm，伞形至不规则形，淡紫色，表面光滑，被一层白色物质，革质；菌肉较厚，白色；菌褶不等大，宽 0.2 cm，浅黄色至杏色，直生至稍衍生，靠近菌柄处，菌褶呈波浪状；菌柄长 2.0 cm，粗 0.8 cm，纺锤状至近柱状，紫色，表面有纵条纹，基部具菌索，实心。

图113 A-C:子实体生境

Fig.113 A-C:basidiocarps

生境：潮湿的高山草甸土壤中。

世界分布：中国、墨西哥、瑞典、丹麦、法国等。

中国分布：青海、甘肃。

标本：青海玉树昂赛林区，32°45′09″N，96°37′35″E，海拔 3 982 m，QHU20241；青海果洛玛可河林区，33°39′09″N，100°0′37″E，海拔 3 184 m，QHU21111、QHU22091。

小皮伞科 Marasmiaceae

类脐菇属 *Omphalotus*

（109）*Myxomphalia maura* (Fr.) 黏脐菇

Myxomphalia maura (Fr.) Hora, Trans. Brit. Mycol. Soc. 43 453 (1960)

菌盖直径 2.0~5.0 cm，棕褐色，辐射状隐生丝纹，湿时黏，中央下陷。菌肉薄、灰白色、近白色或半透明。菌褶稍下延，污白色至淡灰色。菌柄长 3.0~5.0 cm，直径 3.0~5.0 mm，色同菌盖，光滑。

图114　A-D：子实体生境

Fig.114　A-D: basidiocarps

生境：潮湿的苔藓类植物周围。

世界分布：中国、美国、日本等。

中国分布：分布于青藏地区。

标本：青海果洛玛可河林区，33°39′09″ N，100°00′37″ E，海拔 3 484 m，QHU23186；青海玉树江西林区，32°04′04″ N，97°00′24″ E，海拔 3 501 m；QHU23089；青海玉树白扎林区，31°22′34″ N，96°08′31″ E，海拔 3 521 m，QHU23135。

小皮伞属 *Marasmius*

（110）*Marasmius siccus* 琥珀小皮伞（干皮伞）

Marasmius siccus (Schwein.) Fr., Schr. Naturf. Ges. Leipzig 1: no. 677 (1822)

子实体较小。菌盖 1.6~2.2 cm，扁半球形至近球形，肉桂色至浅黄褐色，中间颜色稍深，薄，质脆，光滑，具通至中部和边缘的沟纹（约 18 个）；菌肉污白色；菌褶等长，宽 0.4 cm，疏松，白色至稍污白色，弯生至稍离生（菌褶的数量与菌盖沟纹的数量一致）；菌柄长 5.0~5.8 cm，粗 0.1 cm，棒状，细长，光滑，顶部黄白色，向基部变为黄褐色或黑褐色，实心。担孢子（15.0~22.5）μm×（2.5~5.0）μm，长纺锤形至倒披针形，光滑，表面具少许纤维物；担子（27.5~65.0）μm×（5.0~7.5）μm，棒状至近棒状，光滑，具 2~4 个小梗，小梗细长；侧囊体（27.5~40.0）μm×（3.8~6.3）μm，棒形、梭形至不规则形状；菌髓菌丝近平行排列；菌柄表皮菌丝宽 3.8~5.0 μm，近平行排列，浅黄色，具内含物。

图115　A-C:子实体生境　D:柄皮菌丝　E:菌髓菌丝　F-G:囊状体　H:担子

I:担孢子　J-L:担子和担孢子

Fig.115　A-C:basidiocarps D:stipitipellis E:trama F-G:cystidia H:basidia I:basidiospores

J-L:basidia and basidiospores

生境：潮湿的落叶松针周围。

世界分布：世界广布。

中国分布：中国广布。

标本：青海果洛玛可河林区，33°39′09″N，100°00′37″E，海拔 3 184 m，QHU21125；青海玉树白扎林区，31°21′24″N，96°24′03″E，海拔 3 156 m，QHU22093；青海玉树东仲林区，32°01′58″N，97°25′34″E，海拔 3 289 m，QHU21129。

干脐菇属 *Xeromphalina*

（111）*Xeromphalina campanella* 黄干脐菇

Xeromphalina campanella (Batsch) Kühner & Maire, Flore Analytique des Champignons Supérieurs: 80 (1953)

子实体小，橘红色圆盘状菌盖，直径 0.5~1.0 cm，中央向下凹陷，表面较光滑，有竖条纹，菌盖薄且易碎，菌柄红棕色较脆易折，长 2.0~4.0 cm，弯曲簇生生长，柄中空，靠近地表的菌柄上有白色菌丝生长，菌褶稀疏，小且薄，衍生。

担孢子椭圆形至柠檬形，具脐突，表面近光滑；担子棒状，具 2~4 个小梗。

图116 A-C:子实体生境 D:担子 E-F:担孢子

Fig.116 A-C:basidiocarps D:basidia E-F:basidiospores

生境：潮湿苔藓中。

世界分布：世界广布。

中国分布：青海、西藏、甘肃、新疆、黑龙江等。

标本：青海省黄南藏族自治州同仁市，35° 14′ 14″ N，101° 53′ 56″ E，海拔 3 389 m，QHU22100；青海果洛玛可河林区，32° 39′ 04″ N，100° 57′ 04″ E，海拔 3 360 m，QHU21134。

小菇科 Mycenaceae

小菇属 *Mycena*

（112）*Mycena pura* 洁小菇

Mycena pura (Pers.) P. Ku mm.Führ. Pilzk. (Zerbst): 107. (1871).

= *Prunulus purus* (Pers.) Murrill, N. Amer. Fl. (New York) 9(5): 332. (1916).

子实体小至中等大，菌盖直径 1.8~4.0 cm，半圆形至稍平展，菌盖中间淡黄色，向外为杏色，靠近边缘为浅黄褐色，透明质，有灰黑色沟条纹；菌肉薄，灰褐色；菌褶不等大，宽 0.4~1.0 cm，灰色稍带粉，褶缘浅褐色，褶间有褶皱，疏松，直生；菌柄柱状，长 6.7~7.0 cm，粗 0.3~0.8 cm，浅土褐色，螺旋纹，空心，有臭味。担孢子（5.0~8.8）μm×（2.5~5.0）μm，Q=1.0~3.5，Q_m=2.8，球形，无色透明，具油滴，表面具角锥状纹饰；担子（17.5~25.0）μm×（6.3~8.8）μm，棒状，具 2~4 个小梗，具内含物；侧生囊状体（62.5×92.5）μm~（6.3×7.5）μm，近棒状，细长，中间稍膨大；菌髓菌丝近平行排列；菌柄表皮菌丝宽 5.0~8.8 μm，近平行排列。

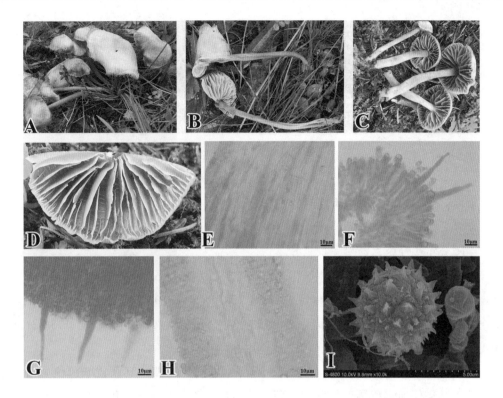

图117　A-D:子实体生境　E:柄皮菌丝　F-G:囊状体　H:菌髓结构　I:担孢子

Fig.117　A-D:basidiocarps E:stipitipellis F-G:cystidia H:trama I:basidiospores

生境：落叶松周围土壤。

世界分布：中国、瑞典、瑞士、英国、挪威、荷兰、西班牙等。

中国分布：青海、湖北、东北地区、内蒙古、陕西等。

标本：青海果洛玛可河林区，32°39′14″ N，100°57′54″ E，海拔3 856 m，QHU20110、QHU20112、QHU20113，32°39′19″ N，100°57′14″ E，海拔3 952 m，QHU20200；青海玉树白扎林区，31°47′04″ N，96°34′13″ E，海拔3 726 m，QHU20254。

（113）*Mycena clavicularis* 棒柄小菇

Mycena clavicularis (Fr.) Gillet, Hyménomycètes (Alençon): 257 (‹1878›). (1876).

= *Prunulus clavicularis* (Fr.) Murrill, N. Amer. Fl. (New York) 9(5): 330. (1916).

子实体较小。菌盖直径1.0~1.5 cm，白色至乳白色，中间部分稍带浅黄褐色，表面近光滑，具短条纹；菌肉极薄，白色；菌褶不等大，较稀疏，白色，直生；菌柄长10.0 cm，粗0.5 cm，长柱状，白色，稍带绿色，表面近光滑。

图118　A-B:子实体生境

Fig.118　A-B:basidiocarps

生境：潮湿的苔藓类植物周围的土壤。

世界分布：中国、英国、芬兰、瑞典、丹麦、挪威等。

中国分布：青海、贵州、东北等。

标本：青海果洛玛可河林区，35°15′54″N，101°53′13″E，海拔3 136 m，QHU21060；青海玉树江西林区，32°4′04″N，97°0′24″E，海拔3 221 m，QHU22102；青海玉树白扎林区，31°22′34″N，96°41′03″E，海拔3 321 m，QHU21136。

讨论：本研究中该种为 *Mycena clavicularis* 的幼年时期，其菌盖颜色仅为白色至乳白色，并无任何褐色调，且菌褶与菌柄的连接处并无明显的小齿，成熟时其中央颜色为浅灰褐色至浅褐色，边缘奶油白至污白色，表面近光滑，具纵条纹。

（114）*Mycena incanus*

Mycena incanus L.C. Bai & T.T. Qiang, sp. nov. (MB841193)

子实体小。菌盖直径2.8 cm，近钟形至半球形，成熟时近平展，灰白色，边缘具条纹，水浸状，近光滑，潮湿时稍粘；菌肉极薄，白色；菌褶宽0.3~0.5 cm，不等大，灰色且表面具褶皱，褶面间具横褶脉，紧密，边缘波浪状，直生至稍弯生；菌柄长3.5 cm，粗0.6 cm，柱状，灰色，表面具短的纵条纹，表面具白色的纤维物，成熟时开裂，易碎，基部具白色的菌丝，胡萝卜气味。担孢子（6.3~11.3）μm×（2.5~3.8）μm，Q=1.7~4.5，Q_m=3.1，椭圆形、长椭圆形至柱状，光滑，薄壁，部分中间具油滴；担子（25.0~32.5）μm×（5.0~7.5）μm，柱状，光滑，无色，具2~4个小梗；囊状体（52.5~65.0）μm×（12.5~18.8）μm，棍棒状，顶端近柱状；菌髓菌丝近平行排列；盖皮菌丝宽18.8~25.0 μm，排列较乱；柄皮菌丝宽5.0~20.0 μm，近平行排列；所有菌丝组织菌存在锁状联合。

图119 A-D:子实体生境 E:盖皮菌丝 F:柄皮菌丝 G:菌髓菌丝 H,J:囊状体

I:囊状体和担子 K-L:担子和担孢子

Fig.119 A-D:basidiocarps E:pileipellis F:stipitipellis G:trama H,J:cystidia

I:cystidia and basidia K-L:basidia and basidiospores

生境：高山草甸土壤。

世界分布：中国。

中国分布：青海。

标本：青海玉树江西林区，32°4′52″N，97°0′23″E，海拔3 501 m，
QHU20461、QHU21137；青海黄南麦秀林区，35°39′28″N，100°55′54″E，海拔
3 378 m，QHU19083。

讨论：该种主要特征为菌盖成熟时扁平，灰白色，边缘具条纹，潮湿时黏；菌褶灰
色，表面具褶皱且褶片间具横褶脉，边缘波浪状，菌柄表面具条纹，基部具稀疏白色
的菌丝。与 *Mycena rosea* 相似，其多生长于春、夏、秋季的针叶林土壤，颜色多样，
菌盖呈突起或钟形，成熟时近平展，幼时多为浅紫色至紫色，菌褶贴生于菌柄上，白
色或稍带粉红色的，成熟时具分叉，菌柄光滑，中空，孢子长椭圆形至近柱状，光滑，
担子多具4个小梗，囊状体较分散或丰富，多为梭形；又与 *Mycena rosea* 相似，其菌
盖浅粉色至粉色，边缘具短条纹，人参气味，具囊状体，可观察到锁状联合，多在英
格兰南部地区采集到。

光茸菌科 Omphalotaceae

裸柄伞属 *Gymnopus*

（115）*Gymnopus confluens* 绒柄裸伞 = 合生裸脚伞

Gymnopus confluens (Pers.) Antonín, Halling & Noordel..Halling & Noordel., Mycotaxon 63: 364 (1997)

子实体中等大，丛生。菌盖直径 3.5~5.6 cm，近平展，黄褐色，中间稍凸起，色深，水浸状，边缘外卷，且有明显的纵条纹；菌肉薄，杏色；菌褶不等大，紧密，色同菌肉，成熟时产生波浪纹，离生；菌柄长 5.5~10.3 cm，粗 0.3~0.4 cm，柱状，褐色，表面被短茸毛，有明显沟槽，中下部有白色茸毛，空心。

菌褶结构已成熟，在 KOH 溶液中呈溶解状态，无法观察到孢子和担子的结构。菌盖表皮菌丝宽 3.8~5.0 μm，无色透明；菌髓菌丝宽 5.0~10.0 μm，排列较乱，具锁状联合；菌柄表皮菌丝宽 2.5~8.8 μm，近平行排列。

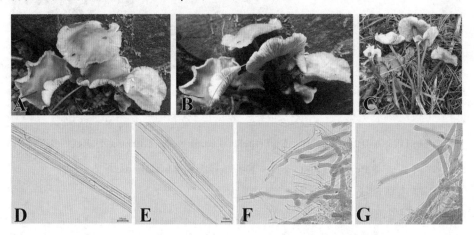

图120　A-C:子实体生境　D:盖皮菌丝　E:柄皮菌丝　F-G:菌髓菌丝

Fig.120　A-C:basidiocarps D:pileipellis E:stipitipellis F-G:trama

生境：潮湿的苔藓类植物周围。

世界分布：世界广布。

中国分布：青海、甘肃。

标本：青海果洛玛可河林区，32°39′50″ N，100°57′26″ E，海拔 2 980 m，QHU20168、QHU19078，32°39′05″ N，100°57′15″ E，海拔 2 979 m，QHU19131；青海玉树江西林区，32°4′54″ N，97°3′22″ E，海拔 3 000 m，QHU19356；青海黄南麦秀林区，35°39′26″ N，100°55′50″ E，海拔 2 853 m，QHU20081。

讨论：经在（*Gymnopus confluens* (Mushroom Expert.Com)）里查询，已记载种菌盖颜色早期红棕色，但很快变为淡棕色或者浅黄色，本研究中该种菌盖近平展，黄褐色，中间稍凸起，色深，边缘外卷，且有明显纵条纹。

（116）*Gymnopus perforans*

= *Gymnopus perforans* (Hoffm.) Antonín & Noordel, in Noordeloos & Antonín, Czech Mycol. 60(1): 25. (2008).

= *Marasmiellus perforans* (Hoffm.) Antonín, Halling & Noordel, Mycotaxon 63: 366. (1997).

子实体小。菌盖直径 1.6~2.8 cm，伞形至平展，灰白色至杏色，干后表面皱缩；菌肉极薄；菌褶等大，宽 0.2~0.3 cm，杏色，近直生；菌柄长 3.8~7.5 cm，粗 0.1~0.4 cm，棒状，细长，顶部杏色至浅黄褐色，渐向下为褐色至黑褐色，表面被短纤毛。担孢子（17.5~20.0）μm×（2.5~5.0）μm，Q=3.5~8.0，Q_m=5.8，长纺锤形至倒披针形，光滑；担子结构较小；侧囊体（37.5~57.5）μm×（5.0~11.3）μm，棒形、梭形至不规则形状；菌髓菌丝较乱，具锁状联合；菌盖表皮无明显的菌丝体结构；菌柄表皮菌丝宽 3.8~7.5 μm，近平行排列，浅黄色，具锁状联合。

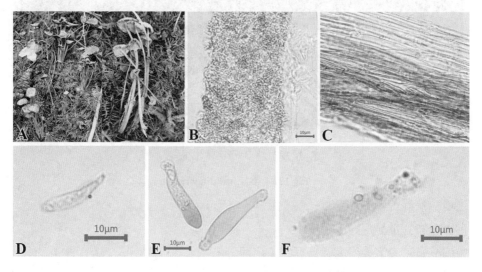

图121　A:子实体生境　B:盖皮菌丝　C:柄皮菌丝　D:担孢子　E:囊状体　F:担子

Fig.121　A:basidiocarps B:pileipellis C:stipitipellis D:basidiospores E:cystidia F:basidia

生境：潮湿的苔藓类植物周围。

世界分布：中国、瑞士、加拿大、荷兰等。

中国分布：青海、陕西、四川、东北地区、上海。

标本：青海黄南麦秀林区，35°47′29″ N，101°34′20″ E，海拔 3 002 m，QHU21140、QHU20036；青海玉树白扎林区，31°47′34″ N，96°34′17″ E，海拔 3 096 m，QHU21144。

（117）*Gymnopus dryophilus* 栎生金钱菌

Gymnopus dryophilus (Bull.) Murrill, North American Flora 9 (5): 362 (1916)

　　子实体较小，菌盖圆盘状，边缘向上卷起且不整齐；菌盖颜色由中央深橘色向边缘逐渐变淡；直径 2.5~3.0 cm，表面光滑；菌褶乳白色，密集分布，宽 3.0~0.5 mm，极薄易碎，等大近直生；菌柄圆柱状，长 3.0~4.0 cm，中空，菌柄连接菌盖的地方为杏白色，越接近土壤颜色越深。

图122　A-D:子实体生境

Fig.122　A-D:basidiocarps

　　生境：潮湿苔藓中。

　　世界分布：世界广布。

　　中国分布：青海、黑龙江、辽宁、广西等。

　　标本：青海省黄南藏族自治州同仁市，35° 14′ 04″ N，101° 53′ 56″ E，海拔 3 389 m，QHU22103、QHU22171；青海玉树白扎林区，31° 47′ 54″ N，96° 34′ 11″ E，海拔 3 696 m，QHU22108。

　　泡头菌科 / 膨瑚菌科 Physalacriaceae

　　蜜环菌属 *Armillaria*

　　（118）*Armillaria cepistipes* 黄小蜜环菌

　　Armillaria cepistipes Velen., Ceske Houby 2: 283 (1920)

　　= *Armillaria cepistipes* f. pseudobulbosa Romagn. & Marxm. Bull. trimest. Soc. mycol. Fr. 99(3): 314. (1983).

　　子实体较大。菌盖直径 9.3 cm，近平展，中间稍凸起，土褐色，边缘色较深，表面被褐色纤毛状丛生鳞片，向边缘近光滑，具短条纹；菌肉薄，白色至浅杏色，韧肉质；菌褶不等大，宽 0.3~0.5 cm，紧密，肉色至浅褐色，靠近菌盖部分呈皱褶状，衍生；菌柄长 9.7 cm，粗 1.1 cm，柱状，菌环生于中上部，脱落痕迹明显，菌环以上部分黄褐色，以下灰褐色至褐色，表面被纵条纹，向基部渐粗，表皮与菌肉分界明显，实心。担孢子（6.3~8.8）μm×（3.8~6.3）μm，Q=1.0~2.4，Q_m=1.7，卵圆形至椭圆形，表面近光滑，具明显脐突，中央具油滴，幼时表面纤维物丰富；担子（35.0~50.0）μm×（6.3~10.0）μm，长棒状，无色，具 2~4 个小梗，细长；菌髓菌丝排列较乱，具锁状联合；菌盖表皮菌丝宽 3.8~17.5 μm，排列较乱，具锁状联合；菌柄表皮菌丝宽3.8~23.8 μm，油黄色，近平行排列，具锁状联合。

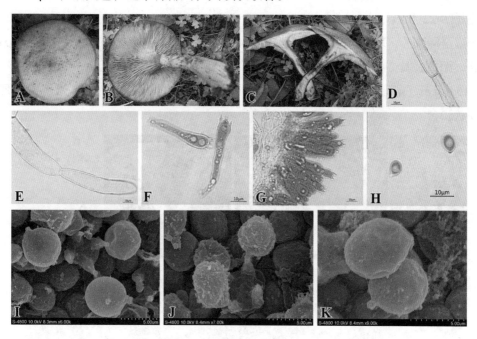

图123　A-C:子实体生境　D:柄皮菌丝　E:盖皮菌丝　F-G:担子　I-J:担子和担孢子　H,K:担孢子

Fig.123　A-C:basidiocarps D:stipitipellis E:pileipellis F-G:basidia

I-J:basidia and basidiospores H,K:basidiospores

生境：潮湿的苔藓类植物的周围。

世界分布：中国、瑞典、丹麦、瑞士、挪威、英国、德国、荷兰等。

中国分布：青海、云南、贵州、新疆、黑龙江、浙江、湖北、秦巴山区等。

标本：青海玉树白扎林区，31°47′54″N，96°34′37″E，海拔 3 796 m，QHU20281；青海玉树白扎林区，31°23′14″N，96°26′43″E，海拔 3 745 m，QHU21149；青海果洛玛可河林区，31°47′41″N，100°57′38″E，海拔 3 334 m，QHU21150。

（119）*Armillaria gallica* 高卢蜜环菌

Armillaria gallica Marxm. & Romagn.in Boidin, Gilles & Lanquetin, Bull. trimest. Soc. mycol. Fr. 103(2): 152. (1987).

= *Armillaria gallica* var. *marinensis* Blanco-Dios, Tarrelos 19: 17. (2017).

子实体小至中等大。菌盖直径 2.5~5.2 cm，近半球形至平展，肉质，幼时褐色，表面被有白色纤毛状丛生鳞片，成熟黄褐色，中间色深，向边缘色浅，表面被有灰褐色纤毛状丛生鳞片，开裂，具明显的菌幕残余；菌肉较薄，白色；菌褶不等大，宽 0.6~0.9 cm，奶油白至浅杏色，成熟时呈浅黄色，稍衍生；菌柄长 5.5~10.5 cm，粗 0.6~1.1 cm，柱状，近白色至浅杏色，表面具纤维状鳞片，实心，菌肉与表皮易分离。担孢子（6.3~8.8）μm×（3.8~6.3）μm，Q=1.5~2.3，Q_m=1.9，幼时近球形，成熟时呈卵圆形至椭圆形，表面近光滑，偶具纤维物；担子（35.0~50.0）μm×（6.3~10.0）μm，棒状，无色，具 2~4 个小梗，细长；菌髓菌丝排列较乱，锁状联合；菌盖表皮菌丝宽 3.8~15.0 μm，排列较乱，具锁状联合；菌柄表皮菌丝宽 3.8~20.0 μm，近平行排列，具锁状联合。

图124　A-C:子实体生境　D,G,H:担孢子　E:柄皮菌丝　F:盖皮菌丝　I-K:担子和担孢子

Fig.124　A-C:asidiocarps D,G,H:basidiospores E:stipitipellis F:pileipellis

I-K:basidia and basidiospores

生境：石头周围和潮湿的苔藓类植物周围的土壤。

世界分布：中国、英国、丹麦、瑞士、德国、法国、爱尔兰等。

中国分布：青海、东北地区、陕西、贵州、湖北等。

标本：青海果洛玛可河林区，31°47′54″N，100°57′42″E，海拔 3 734 m，QHU19026，31°47′15″N，100°57′27″E，海拔 3 344 m，QHU19029、QHU19199；青海玉树江西林区，31°51′25″N，96°31′33″E，海拔 3 784 m，QHU21152、QHU20437，31°51′15″N，96°31′24″E，海拔 3 767 m，QHU20486。

光柄菇科 Pluteaceae

光柄菇属 *Pluteus*

（120）*Pluteus tomentosulus* 稀茸光柄菇

Pluteus tomentosulus Peck, Annual Report on the New York State Museum of Natural History 38: 136 (1885)

= *Pluteus tomentosulus f. brunneus* E.F. Malysheva & Justo. in Malysheva, Malysheva & Justo, Mycol. Progr. 15(8): 875. (2016).

子实体中等大。菌盖直径 7.3 cm，钟形至近扁半球形，浅土灰色，表面密被短纤毛或细小颗粒，中间颜色稍深且有不明显的凹陷；菌肉白色，较薄；菌褶不等大，宽 0.3~0.5 cm，浅粉色，呈波浪状，弯生至稍离生；菌柄长 8.9 cm，粗 0.7 cm，柱状，奶白色，纤维质，表面被短纤毛基部稍膨大，实心。担孢子（5.0~7.5）μm×（5.0~6.3）μm，Q=1.2~1.5，Q_m=1.4，宽椭圆形至椭圆形，无色透明，光滑，中央具油滴；担子（25.0~35.0）μm×（5.0~6.3）μm，棒状，具 2~4 个小梗；囊状体（55.0~62.5）μm×（17.5~22.5）μm，宽烧瓶状，顶端较尖；菌盖表皮菌丝宽 6.3~11.5 μm，无色，末端钝，较细；表面茸毛宽 6.3~17.5 μm；菌柄表皮菌丝宽 5.0~20.0 μm，无色透明，部分具内含物，末端较细。

图125　A-C:子实体生境　D:柄皮菌丝　E:盖皮菌丝　F,H:担子和囊状体　G:担孢子　I:菌髓结构

Fig.125　A-C:basidiocarps　D:stipitipellis　E:pileipellis　F, H:basidia and cystidia　G:basidiospores I:trama

生境：青杆林下潮湿的苔藓类植物周围。

世界分布：中国、加拿大。

中国分布：青海、湖北、内蒙古。

标本：青海果洛玛可河林区，32°35′50″ N，100°53′32″ E，海拔 3 241 m，QHU20130；青海玉树江西林区，31°51′53″ N，96°31′36″ E，海拔 3 284 m，QHU20091；青海玉树白扎林区，31°55′04″ N，96°24′19″ E，海拔 3 347 m，QHU22064。

（121）*Melanoleuca communis* 铦囊蘑

Melanoleuca communis Sánchez-García M. & Cifuentes J., Revista Mexicana de Micologia Suplemento-Micologia: 116 (2013)

子实体中等大，圆盘状菌盖，直径 2.0~3.0 cm，边缘平坦光滑，中央微微凸起，颜色为深棕色，边缘逐渐淡化为灰白色；菌肉厚实；菌柄表面有螺旋竖条纹纹路，圆柱状，较粗壮，直径 0.5~1.5 cm，长 6.0~8.0 cm，笔直生长；菌褶密集且较大，为腹鼓状，宽约 0.5 mm，乳白色，不等大。担子（15.4~20.5）μm×（3.7~5.0）μm，棒状，表面光滑无色，顶端圆融稍膨大，具有 2~4 个小梗，小梗比较细，担子中有侧生囊状

体 (35.0~40.5) μm×(10.0~14.8) μm，纺锤形，无色，壁厚，顶端尖，几部稍钝，菌髓菌丝近平行排列，表皮菌丝宽 7.5~12.7 μm，近平行排列，中间有隔膜，无色。

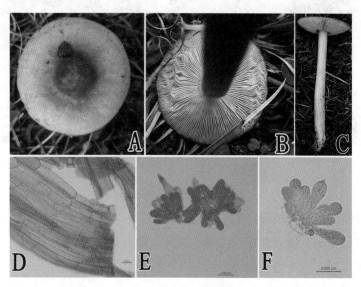

图126　A-C:子实体生境　D: 盖皮菌丝　E-F:担子

Fig.126　A-C:basidiocarps　D:pileipellis　E-F:basidia

生境：潮湿苔藓中。

世界分布：中国、意大利、墨西哥、瑞典、美国、丹麦。

中国分布：青海、内蒙古。

标本：青海省黄南藏族自治州同仁市，35°14′04″N，101°53′56″E，海拔 3 389 m，QHU22107；青海果洛玛可河林区，32°29′11″N，101°06′10″E，海拔 3 300 m，QHU21154。

小脆柄菇科 Psathyrellaceae

近地伞属 *Parasola*

（122）*Melanoleuca exscissa* (Fr.)Sing. 钟形铦囊蘑

Melanoleuca exscissa (Fr.) Singer, Cavanillesia 7 125 (1935).

子实体较小。菌盖直径 3.5~6.0 cm，钟形至近平展，中部凸起，近白色至烟灰色，表面光滑，呈水浸状。菌肉白色，较薄。菌褶白色，直生至凹生，稍密，不等长。菌柄细长，长 3.5~7.0cm，粗 0.4~1.0cm，圆柱形，直立，表面同盖色，有纵条纹，基部膨大，内部松软。

图127　A-B：子实体生境

Fig.127 A-B: basidiocarps

生境：潮湿的苔藓类植物周围。

世界分布：中国、澳大利亚、英国、瑞典、德国、意大利等。

中国分布：河北、青海、四川、江苏、甘肃、山西、西藏等。

标本：青海果洛玛可河林区，32° 39′ 21″ N，100° 58′ 34″ E，海拔 3 205 m，QHU23173；青海省黄南藏族自治州同仁市，35° 19′ 13″ N，101° 56′ 33″ E，海拔 3 017 m，QHU23269；35° 01′ 27″ N，101° 5′ 13″ E，海拔 3 003 m，QHU23157。

（123）*Parasola setulosa* 刺毛近地伞

Parasola setulosa (Berk. & Broome) Redhead, Vilgalys & HopplE，in Redhead, Vilgalys, Moncalvo, Johnson & HopplE,Taxon 50(1): 236. (2001).

= *Coprinus setulosus* Berk & BroomE J. Linn. Soc., Bot. 11(no. 56): 561. (1871).

子实体中等大。菌盖直径 1.8~3.8 cm，锥形至卵圆形，杏色至黄褐色，向边缘渐浅，杏色至浅灰色，有较密集的放射状沟条纹，表面有稀疏鳞片；菌肉较薄，浅褐色，透明；菌褶等大，宽 0.1 cm，灰褐色至灰黑色，边缘灰白色且有小齿纹；菌柄长 5.1~5.4 cm，粗 0.2~0.4 cm，棒状，细长，偏生，浅黄色，透明，空心。担孢子（8.8~11.3）μm×（3.8~6.3）μm，Q=1.4~3.0，Q_m=2.2，钟形，橄榄色至灰褐色，中央具油滴，一端钝圆，一端平截；担子（20.0~37.5）μm×（2.5~7.5）μm，棒状或中部缢缩，多为 4 个小梗；菌髓菌丝排列较乱；菌柄表皮菌丝宽 6.3~17.5 μm，近平行排列。

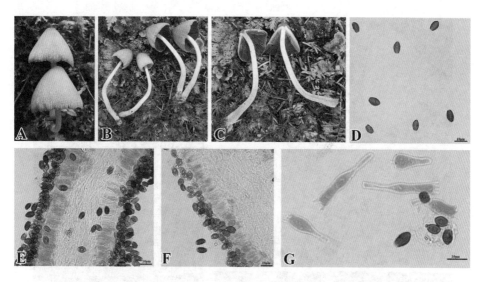

图128 A-C:子实体生境 D:担孢子 E-F:菌髓结构 G:担子和担孢子

Fig.128 A-C:basidiocarps D:basidiospores E-F:trama G:basidia and basidiospores

生境：潮湿的高山草甸。

世界分布：中国、荷兰等。

中国分布：青海。

标本：青海果洛玛可河林区，32°39′19″N，101°00′20″E，海拔3 300 m，QHU20087；青海玉树江西林区，32°04′11″N，97°00′49″E，海拔3 201 m，QHU22110；青海玉树白扎林区，31°12′04″N，96°36′13″E，海拔3 220 m，QHU22181。

球盖菇科 Strophariaceae

花褶伞属 *Panaeolus*

（124）*Panaeolus fimicola* 粪生花褶伞

Panaeolus fimicola (Fr.) Quél., Mémoires de la Société d›Émulation de Montbéliard 5: 257 (1872)

= *Agaricus fimicola* Pers.Syn. meth. fung. (Göttingen) 2: 412. (1801).

= *Coprinarius fimicola* (Pers.) Quél. Enchir. fung. (Paris): 119. (1886).

子实体较小。菌盖近圆锥形或钟形，中间浅黄褐色，向边缘渐灰褐色，边缘具明显的灰色环带；菌肉极薄，与菌盖一致；菌褶不等大，褶面具灰、黑相间的花斑，褶缘白色或浅杏色，较紧密，弯生至离生；菌柄细长，具纵条纹，浅灰黑色，表面具鳞片，基部有白色绒状物，空心；担孢子呈钟形，一端平截，中间稍凹陷，表面具网状纤维物；担子具4个小梗。

图129　A-C:子实体生境　D-E:担孢子　F:担子和担孢子

Fig.129　A-C: basidiocarps　D-E:basidiospores　F:basidia and basidiospores

生境：动物粪便。

世界分布：世界广布。

中国分布：中国广布。

标本：青海玉树江西林区，32°04′11″N，97°00′49″E，海拔2 979 m，QHU20488；青海玉树东仲林区，32°21′18″N，97°54′04″E，海拔2 795 m，QHU21210；青海省黄南藏族自治州同仁市，35°19′13″N，101°56′33″E，海拔2 917 m，QHU20269、QHU21157。

库恩菇属 *Kuehneromyces*

（125）*Kuehneromyces mutabilis* 毛柄库恩菇

Kuehneromyces mutabilis (Schaeff.) Singer & A.H. Sm., Mycologia 38: 505 (1946)

=*Galerina mutabilis* (Schaeff.) P. D. Orton. Trans. Br. mycol. Soc. 43(2): 176. (1960).

子实体小至中等大。菌盖直径2.3~3.6 cm，近平展，肉桂色至浅黄褐色，潮湿时呈半透明状，边缘稍内卷、开裂且具明显的条纹，表面近光滑；菌肉污黄色至浅褐色，较薄；菌褶不等大，宽 0.2~0.3 cm，较稀疏，浅土褐色至茶褐色，表面被锈红色小点，直生至稍衍生，较稀疏；菌柄长 3.0~4.5 cm，粗 0.2~0.5 cm，柱状，褐色，中上部具下延性菌环，菌环以上部分表面具粉状物，以下部分被纤毛状丛生鳞片，向基部颜色渐深，黄褐色至红褐色，空心，剖面颜色与菌褶一致；菌环与菌柄同色，膜质。担孢子（2.5~3.5）μm×（1.0~2.0）μm，$Q=1.3$~3.5，$Q_m=2.4$，椭圆形至卵圆形，浅黄褐色至浅锈褐色，光滑，中央具油滴；担子（20.0~22.5）μm×（3.8~6.3）μm，棒状，无色透明，壁薄，光滑；缘囊体（17.3~25.0）μm×（2.3~6.0）μm，近圆柱形，顶部细，无色；菌盖表皮菌丝宽 2.0~5.0 μm，较乱，具锁状联合；菌柄表皮菌丝宽 1.5~2.5 μm，黄褐色，近平行排列，具锁状联合；菌褶菌丝细胞交织型。

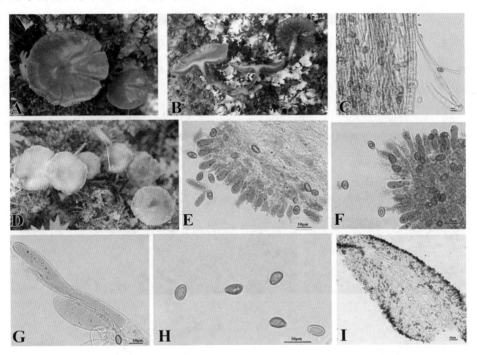

图130　A.B.D:子实体生境　C:柄皮菌丝　E-F:担子和担孢子　G.I:菌髓菌丝　H:担孢子

Fig.130　A.B.D:basidiocarps C:stipitipellis E-F:basidia and basidiospores G,I:trama H:basidiospores

生境：倒木或伐木上丛生，周围有地衣。

世界分布：中国、瑞典、丹麦、瑞士、挪威、英国、德国、荷兰等。

中国分布：青海、四川、西藏、云南。

标本：青海果洛玛可河林区，32°39′15″N，101°00′51″E，海拔 3 219 m，QHU20056、QHU20118；青海玉树昂赛林区，32°45′26″N，95°37′18″E，海拔 3 082 m，QHU21160。

球盖菇属 *Stropharia*

（126）*Stropharia semiglobata* 半球盖菇

Stropharia semiglobata (Batsch) Quél = Stropharia semiglobata (Batsch) Quél.

= *Protostropharia semiglobata* (Batsch) Redhead, Moncalvo & Vilgalys, in Redhead, Index Fungorum 15: 2. (2013).

子实体较小。菌盖直径 2.5 cm，近半球形，浅黄褐色至浅褐色，中部颜色较深，成熟时，灰黑色至黑色，光滑，湿时粘，边缘有纵条纹；菌肉污白色，较薄；菌褶不等大，宽 0.8 cm，暗灰褐色，较稀疏，边缘色较浅，白色，直生；菌柄长 3.8~4.3 cm，粗 0.2 cm，柱状，色较菌盖浅，光滑，空心；菌环生于上部，易脱落，膜质，黑褐色。担孢子（18.8~20.0）μm×（10.0~11.3）μm，Q=1.7~2.0，Q_m=1.9，柠檬形至近椭圆形，一端较细，幼时浅黄色，成熟时黄褐色至带红褐色色调，表面具稍直立状纤维物；担子（30.0~38.8）μm×（10.0~12.5）μm，棒状，顶部稍膨大，具 2~4 个小梗，较长；柄生囊状体，近棒状，外缘波浪状；菌髓菌丝宽 3.8~8.8 μm，近平行排列；菌盖表皮菌丝宽 2.5~3.8 μm，具锁状联合，菌肉菌丝宽 5.0~8.8 μm；菌柄表皮菌丝宽 2.5~3.8 μm，具锁状联合；菌肉菌丝宽 10.0~15.0 μm，近平行排列。

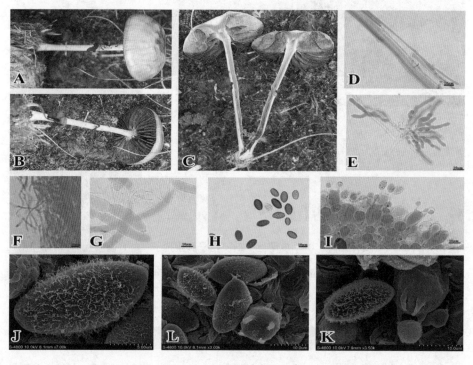

图131　A-C:子实体生境　D:柄皮菌丝　E:柄囊体　F:盖皮菌丝　G:菌髓菌丝　H,J:担孢子

I, K, L:担子和担孢子

Fig.131　A-C:basidiocarps D:stipitipellis E:stipicystidia F:pileipellis

G:trama H,J:basidia I, K, L:basidia and basidiospores

生境：马粪。

世界分布：中国、美洲、北欧等。

中国分布：青海、江西、云南。

标本：青海玉树江西林区，32°02′19″N，97°00′41″E，海拔 3740 m，QHU19365；青海玉树东仲林区，32°01′26″N，97°25′36″E，海拔 3956 m，QHU21162；青海玉树昂赛林区，32°45′26″N，95°37′18″E，海拔 3982 m，QHU20230。

（127）*Stropharia coronilla* 齿环球盖菇

Stropharia coronilla (Bull.) Quél., Mémoires de la Société d›Émulation de Montbéliard ser. 2, 5: 255 (1872)

子实体中等大，菌盖半圆球状，表面光滑，橘黄色，直径 2.0~4.0 cm，边缘向内卷曲；菌褶密集浅褐色，宽约 2.0~3.0 mm，菌褶等大直生；菌柄圆柱状，底部弯曲且稍膨大，菌柄中央部位有斜向上的白色菌环，菌柄长约 2.5~3.0 cm，直径 0.5~1.0 cm。担孢子似圆形，表面光滑，（6.0~15.2）μm×（5.0~6.8）μm，内部具油滴，担子圆棒状，（19.8~30.0）μm×（7.8~10.6）μm，顶端具 2~4 个担子小梗，顶端较圆，有的顶端平齐，无色。

图132　A-B:子实体生境　C:担孢子　D-E:囊状体

Fig.132　A-B:basidiocarps　C:basidiospores　D-E:cystidia

生境：潮湿落叶松针中。

世界分布：中国、欧洲、北美。

中国分布：青海、河南、内蒙古等。

标本：青海省黄南藏族自治州同仁市，35°19′13″N，102°01′33″E，海拔 2 917 m，QHU21164；青海玉树昂赛林区，31°49′11″N，96°30′02″E，海拔 3 665 m，

QHU21165；青海玉树东仲林区，32°35′26″N，97°25′49″E，海拔3 601 m，QHU22112。

（128）*Hypholoma capnoides* 烟色垂幕菇

Hypholoma capnoides (Fr.) P. Ku mm., Der Führer in die Pilzkunde: 72 (1871)

子实体较小，碗状菌盖，橘黄色，顶部颜色深，褐色，向外逐渐淡化为浅黄色，菌盖边缘为白色且下垂，不规则，直径2.0~2.5 cm，菌盖较薄；菌柄长约5.0~7.0 cm，靠近菌盖的部分颜色较浅为乳白色，其余为黄褐色，表面有褐色茸毛，菌褶密集直生等长，宽约2.0~3.0 mm。

图133　A-C:子实体生境

Fig.133　A-C:basidiocarps

生境：枯树树桩上。

世界分布：中国、欧洲、亚洲、北美洲。

中国分布：青海、贵州等。

标本：青海省黄南藏族自治州同仁市，35°14′04″N，101°53′56″E，海拔3 389 m，QHU21167、QHU22113；青海玉树白扎林区，31°51′33″N，96°31′42″E，海拔3 685 m，QHU21155。

滑锈伞属 *Hebeloma*

（129）*Hebeloma sinapizans* 大黏滑菇（芥味滑锈伞）

Hebeloma sinapizans (Paulet) Gillet, Hyménomycètes (Alençon): 527 (‹1878›). (1876).

= *Hylophila sinapizans* (Paulet) Quél. Enchir. fung. (Paris): 99. (1886).

子实体小至中等大。菌盖直径2.7 cm，伞形，黄褐色，表面具白色短纤毛；菌肉较厚，白色；菌褶不等大，宽0.4 cm，杏色至浅土褐色，褶缘有小齿纹并伴有褐色小斑点，弯生至离生；菌柄柱状，长3.9 cm，粗0.6 cm，基部稍膨大呈球状，浅杏色，表面被纤毛状丛生鳞片，实心。

图134　A-C:子实体生境

Fig.134　A-C:basidiocarps

生境：阔叶林下落叶松针周围。

世界分布：中国、俄罗斯等。

中国分布：青海、陕西、山西、四川、云南。

标本：青海玉树昂赛林区，31°49′21″N，96°30′32″E，海拔3 865 m，QHU20240；青海玉树东仲林区，32°41′06″N，97°36′21″E，海拔3 952 m，QHU21169；青海玉树白扎林区，31°51′33″N，96°31′42″E，海拔3 785 m，QHU20271。

Amylocorticiaceae

拟褶尾菌 *Plicaturopsis*

（130）*Plicaturopsis crispa* 波状拟褶尾菌

Plicaturopsis crispa (Pers.) D.A.Reid. In: Persoonia 3(1): 150. (1964).

= *Plicatura crispa* (Pers.) Rea. Brit. basidiomyc. (Cambridge): 626. (1922).

子实体小至中等大。菌盖直径2.5~4.5 cm，花瓣状，基部向边缘为浅杏色，白色，表面被白色短纤毛；子实层中间黄褐色，向边缘色较浅，杏色至污白色，褶皱明显，且相邻之间有分界线，部分呈分叉状；菌肉白色；无菌柄。

子实层菌丝宽2.5~3.8 μm，厚壁；菌盖菌丝宽3.8~7.5 μm，厚壁；为纵隔担子，各组织均具锁状联合。

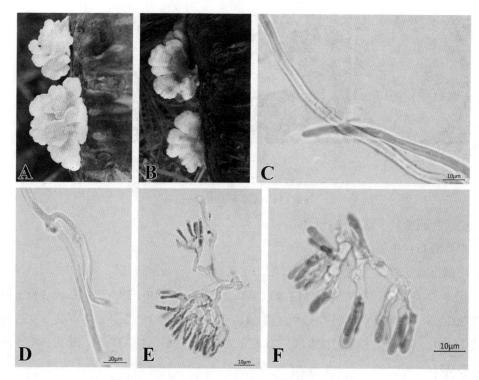

图135　A-B:子实体生境　C-D:盖皮菌丝　E-F:担子

Fig.135　A-B:basidiocarps　C-D:pileipellis　E-F:basidia

生境：腐朽的桦树枝条。

世界分布：中国、加拿大等。

中国分布：青海、云南、四川、西藏。

标本：青海果洛玛可河林区，32°39′41″N，100°58′32″E，海拔3 220 m，QHU20046；青海玉树白扎林区，31°51′33″N，96°31′42″E，海拔3 185 m，QHU21172、QHU22120。

硬皮马勃科 Sclerodermataceae

硬皮马勃属 *Scleroderma*

（131）*Scleroderma bovista* 大孢硬皮马勃

Scleroderma bovista Fr. E.M. 3(1). 259 (1829).

子实体中等大小，呈椭圆形或圆形，直径 3.0~5.5cm。土黄色至棕褐色初平滑，后期有不规则裂纹，或有粗糙不定形的小鳞片，并易落，孢体厚，有韧性。基部有根状物与基质固定。

图136　A-C：子实体生境

Fig.136 A-C: basidiocarps

生境：落叶松针周围的土壤。

世界分布：中国、英国、日本、西班牙、美国等地区。

中国分布：青海、河北、吉林、山东、江苏、浙江、河南、湖北等丛林密布地区。

标本：青海果洛玛可河林区，32° 39′ 21″ N，100° 58′ 34″ E，海拔 3 505 m。

口蘑科 Tricholomataceae

杯伞属 *Clitocybe*

（132）*Clitocybe odora* 香杯伞 = 浅黄绿杯伞

Clitocybe odora (Bull.) P. Ku mm., Der Führer in die Pilzkunde: 121 (1871).

= *Agaricus odorus* Bull. Herb. Fr. (Paris) 4: tab. 176 （'1783-84'）. (1784).

= *Gymnopus odorus* (Bull.) Gray. Nat. Arr. Brit. Pl. (London) 1: 606. (1821).

= *Lepista odora* (Bull.) Harmaja. Karstenia 15: 15. (1976).

子实体小至中等大。菌盖直径 3.8~6.5 cm，发育初期，近半球形，灰白色，中间凹陷浅橙色，边缘内卷呈波浪状，后期成熟时，扁半球形，浅橙色，表面龟裂，水浸状；菌肉污白色至浅黄色；菌柄不等大，宽 0.2~0.3 cm，浅黄色至浅橙色，紧密，衍生；菌柄长 3.8~4.3 cm，粗 0.5~1.0 cm，柱状，杏色，表面具短茸毛，基部稍膨大且有白色绒状物，空心。菌褶较密；菌盖表皮菌丝宽 2.5~6.3 μm，近平行排列，具锁状联合；菌柄表皮菌丝宽 2.5~6.3 μm，排列较乱，具锁状联合。

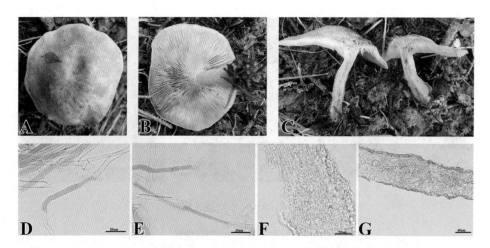

图137　A-C:子实体生境　D:柄皮菌丝　E:盖皮菌丝　F-G:菌髓结构

Fig.137　A-C:basidiocarps D:stipitipellis E:pileipellis F-G:trama

生境：腐朽的落叶松针和潮湿的苔藓类植物周围。

世界分布：中国、瑞典、瑞士、挪威、西班牙、奥地利、英国、法国、意大利、塞尔维亚等。

中国分布：青海、内蒙古、北京、陕西、东北地区等。

标本：青海果洛玛可河林区，32°39′37″N，101°0′34″E，海拔 3 300 m，QHU20089；青海黄南麦秀林区，35°32′38″N，101°56′19″E，海拔 3 275 m，QHU20149、QHU22123。

讨论：经在 (*Clitocybe odora* (MushroomExpert.Com)) 中查询，已记载种在潮湿或者未褪色时，整体呈现蓝绿色色调，成熟时略带棕色。

（133）*Clitocybe nebularis* 烟云杯伞

Clitocybe nebularis (Batsch) P. Kumm., Der Führer in die Pilzkunde: 124 (1871).

= *Clitocybe alba* (Bataille) Singer. Lilloa 22: 186 （'1949'）. (1951).

=*Lepista nebularis* (Batsch) Harmaja. Karstenia 14: 91. (1974).

子实体小至中等大。菌盖直径 2.8 cm，近半球形，浅土褐色，表面被有一层白色物质和丝状条纹，边缘内卷；菌肉厚，污白色；菌褶不等大，宽 0.2 cm，污白色至杏色，较紧密，衍生；菌柄长 5.0 cm，粗 1.7 cm，纺锤状至柱状，色同菌褶，顶端白色，被有短茸毛，实心。

菌盖表皮具胶质层，菌丝宽 2.5~3.8 μm，胶质化，排列稍乱；菌肉菌丝宽 5.0~7.5 μm，胶质化，排列较乱，具锁状联合；菌柄表皮菌丝宽 5.0~7.5 μm，近平行排列，具锁状联合。

图138　A-C:子实体生境　D-E:柄皮菌丝　F-G:盖皮菌丝

Fig.138　A-C:basidiocarps D-E:stipitipellis F-G:pileipellis

生境：落叶松针周围土壤。

世界分布：世界广布。

中国分布：中国广布。

标本：青海果洛玛可河林区，32°39′11″N，100°58′45″E，海拔3 275 m，QHU19032、QHU20190；青海黄南麦秀林区，35°32′38″N，101°56′19″E，海拔3 275 m，QHU20057。

（134）*Clitocybe bresadoliana* 赭黄杯伞

Clitocybe bresadoliana Singer, Revue Mycol., Paris 2(6): 228. (1937).

=*Infundibulicybe bresadolana* (Singer) Harmaja, Annales Botanici Fennici 40 (3): 216 (2003)

子实体中等大至大型。菌盖直径2.2~8.9 cm，整体漏斗形，赭黄色，表面近光滑，边缘色浅，杏色，具波浪纹；菌肉较薄，杏色；菌褶不等大，宽0.2~0.4 cm，杏色，较紧密，褶面具褶皱，边缘具波浪纹，衍生；菌柄长3.5~5.5 cm，粗0.5~1.0 cm，柱状，色较菌盖深，表面被纵条纹，基部具白色茸毛，实心；担孢子幼时近球形，成熟时椭圆形，表面具凹陷和纤维物；担子具4个小梗，棒状，表面稍皱缩。

图139　A-C:子实体生境　D:担孢子　E-F:担子和担孢子

Fig.139　A-C:basidiocarps　D:basidiospores　E-F:basidia and basidiospores

生境：潮湿的苔藓类植物周围。

世界分布：中国、法国、西班牙、瑞士、德国等。

中国分布：青海、东北地区、云南、山西等。

标本：青海黄南麦秀林区，35°14′33″N，101°51′21″E，海拔3 304 m，QHU21174、QHU21007；青海果洛玛可河林区，32°39′37″N，101°00′34″E，海拔3 300 m，QHU22133。

（135）*Clitocybe lignatilis* 密褶杯伞

Clitocybe lignatilis (Pers.) P. Karst., Bidrag till Kännedom av Finlands Natur och Folk 32: 86 (1879)

子实体中等大，直径3.0~4.0 cm，橘黄色，不规则菌盖，表面不同程度开裂为几瓣，中央凹陷，整体呈杯状，表面还具有短小茸毛，边缘下卷；菌肉薄，呈白色或橘黄色，菌褶薄且密集，近衍生；菌柄长3.0~6.0 cm，直径1.0~1.5 cm，实心，菌柄表面光滑橘黄色。

图140　A-C:子实体生境

Fig.140　A-C:basidiocarps

生境：潮湿的草地周围土壤。

世界分布：中国、瑞士、瑞典、英国、挪威等。

中国分布：青海、四川。

标本：青海黄南麦秀林区，35°47′36″N，101°34′51″E，海拔 3 002 m，QHU21175；青海果洛玛可河林区，32°39′15″N，101°0′31″E，海拔 3 300 m，QHU22135。

漏斗伞属 *Infundibulicybe*

（136）*Infundibulicybe gibba* 深凹漏斗（杯）伞

Infundibulicybe gibba (Pers.) Harmaja, Ann. bot. fenn. 40(3): 217. (2003).

子实体不等大。菌盖直径 2.5~6.7 cm，杯状至漏斗状，中间稍凹陷，颜色深，幼时表面光滑，成熟时有龟裂；菌肉薄，浅黄色；菌褶不等大，宽 0.2~0.3 cm，白色至淡黄色，衍生；菌柄长 1.4~3.2 cm，粗 0.3~0.8 cm，柱状，较菌盖颜色浅，基部具白色茸毛，实心；电镜下，担子椭圆形，具脐突，表面近光滑或具纤维物；担子具 4 个小梗，小梗基部较粗。

图141　A-C:子实体生境　D:担子和担孢子

Fig.141　A-C:basidiocarps　D:basidia and basidiospores

生境：潮湿的落叶松针周围土壤。

世界分布：中国、瑞士、瑞典、英国、挪威、法国、加拿大、卢森堡等。

中国分布：青海、山西、东北地区、北京、内蒙古等。

标本：青海果洛玛可河林区，32°39′22″N，101°0′34″E，海拔 3 300 m，

QHU19070、QHU19107，32°39′01″N，101°0′14″E，海拔 3 785 m，QHU19211；青海黄南麦秀林区，35°39′41″N，101°0′15″E，海拔 3 800 m，QHU21177；青海玉树白扎林区，31°51′23″N，96°31′12″E，海拔 3 785 m，QHU20347。

（137）*Infundibulicybe alkaliviolascens* 碱紫漏斗杯伞

Infundibulicybe alkaliviolascens (Bellù) Bellù, Bresadoliana 1(2): 6. (2012).

= *Clitocybe alkaliviolascens* Bellù, Beih. Sydowia 10: 29. (1995).

子实体中等大。菌盖直径 1.2~3.2 cm，整体漏斗形，中间浅黄褐色，向边缘为浅橙黄色，表面近光滑，边缘具短条纹和环状条纹；菌肉较薄，污白色；菌褶不等大，宽 0.2 cm，污白色至浅黄色，有分叉且褶间有横脉，衍生；菌柄长 4.0~4.7 cm，粗 0.7~0.9 cm，浅橙黄色，表面具茸毛和纵条纹，基部具白色茸毛，中实；担孢子卵圆形或椭圆形，表面具纤维物；担子具 4 个小梗，表面近光滑。

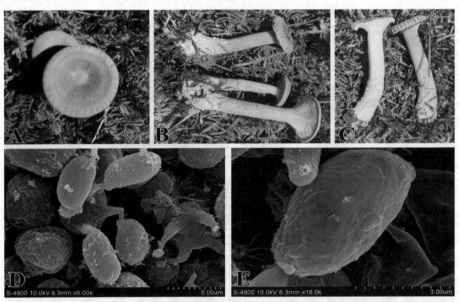

图142　A-C:子实体生境　D:担子和担孢子　E:担孢子

Fig.142　A-C:basidiocarps D:basidia and basidiospores E:basidiospores

生境：潮湿的苔藓类植物土壤。

世界分布：中国、瑞典、巴基斯坦、丹麦等。

中国分布：青海、东北地区、北京、内蒙古、山西、湖北等。

标本：青海黄南麦秀林区，35°16′51″N，101°51′33″E，海拔 3 016 m，QHU21178；青海玉树白扎林区，31°51′16″N，96°31′46″E，海拔 3 185 m，QHU22140、QHU21188。

Leucopaxillus 桩菇属

（138）*Leucopaxillus giganteus* 大白桩菇

Leucopaxillus giganteus (Sowerby.) Singer, Schweiz. Z. Pilzk. 17 14 (1939)

子实体较大型，菌盖直径 7.0~26.0 cm，扁半球形至近平展，中部下凹至漏斗状，污白色，青白色或稍带灰黄色，菌盖边缘内卷至渐炸开。菌肉白色，厚，菌褶白色至污白色，老后青褐色，延生，稠密，窄，不等长。菌柄较粗壮，长 5.0~13.0 cm，粗 2.0~5.0 cm，白色至粉褐色，光滑，肉质，基部膨大可达 6.0 cm。担孢子椭圆形，表面具凹陷，担子棒状，具 2~4 个小梗。

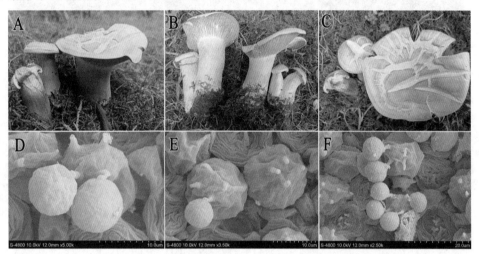

图143　A-C:担子和担孢子　D-F：子实体生境

Fig.143　A-C:basidia and basidiospores　D-F: basidiocarps

生境：潮湿的苔藓类植物周围。

世界分布：中国、美国、英国、日本等。

中国分布：河北、内蒙古、吉林、山西、青海、新疆等地区。

标本：青海果洛玛可河林区，32°39′21″ N，100°58′34″ E，海拔 3 212 m，QHU23822、QHU23630、QHU23632。

假杯伞属 *Pseudoclitocybe*

（139）*Pseudoclitocybe expallens* 条纹灰假杯伞

Pseudoclitocybe expallens (Pers.) M.M. Moser, Gams, Kl. Krypt.-Fl., Edn 3 (Stuttgart) 2b/2: 106. (1967).

= *Cantharellula expallens* (Pers.) P.D. Orton, Trans. Br. mycol. Soc. 43(2): 174. (1960).

子实体较小。菌盖直径 2.9~3.1 cm，整体漏斗形，中间凹陷，边缘稍内卷，灰褐色，表面具褐色丝状物；菌肉薄，杏色；菌褶不等大，宽 0.2~0.4 cm，色同菌盖，基部有分叉，衍生；菌柄长 3.5~5.5 cm，粗 0.5~0.9 cm，柱状，色较菌盖浅，为灰白色，基部稍膨大，具白色菌丝，中空；电镜下，担孢子幼时近球形，成熟时卵圆形，表面有小颗粒状纤维物，具明显脐突；担子具4个小梗。

图144 A-C:子实体生境 D:担孢子 E-F:担子和担孢子

Fig.144 A-C:basidiocarps D:basidiospores E-F:basidi and basidiospores

生境：潮湿的苔藓类植物土壤。

世界分布：中国、瑞典、法国、西班牙、丹麦等。

中国分布：青海、东北地区、内蒙古、西藏等。

标本：青海黄南麦秀林区，35°14′17″N，101°51′31″E，海拔3 253 m，QHU20016、QHU21180；青海果洛玛可河林区，32°39′29″N，101°00′11″E，海拔3 300 m，QHU21280。

金钱菌属 *Rhodocollybia*

（140）*Rhodocollybia maculata*

Rhodocollybia maculata (Alb. & Schwein.) Singer Schweiz. Z. Pilzk. 17: 71. (1939).

= *Collybia maculata* (Alb. & Schwein.) P. Ku mm.Führ. Pilzk. (Zerbst): 117. (1871)

子实体中等大。菌盖直径7.5 cm，伞形，不均匀杏色，表面近光滑或被短纤毛；菌肉白色，较厚；菌褶不等大，宽0.2~0.3 cm，白色至淡黄色，较紧密，弯生；菌柄长3.5 cm，粗2.3 cm，柱状，白色，表面具纵条纹，空心。

图145 A-C:子实体生境

Fig.145 A-C:basidiocarps

生境：苔藓类植物周围的土壤中。

世界分布：中国、英国、瑞典、瑞士、荷兰、丹麦、加拿大、西班牙、挪威等。

中国分布：青海、云南、四川、甘肃。

标本：青海果洛玛可河林区，32°39′11″N，101°00′43″E，海拔 3 300 m，QHU20088、QHU21185；青海黄南麦秀林区，35°14′17″N，101°51′31″E，海拔 3 253 m，QHU21190。

铦囊蘑属 *Melanoleuca*

（141）*Melanoleuca cinereifolia* 灰棕铦囊蘑

Melanoleuca cinereifolia (Bon) Bon, Docums Mycol. 9(no. 33): 71. (1978).

= *Melanoleuca cinereifolia* var. *maritima* Huijsman ex Bon, Docums Mycol. 16(no. 61): 46. (1985).

子实体大型。菌盖直径 8.8 cm，近平展，浅褐色至咖色，水浸状部分为灰褐色，近光滑，中间明显的脐突；菌肉较薄，污白色至浅灰色；菌褶不等大，宽 0.5 cm，褶面灰色，褶缘污白色，较紧密，直生；菌柄柱状，长 10.5 cm，粗 0.8 cm，色同菌盖，表面具螺旋状条纹，基部发达，被白色茸毛，实心，表皮纤维化，与柄肉有明显的界线。担孢子（7.5~10.0）μm×（3.8~25.0）μm，（7.5~10.0）μm×（3.8~25.0）μm，Q=1.9~2.5，Q_m=2.2，椭圆形，无色透明，中央具油滴，有明显的脐突，表面具疣状物；担子（25.0~31.3）μm×（6.3~8.8）μm，棒状，具 2~4 个小梗；囊状体（45.0~67.3）μm×（7.5~12.5）μm，长纺锤形，顶端尖锐；菌盖表皮菌丝宽 5.0~20.0 μm，排列较乱；菌柄表皮菌丝宽 3.8~10.0 μm，近平行排列，有内含物。

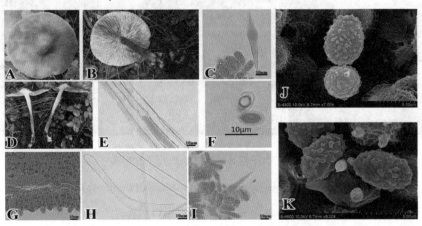

图146　A, B, D:子实体生境　C, I:囊状体　E:柄皮菌丝　F, J:担孢子

G:子实层结构　H:盖皮菌丝　K:担子和担孢子

Fig.146　A,B,D:basidiocarps　C,I:cystidia　E:stipitipellis　F,J:basidiospores　G:hymenial

H:pileipellis　K:basidia and basidiospores

生境：青杆林下苔藓类植物周围土壤中。

世界分布：中国、荷兰、英国、法国、丹麦、墨西哥、瑞典等。

中国分布：青海、云南、山西等。

标本：青海果洛玛可河林区，32°39′15″N，100°58′44″E，海拔3216 m，QHU20156、QHU21187；青海玉树白扎林区，31°51′19″N，96°31′33″E，海拔3287 m，QHU22145。

口蘑属 *Tricholoma*

（142）*Tricholoma vaccinum* 红鳞口蘑

Tricholoma vaccinum (Schaeff.) P. Kumm., Der Führer in die Pilzkunde: 133 (1871)

=*Gyrophila vaccina* (Schaeff.) Quél. Enchir. fung. (Paris): 12. (1886).

子实体中等大。菌盖直径2.6~8.5 cm，扁半球形至近平展，浅黄褐色至黄褐色，表面开裂，中间稍凹陷，被棕褐色纤毛状丛生鳞片，向边缘渐少，边缘小波纹状；菌肉薄，浅褐色；菌褶不等大，宽0.1~0.5 cm，浅黄褐色至深褐色，边缘锯齿状，弯生至稍衍生；菌柄，长5.0~8.0 cm，粗0.8~3.5 cm，柱状、纺锤状，色同菌肉，表面被条纹状鳞片，基部有白色茸毛，空心；担孢子球形至近球形，表面近光滑；担子棒状，常具4个小梗。

图147　A-C:子实体生境　D-F:担子和担孢子

Fig.147　A-C:basidiocarps　D-F:basidia and basidiospores

生境：腐朽的落叶松针和潮湿的苔藓类植物周围。

世界分布：中国、瑞典、瑞士、丹麦、加拿大、奥地利、英国、德国、芬兰等。

中国分布：青海、广西、云南、山西。

标本：青海果洛玛可河林区，32°39′16″N，101°0′35″E，海拔3 789 m，QHU20094；青海玉树白扎林区，31°51′44″N，96°31′57″E，海拔3 785 m，

QHU20327，31°51′25″N，96°31′34″E，海拔3771 m，QHU20329；青海玉树东仲林区，32°25′33″N，97°41′26″E，海拔3951 m，QHU20348。

（143）*Tricholoma aurantium*

Tricholoma aurantium (Schaeff.) Ricken, Die Blätterpilze: 332. (1914).

= *Mastoleucomyces aurantius* (Schaeff.) KuntzE, Revis. gen. pl. (Leipzig) 2: 861. (1891).

子实体中等大。菌盖直径3.5~5.0 cm，近扁半球形至近平展，黄褐色，靠近边缘为土褐色，表面密被短纤毛状丛生鳞片，呈放射状排列；菌肉较厚，白色；菌褶不等大，较紧密，杏色，边缘色深为黄褐色，腹鼓状，弯生至稍离生；菌柄长4.5~6.0 cm，粗1.2~2.1 cm，柱状，靠近菌盖1.0 cm左右为污白色，其余部分为黄褐色，靠近中上部为环带丛生状鳞片，似鱼鳞状，中空。

图148 A-C:子实体生境

Fig.148 A-C:basidiocarps

生境：潮湿的苔藓类植物周围的土壤。

世界分布：中国、瑞典、挪威、瑞士、西班牙等。

中国分布：青海、四川、东北地区等。

标本：青海果洛玛可河林区，35°19′16″N，101°56′31″E，海拔3 011 m，QHU20219；青海玉树江西林区，32°05′54″N，97°03′13″E，海拔3 350 m，QHU21189；青海玉树东仲林区，32°26′41″N，97°21′46″E，海拔3 274 m，QHU22003。

（144）*Tricholoma saponaceum* 皂味口蘑

Tricholoma saponaceum (Fr.) P. Ku mm, Führ. Pilzk. (Zerbst): 133. (1871).

= *Agaricus saponaceus* Fr, Observ. mycol. (Havniae) 2: 101. (1818).

= *Tricholoma cnista* (Fr.) Gillet, Hyménomycètes (Alençon): 121 (‹1878›). (1874).

子实体中等大。菌盖直径5.6 cm，菌盖近半球形，后期近平展，灰绿色，表面具短纤毛，边缘色浅稍内卷，浅黄色，具有鱼鳞状鳞片；菌肉污白色至白色，较厚；菌褶不等大，较稀疏，色同菌盖边缘，弯生至稍离生；菌柄长4.5~11.0 cm，粗0.6~1.2 cm，柱状，基部稍膨大，色同菌盖，表面具短纤毛和纵条纹，中下部入土1.0~4.0 cm，实心；

电镜下，担孢子椭圆形，表面近光滑或具稀疏纤维物。

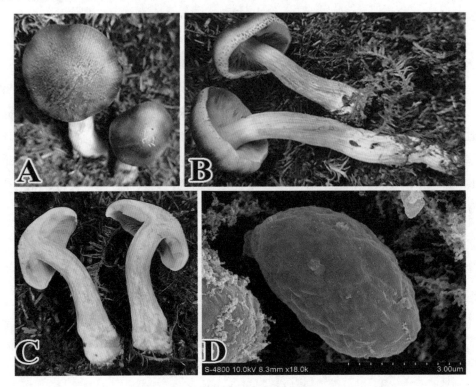

图149 A-C:子实体生境 D:担孢子

Fig.149 A-C:basidiocarps D:basidiospores

生境：潮湿的苔藓类植物周围的土壤。

世界分布：中国、瑞典、挪威、瑞士、西班牙等。

中国分布：青海、湖北、东北地区、内蒙古等。

标本：青海果洛玛可河林区，35°19′11″N，101°56′41″E，海拔2 932 m，QHU21227；青海玉树江西林区，32°05′14″N，97°03′25″E，海拔2 896 m，QHU21191；青海玉树东仲林区，32°22′36″N，97°15′29″E，海拔3 000 m，QHU22149。

讨论：经在（*Tricholoma saponaceum* (MushroomExpert.Com)）中查询，已记载种菌盖表面灰色，铜色带褐色，中间色浅，具稀疏鳞片，菌褶成熟时边缘浅黄色；本研究中该种菌盖近半球形，后期近平展，灰绿色，表面具短纤毛，边缘色浅稍内卷，为浅黄色，具有鱼鳞状鳞片。

（145）*Tricholoma sejunctum* 黄绿口蘑

Tricholoma sejunctum (Sowerby) Quél. Mém. Soc. Émul. Montbéliard, Sér. 25: 76. (1872).

子实体中等大。菌盖初期近锥形，黄绿色，后近平展，中部凸起，直径4.6~12.0cm，表面光滑，中部色深，菌盖边缘具暗绿色条纹，后期表面开裂，中间被黑点，菌肉稍厚，白色且近表皮处带黄色，菌褶白色带淡黄，弯生，密，较宽，不等长。菌柄白色带黄色，较长，圆柱形，基部稍粗，长4.5~12.0 cm，粗0.6~2.0 cm，实心至松软。担子具2~4个小梗，梗上连着孢子，孢子近球形至宽椭圆型，（6.5~7.5）μm×（3.5~4.5）μm，无色，光滑。

图150 A-C：子实体生境 D-F：担孢子和担子

Fig.150 A-C: basidiocarps D-F:basidia and basidiospores

生境：潮湿的苔藓类植物周围。

世界分布：中国、美国、加拿大、英国、西班牙、法国等国家。

中国分布：青海、西藏、甘肃等地区。

标本：青海果洛玛可河林区，32°39′21″N，100°58′34″E，海拔3 309 m，QHU23123、QHU23147、QHU23890。

（146）*Tricholoma matsutake* 松口蘑

Tricholoma matsutake (S. Ito & S. Imai) Singer, Annales Mycologici 41: 77 (1943)

子实体中等大。菌盖扁半球形，栗褐色至黄褐色，中间具块状鳞片，边缘具条纹状短纤毛，未见菌褶结构；菌柄纺锤状，粗壮，菌环生菌柄上部，丝膜状，其下具栗褐色至黄褐色纤毛状鳞片。

图151　A-B:子实体生境

Fig.151　A-B:basidiocarps

生境：潮湿的落叶松针周围。

世界分布：中国、朝鲜、加拿大等。

中国分布：中国广布。

标本：青海黄南麦秀林区，35°15′21″N，101°27′21″E，海拔 3 650 m，QHU21194、QHU22150；青海玉树江西林区，32°05′15″N，97°03′56″E，海拔3 650 m，QHU19362。

（147）*Tricholoma inocybeoides* 丝盖口蘑

Tricholoma argyraceum (Bull.) Gillet, Hyménomycètes (Alençon): 103 (‹1878›). (1874).

= *Gyrophila argyracea* (Bull.) Quél, Enchir. fung. (Paris): 13. (1886).

子实体较大。菌盖直径 4.0 cm，斗笠形至伞形，白色，中间具突起，表面具灰褐色纤毛状丛生鳞片，边缘较稀疏，开裂；菌肉白色，较薄，水浸状；菌褶不等大，白色，紧密，边缘具波浪纹，弯生至稍离生；菌柄长 6.0 cm，粗 0.8 cm，柱状，近白色，基部具白色茸毛，实心；担孢子近椭圆形，表面近光滑；担子具 4 个担子小梗。

图152 A-C:子实体生境 D:担子和担孢子

Fig.152 A-C:basidiocarps D:basidia and basidiospores

生境：潮湿的苔藓类植物周围。

世界分布：中国、丹麦、挪威、英国、瑞士、德国、法国等。

中国分布：青海、陕西、东北地区、甘肃等。

标本：青海黄南麦秀林区，35°15′21″N，101°27′21″E，海拔3 650 m，QHU21059，35°15′45″N，101°27′36″E，海拔3 600 m，QHU21192、QHU22151。

（148）*Tricholoma mongolicum* 蒙古口蘑

Tricholoma mongolicum S. Imai, Proc. Imp. Acad. Tokyo: 282 (1938)

子实体中等至较大，菌盖直径3.0~5.0 cm，前期半球形或钟形，后期稍平展，白色菌盖中央较厚，边缘较薄，表面粗糙具鳞片状凸起；菌柄长且粗壮，长约5.0~7.0 cm，直径4.0~5.0 cm，膨大实心白色，含水量大，表面不光滑，有鳞片状剥落；菌褶小且密集，弯生，不等长。

图153 A-C:子实体生境

Fig.153 A-C:basidiocarps

生境：湿润苔藓。

世界分布：中国、蒙古、印度、哈萨克斯坦、俄罗斯、加拿大。

中国分布：青海、内蒙古、黑龙江。

标本：青海黄南麦秀林区，35°14′47″N，101°52′31″E，海拔 3002 m，QHU21195，35°16′21″N，101°52′45″E，海拔 3102 m，QHU22153。

（149）*Tricholoma bakamatsutake* 假松口蘑

Tricholoma bakamatsutake Hongo, Journal of Japanese Botany 49 (10): 294 (1974)

子实体较小，半球形菌盖，中央稍凸起，直径 2.0~3.0 cm，褐色菌盖边缘内卷生有小细毛，表面粗糙有鳞片状花纹，还附着有细小致密的茸毛；菌肉乳白色；菌柄圆柱状，乳白色实心，基部稍膨大，长约 2.0~4.0 cm，直径 1.0~1.5 cm；菌褶小密集。

图154 A-C:子实体生境

Fig.154 A-C:basidiocarps

生境：腐朽的松针落叶中。

世界分布：中国、日本、西班牙、墨西哥。

中国分布：青海、吉林、河南、四川。

标本：青海黄南麦秀林区，35°47′11″N，101°34′02″E，海拔3002 m，QHU20222、QHU22156，35°47′36″N，101°34′47″E，海拔3000 m，QHU21197。

木耳目 Auriculariales

木耳科 Auriculariaceae

木耳属 *Auricularia*

（150）*Auricularia auricula* 黑木耳

Auricularia auricula-judae (Bull.) Quél. 207. 1886

子实体中等大小，呈叶状或近林状，边缘波状，薄，宽2.0~6.0 cm，厚2.0 mm左右，以侧生的短柄或狭细的基部固着于基质上。初期为柔软的胶质，黏而富弹性，以后稍带软骨质，干后强烈收缩，变为黑色硬而脆的角质至近革质。背面外沿呈弧形，紫褐色至暗青灰色，疏生短茸毛。

图155　A–C：子实体生境

Fig.155　A–C: basidiocarps

生境：腐木

世界分布：中国、美国、加拿大、巴西、日本等欧洲国家。

中国分布：青海、黑龙江、吉林、湖北、云南、四川、贵州、湖南、广西等地区。

标本：青海果洛玛可河林区，32°39′21″N，100°58′34″E，海拔3205 m，QHU23258、QHU23369、QHU23119。

（151）*Auricularia tibetica* 西藏木耳

Auricularia tibetica Y.C. Dai & F. Wu, Mycological Progress 14 (10/95): 10 (2015)

子实体小至中等大。菌盖直径1.4~5.0 cm，褐色，盘状或圆形，胶质，子实层光滑，中间稍皱缩，非子实层被有白色短茸毛，有不明显的褶皱，干后近黑褐色至黑色。

非子实层短茸毛5.0~6.3 μm，单生或丛生，在KOH中为浅黄色，厚壁；担子（50.0~75.0）μm×（3.8~5.0）μm，棒状，细长，无色透明，未见明显的担孢子。

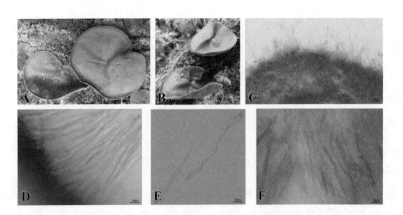

图156　A-B:子实体生境　C:非子实层　D-E:柔毛　F:子实层

Fig.156　A-B:basidiocarps C:non-hymenial D-E:cilia F:hymenial

生境：腐朽的树桩。

世界分布：中国、哥伦比亚。

中国分布：青海、西藏。

标本：青海果洛玛可河林区，32°39′01″N，100°58′56″E，海拔3 331 m，QHU20205，32°39′14″N，100°58′39″E，海拔3 326 m，QHU21199、QHU22157。

焰耳属 *Guepinia*

（152）*Guepinia helvelloides* 焰耳

Guepinia helvelloides (DC.) Fr, Elench. fung. (Greifswald) 2: 30. (1828).

= *Tremella helvelloides* DC, in Lamarck & de CandollE, Fl. franç., Edn 3 (Paris) 2: 93. (1805).

= *Gyrocephalus helvelloides* (DC.) Keissl, Beih. bot. Zbl., Abt. 2 31: 461. (1914).

= *Phlogiotis helvelloides* (DC.) G.W. Martin, Am. J. Bot. 23: 628. (1936).

子实体小至中等大。整株呈漏斗状或喇叭状，边缘波浪状，浅橙黄色，胶质；菌柄基部呈空管状，白色至浅黄色，内侧表面近光滑，外表面粉红色，近光滑。

图157　A-C:子实体生境

Fig.157　A-C:basidiocarps

生境：潮湿的落叶松针植物周围。

世界分布：中国、法国、瑞典、挪威等。

中国分布：青海、东北地区、湖北、西藏、陕西等。

标本：青海果洛玛可河林区，32°39′44″N，100°57′11″E，海拔 3 280 m，QHU19169，32°39′52″N，100°57′08″E，海拔 3 219 m，QHU21200、QHU22158。

明目耳科 Hyaloriaceae

刺银耳属 *Pseudohydnum*

（153）*Pseudohydnum gelatinosum* 虎掌刺银耳

Pseudohydnum gelatinosum (Scop.) P. Karst, Not. Sällsk. Fauna et Fl. Fenn. Förh. 9: 374. (1868).

= *Tremellodon gelatinosus* (Scop.) Fr. Hymenomyc. eur. (Upsaliae): 618. (1874).

子实体中等大。高 5.5 cm，半透明似胶质，较软，菌盖污白色至黄褐色，扇形或匙形，潮湿处呈污白色、乳白色，见光部分灰色，表面被短纤毛，菌盖下密生 0.2~0.4 cm 的小肉刺。担孢子（5.0~7.5）μm×（5.0~6.3）μm，Q=1.0~1.3，Q_m=1.1，球形至近球形，无色至浅黄色，具内含物；担子（10.0~15.0）μm×（7.5~12.5）μm，纵隔担子，孢子萌发时产生萌发管。

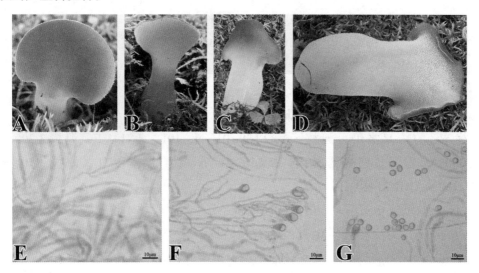

图158　A-D:子实体生境　E:盖皮菌丝　F:担子　G:担孢子

Fig.158　A-D:basidiocarps E:pileipellis F:basidia G:basidiospores

生境：潮湿的苔藓类植物周围土壤中。

世界分布：中国、澳大利亚、瑞典、瑞士、荷兰、丹麦、加拿大、挪威、英国等。

中国分布：青海、东北地区、湖北、西藏、安徽、贵州、广西等。

标本：青海果洛玛可河林区，32°04′52″N，100°25′15″E，海拔 3 501 m，

QHU20465、QHU21201，32°04′25″N，100°25′11″E，海拔 3 419 m，QHU22160。

牛肝菌目 Boletales

牛肝菌科 Boletaceae

红牛肝菌属 *Porphyrellus*

（154）*Hemileccinum impolitum* 黄褐牛肝菌

Hemileccinum impolitum (Fr.) Šutara. Czech Mycol. 60(1): 55. (2008).

= *Tubiporus impolitus* (Fr.) P. Karst. Bidr. Känn. Finl. Nat. Folk 37: 6. (1882).

子实体中等大。菌盖直径 2.2 cm，近半圆形，浅黄褐色至紫褐色；菌肉浅黄褐色；菌管长 0.6 cm，浅黄褐色，直生；菌柄长 3.7 cm，粗 1.1 cm，柱状，基部稍膨大，与菌盖同色，整个子实体表面布满白色菌丝。

图159　A-C:子实体生境

Fig.159　A-C:basidiocarps

生境：潮湿的苔藓类植物周围。

世界分布：世界广布。

中国分布：青海、湖北、东北地区等。

标本：青海果洛玛可河林区，32°39′01″N，101°01′12″E，海拔 3 300 m，QHU20084；青海黄南麦秀林区，35°16′41″N，101°54′43″E，海拔 3 102 m，QHU21202、QHU21410。

讨论：本研究中该种表面的白色菌丝体经分子生物学技术将其鉴定为 *Hypomyces chrysospermus*，为牛肝菌寄生真菌的有性时期，较少见；无性时期为黄麻球孢霉 *Sepedonium chrysospermum*，又称黄瘤孢菌，属半知菌门 Fungi imperfecti、链孢霉目 Monilialcs、链孢霉科 Moniliaccac、麻球孢霉属 *Sepedonium*，是一类非专性寄生菌，多覆盖在整个牛肝菌子实体上，初期菌丝体白色，后变为黄色，最后变为红棕色或铁锈色使子实体腐烂。

（155）*Porphyrellus porphyrosporus*（岩）红孢牛肝菌

Porphyrellus porphyrosporus (Fr. & Hök) E.-J. Gilbert, Les Livres du Mycologue Tome I-IV, Tom. III: Les Bolets: 99 (1931).

=*Phaeoporus porphyrosporus* (Fr. & Hök) Bataille. Bull. Soc. Hist. nat. Doubs 15: 31. (1908).

= *Tylopilus porphyrosporus* (Fr. & Hök) A.H. Sm. & Thiers. Boletes of Michigan (Ann Arbor): 98. (1971).

子实体中等大。菌盖直径 6.1 cm，扁半球形，较肥厚，表面干，被细茸毛，浅烟色至浅烟灰色，稍带茶褐色，伤处颜色变暗，绒质；菌肉污白色至杏色；菌管长 0.6 cm，浅茶褐色，紧密，近离生；菌柄长 9.4 cm，粗 1.6 cm，柱状，向基部渐膨大，不均匀茶褐色，表面被深色粉状颗粒，基部颜色呈污白色，实心，纤维质；电镜下，担孢子长梭形，表面具细小颗粒状和网状纤维物；担子具 4 个小梗。

图160　A-D:子实体生境　E-G:担孢子

Fig.160　A-D:basidiocarps　E-G:basidiospores

生境：潮湿的苔藓类植物周围。

世界分布：中国、德国、加拿大、比利时、瑞士、意大利、奥地利、捷克、法国等。

中国分布：青海、云南、贵州、江西。

标本：青海果洛玛可河林区，32°21′15″N，101°01′31″E，海拔 3 206 m，QHU20119、QHU21203，32°21′56″N，101°01′17″E，海拔 3 200 m，QHU22162。

绒盖牛肝菌属 *Xerocomus*

（156）*Xerocomus magniporus* 巨绒盖牛肝菌

Xerocomus magniporus M. Zang & R.H. Petersen, Acta Botanica Yunnanica 26 (6): 626(2004).

子实体中等大。菌盖直径 5.5 cm，扁半球形，褐色，边缘色浅，表面干，被有一层颗粒状物；菌肉白色，较厚，伤后不变色；菌管黄色，长 1.5 cm，不规则形状，边缘较小；菌柄长 7.5 cm，粗 0.7 cm，柱状，纤维质，色较菌盖浅，被小鳞片，基部白色茸毛，实心；电镜下，担孢子长梭形，表面具细小颗粒状纤维物；担子具 4 个小梗；小梗细长。

图161　A-D:子实体生境　E:担孢子　F-G:担子和担孢子

Fig.161　A-D:basidiocarps　E:basidiospores　F-G:basidia and basidiospores

生境：潮湿的青杆林下土壤中。

世界分布：中国、美国、澳大利亚等。

中国分布：青海、云南、安徽、贵州。

标本：青海果洛玛可河林区，32°39′11″N，100°58′47″E，海拔 3 275 m，QHU20191；青海玉树江西林区，32°01′31″N，97°03′31″E，海拔 3 102 m，QHU21204；青海玉树东仲林区，32°26′56″N，97°05′36″E，QHU21246。

兰茂牛肝菌属 *Leccinum*

（157）*Leccinum scabrum* 褐疣柄牛肝菌

Leccinum scabrum (Bull.) Gray, Nat. Arr. Brit. Pl. (London) 1: 647. (1821).

= *Boletus scaber* Bull. Herb. Fr. (Paris) 3: tab. 132 ('1782-83'). (1783).

子实体中等大。菌盖直径5.6 cm，扁半球形，不均匀浅黄褐色，被短茸毛；菌肉较厚，奶白色；菌管面乳白色，部分虫食呈黄褐色，长 1.2 cm，较细小，弯生；菌柄柱状，长 10.0 cm，粗 1.8 cm，色同菌肉，表面被黑色纤毛状鳞片，向基部渐粗，基部较发达，被白色茸毛；担孢子长纺锤形，表面近光滑。

图162　A-C:子实体生境　D:担孢子

Fig.162　A-C:basidiocarps D:basidiospores

生境：落叶松针土壤周围。

世界分布：中国、瑞典、英国、挪威、丹麦、奥地利、荷兰等。

中国分布：青海、云南、内蒙古、贵州、东北地区等。

标本：青海玉树江西林区，32°02′51″N，97°03′21″E，海拔3 513 m，QHU19360；青海玉树东仲林区，32°01′26″N，97°25′36″E，海拔3 545 m，QHU20456、QHU21247。

鸡油菌目 Cantharellales

锁瑚菌科 Clavulinaceae

锁瑚菌属 *Clavulina*

（158）*Clavulina reae* 雷氏锁瑚菌

Clavulina reae Olariaga, Mycotaxon 121: 38 (2012)

= *Clavulina cinerea* var. Gracilis (Rea) Corner, Annals of Botany Memoirs 1: 309(1950)

子实体较小。担子果高7.5 cm，宽4.5 cm，具二叉状或多次叉状分支，多次分支，顶端稍膨大钝圆呈米白色，基部呈浅黄色，表面光滑，顶部分支较基部分支较粗，次级分支比初级分支细；整个子实体具白色霜状物，且子实层几乎分布在每个部位；菌柄近圆柱形至稍扁平，黄白色至浅杏色；气味和味道不明显。

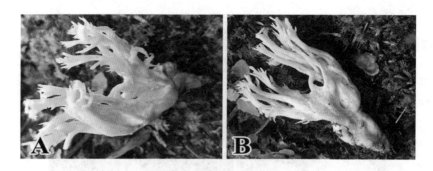

图163　A-B:子实体生境

Fug 163　A-B:basidiocarps

生境：潮湿的苔藓类植物周围。

世界分布：中国、英国、意大利、墨西哥、西班牙、印度等。

中国分布：青海、云南、江西、甘肃、山西、贵州等。

标本：青海果洛玛可河林区，32°39′01″N，101°01′23″E，海拔 3 300 m，QHU20179、QHU21205。

（159）*Clavulina rugosa* 皱锁瑚菌

Clavulina rugosa (Bull.) J. Schröt.in Cohn, Krypt.-Fl. Schlesien (Breslau) 3.1(25–32): 442（'1889'）. (1888).

= *Clavicorona rugosa* (Bull.) Corner. Beih. Nova Hedwigia 33: 168. (1970).

子实体中等大，株高 7.0 cm，分支较少或不分支，表面平滑或稍皱缩，白色，干后带黄色；菌肉白色，实心。

担孢子较小，椭圆形至宽椭圆形；担子棍棒状至圆柱状，大多具两个担子小梗，角状或二叉状，无囊状体。

图164　A-C:子实体生境　D:担孢子　E-F:担子和担孢子

Fig.164　A-C:basidiocarps D:basidiospores E-F:basidia and basidiospores

生境：潮湿的落叶松针土壤周围。

世界分布：中国、丹麦、瑞典、瑞士、澳大利亚、挪威等。

中国分布：青海、甘肃、湖北、东北地区、山东、湖北、陕西、云南、西藏等。

标本：青海果洛玛可河林区，32°39′11″N，100°28′48″E，海拔 3 754 m，QHU19182；青海黄南麦秀林区，35°16′45″N，101°56′01″E，海拔 3 821 m，QHU20268、QHU21207；青海玉树白扎林区，31°50′49″N，96°32′12″E，海拔 3 760 m，QHU20421。

（160）*Clavulina iris var. iris*

Clavulina iris var. iris (2019)

子实体较小，基部向上 2~3 次分叉，分支有皱缩，顶部色较深，浅黄褐色，其余部分杏色至浅黄褐色，表面被灰白色物质。

图165　A-B:子实体生境

Fig.165　A-B:basidiocarps

生境：潮湿的苔藓类植物周围。

世界分布：中国、美国、英国、日本等。

中国分布：青海、内蒙古、东北地区等。

标本：青海玉树江西林区，31°51′15″N，96°31′59″E，海拔 3 784 m，QHU20388、QHU20208；青海玉树东仲林区，32°31′26″N，97°29′32″E，海拔 3 725 m，QHU21211。

齿菌科 Hydnaceae

齿菌属 *Hydnum*

（161）*Hydnum rufescens* 变红齿菌

Hydnum rufescens Pers. Observ. mycol. (Lipsiae) 2: 95（'1799'）. (1800).

= *Tyrodon rufescens* (Pers.) P. Karst. Bidr. Känn. Finl. Nat. Folk 48: 349. (1889).

= *Hydnum repandum f. rufescens* (Pers.) Nikol. Fl. pl. crypt. URSS 6(Fungi (2)): 305.

(1961).

子实体中等大。菌盖直径 4.2 cm，近钟形至半球形，中间有一孔状凹陷，中间有稍翘起的鳞片，水浸状；菌肉较厚，浅；齿长 0.5 cm，呈长锥状，顶部较钝，色同菌肉；菌柄长 6.0 cm，粗 0.8 cm，柱状，色同菌盖，表面被白色细茸毛，靠近顶部明显，基部白色，实心。担孢子（7.5~10.0）μm ×（7.5~10.0）μm，Q=1.0~1.2，Q_m=1.1，近球形，无色透明，光滑，部分具油滴；担子（37.5~52.5）μm ×（8.8~11.3）μm，棒状，无色透明，具 1~4 个小梗；菌盖表皮菌丝宽 7.5~12.5 μm，排列较乱，具锁状联合；菌柄表皮菌丝宽 3.8~5.0 μm，近平行排列。

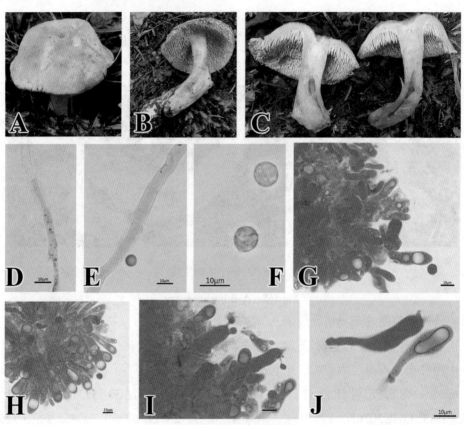

图166　A-C:子实体生境　D:柄皮菌丝　E:盖皮菌丝　F:担孢子

G-I:担子和担孢子　J:担子

Fig.166　A-C:basidiocarps　D:stipitipellis　E:pileipellis　F:basidiospores

G-I:basidia and basidiospores　J:basidia

生境：潮湿的落叶松针和苔藓类植物周围。

世界分布：世界广布。

中国分布：青海、云南、四川、西藏。

标本：青海果洛玛可河林区，32°39′02″N，100°58′21″E，海拔 3243 m，QHU20172，32°39′48″N，100°58′35″E，海拔 3215 m，QHU21212、QHU22164。

（162）*Hydnellum suaveolens* 蓝柄亚齿菌

Hydnellum suaveolens (Scop.) P. Karst. (1879)

子实体中等大小，菌盖近扇形，白色至淡黄色，宽 5.0~10.0 cm，中央凹陷，为暗灰色，有凹痕，革质化，表面被短茸毛，菌盖背面密布毛刺，起初为白色，后随孢子成熟变为蓝紫色，菌柄长 2.0~4.0 cm，蓝紫色，实心，菌肉紧实，白色至蓝紫色相间分布。盖皮菌丝分布杂乱，排列不整齐。

图167　A-E：子实体生境 F-G:盖皮菌丝

Fig.167 A-E: basidiocarps F-G:pileipellis

生境：潮湿的苔藓类植物周围。

世界分布：中国、美国、印度等。

中国分布：青海、吉林地区等。

标本：青海果洛玛可河林区，32°39′11″N，100°28′48″E，海拔 3 243 m，QHU23250；青海黄南麦秀林区，35°22′45″N，101°45′01″E，海拔 3 034 m，QHU23456、QHU23765。

鸡油菌科 Cantharellus

喇叭菌属 *Cantharellus*

（163）*Cantharellus* sp.-1

子实体小，菌盖直径 4.0 cm，近平展呈喇叭状，灰黑色，中间稍凹陷，边缘波浪状，灰色；子实层浅紫灰色，光滑或稍有褶皱，衍生至菌柄，被有灰白色粉层；菌柄长 5.0 cm，粗 0.3 cm，柱状，灰褐色，基部菌根较发达。担孢子（7.5~10.0）μm×（3.8~6.3）μm，Q=1.4~2.0，Q_m=1.7，椭圆形、肾形至长椭圆形，壁薄，近光滑，无色，部分中央具油滴，表面具纤维物；担子（42.5~67.5）μm×（6.3~7.5）μm，棒状，细长，光滑，具4~6 个担子小梗，小梗较长，横隔担子；无囊状体；菌柄表皮菌丝宽 3.8~6.3 μm，浅黄褐色，近平行排列，具锁状联合但不明显。

图168　A-C:子实体生境　D:柄皮菌丝　E,H-I:担子和担孢子　F-G:担子

Fig.168　A-C:asidiocarps D:stipitipellis E,H-I:basidia and basidiospores F-G:basidiospores

生境：青杆林下潮湿的苔藓类植物周围土壤中。

世界分布：中国、美国、比利时、澳大利亚。

中国分布：青海、东北地区等。

标本：青海果洛玛可河林区，32°39′58″ N，100°58′47″ E，海拔 3 243 m，QHU20178、QHU21214，32°39′17″ N，100°58′09″ E，海拔 3 226 m，QHU22170。

陀螺菌目 Gomphales

棒瑚菌科 Clavariadelphaceae

棒瑚菌属 *Clavariadelphus*

（164）*Clavariadelphus khinganensis* 兴安棒瑚菌

Clavariadelphus khinganensis J. Zhao, L.P. Tang & P. Zhang, MycoKeys 70: 108 (2020).

子实体中等大。高 8.0~11.0 cm，浅橙黄色至浅土褐色，顶部椭圆形，向基部渐细且色较浅，深入地下 4.0~5.0 cm，表面近光滑。

图169　A-C:子实体生境

Fig.169　A-C:basidiospores

生境：潮湿的苔藓类植物周围。

世界分布：中国、英国、印度。

中国分布：青海、东北地区等。

标本：青海果洛玛可河林区，32°39′12″N，100°57′47″E，海拔 3214 m，QHU20129；32°39′14″N，100°57′42″E，海拔 3018 m，QHU21216、QHU21481。

（165）*Clavariadelphus aurantiacus* 金黄棒瑚菌

Clavariadelphus aurantiacus P. Zhang, Mycosystema 39 (9): 1687 (2020).

子实体小型。高 3.5~4.5 cm，顶部直径 0.5~1.7 cm，幼时橙黄色，稍成熟时浅橙色，向基部渐细，呈白色至污白色，表面具褶皱。担孢子（8.8~12.5）μm×（5.0~7.5）μm，Q=1.3~2.0,Q_m=1.7,卵圆形至长椭圆形,无色透明,具脐突,中央具油滴; 担子（45.0~60.0）μm×（7.5~10.0）μm，长棒状，具 2~4 小梗，小梗较长，基部粗，中间有缢缩，基部细。

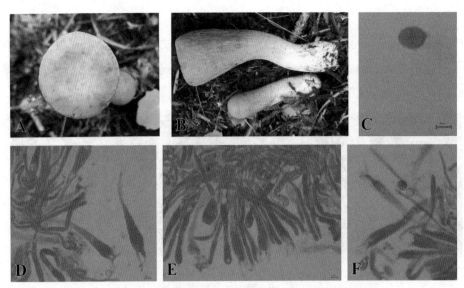

图170　A-B:子实体生境　C:担孢子　D-F:担子和担孢子

Fig.170　A-B:basidiocarps　C:basidiospores　D-F:basidia and basidiospores

生境：潮湿的落叶松针土壤周围。

世界分布：中国、美国、爱沙尼亚。

中国分布：青海、西南地区。

标本：青海果洛玛可河林区，32°39′11″N，101°01′42″E，海拔3 241 m，QHU19128、QHU21220。

（166）*Clavariadelphus truncatus*

Clavariadelphus truncatus Donk, Meded. Bot. Mus. Herb. Rijks Univ. Utrecht 9: 73. (1933).

= *Clavariadelphus lovejoyae* V.L. Wells & Kempton, Michigan Bot. 7: 48. (1968).

= *Clavariadelphus truncatus* var. lovejoyae (V.L. Wells & Kempton) Corner, Beih. Nova Hedwigia 33: 105. (1970).

子实体较小。高6.0 cm，粗0.6 cm；菌盖直径1.3 cm，平截，皱缩，橙色至橙红色，基部为橙色至浅黄色，颜色呈纤维状分布，中上部表面皱缩且被白色物质。

图171　A-C:子实体生境

Fig.171　A-C:basidiocarps

生境：潮湿的落叶松针土壤周围。

世界分布：中国、瑞典、挪威、瑞士、西班牙、加拿大、墨西哥等。

中国分布：青海、西藏、四川、甘肃、东北地区、陕西等。

标本：青海玉树白扎林区，31°50′47″N，96°32′59″E，海拔 3 795 m，QHU20413；青海玉树东仲林区，32°01′58″N，97°09′39″E，海拔 3 754 m，QHU22173。

陀螺菌科 Gomphaceae

暗锁瑚菌属 *Phaeoclavulina*

（167）*Phaeoclavulina subdecurrens*

Phaeoclavulina subdecurrens (Coker) Franchi & M. Marchetti. Index Fungorum 373: 1. (2018).

= *Ramaria subdecurrens* (Coker) Corner. Monograph of Clavaria and allied Genera, (Annals of Botany Memoirs No. 1): 626. (1950).

= *Ramaria subdecurrens* var. burnhamii R.H. Petersen. Biblthca Mycol. 79: 171. (1981).

子实体中等大。高 2.1~4.2 cm，丛生，菌柄较短，白色，其顶部向上呈 2~3 次二叉状分支，橙黄色，最后一次分支顶部较短，约 0.3~0.4 cm，白色。

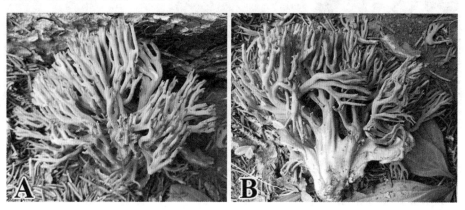

图172　A-B:子实体生境

Fig.172　A-B:basidiocarps

生境：青杆林下的落叶松针周围。

世界分布：中国、美国、加拿大、法国、德国、挪威、俄罗斯、瑞典、西班牙、意大利。

中国分布：青海、云南、西藏。

标本：青海果洛玛可河林区，32°39′14″N，100°58′02″E，海拔 3 412 m，QHU20063；青海玉树白扎林区，31°51′54″N，96°31′48″E，海拔 3 500 m，QHU20396、QHU20397。

枝瑚菌属 *Ramaria*

（168）*Ramaria barenthalensis*

Ramaria barenthalensis Franchi & M. Marchetti, Franchi & M. Marchetti. In: Riv. Micol. 61: 199. (2019).

子实体大型。高 9.0~17.0 cm，宽 6.5 cm，子实体分支呈浅橙黄色，具 2~4 次锐角二叉状分支，表面具褶皱，顶端呈红褐色，最后一次分叉较短，约为 0.3~0.4 cm，顶端黄褐色至褐色；菌柄明显，柱状，白色；菌肉白色，易碎。担孢子（11.3~15.0）μm×（3.8~5.0）μm，Q=3.5~3.7，Q_m=2.9，长椭圆形，有明显的脐突，浅黄色，具内含物，表面近光滑；菌髓菌丝宽 5.0~10.0 μm，无色，具内含物和锁状联合。

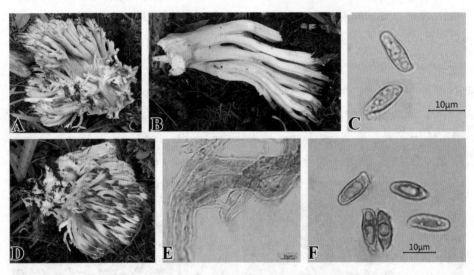

图173　A,B,D:子实体生境　C,F:担孢子　E:菌髓菌丝

Fig.173　A,B,D:basidiocarps C,F:basidiospores E:trama

生境：潮湿的苔藓类植物周围。

世界分布：中国、意大利。

中国分布：青海。

标本：青海玉树白扎林区，31°51′48″N，96°31′57″E，海拔 3785 m，QHU20353；青海玉树东仲林区，32°26′46″N，97°31′16″E，海拔 3747 m，QHU21223、QHU22172。

（169）*Ramaria flavicingula* 黄环枝瑚菌

Ramaria flavicingula R. H. Petersen, Persoonia 14(1): 28. (1989).

子实体中等大。柠檬黄至黄色，表面被白色物质，高 11.0 cm，菌柄较短，基部白色，向顶部呈多次叉状分支，最后一次分支呈 1~4 个齿，近掌状，较细长，末端钝。

图174　A-C:子实体生境

Fig.174　A-C:basidiocarps

生境：潮湿的苔藓类植物周围。

世界分布：中国。

中国分布：青海、东北地区等。

标本：青海玉树白扎林区，31°47′57″N，96°34′49″E，海拔3 616 m，QHU20262；青海玉树东仲林区，32°23′46″N，97°15′36″E，海拔3 500 m，QHU20419、QHU21132。

（170）*Ramaria gracilis* 红细枝瑚菌

Ramaria gracilis (Pers.) Quél. Fl. mycol. France (Paris): 463. (1888).= Clavaria gracilis Pers. Co mm. fung. clav. (Lipsiae): 50. (1797).

子实体中等大。整株浅黄褐色浅赭黄色，表面被白色物质；菌柄较短，向顶端呈多次分叉，细长，最后一次分叉多呈2齿，较细；担孢子长椭圆形，表面具不规则疣状突起；担子棒状，具4个担子小梗。

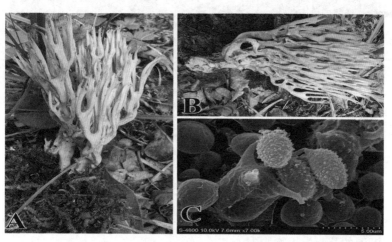

图175　A-B:子实体生境　C:担孢子

Fig.175　A-B:basidiocarps C:basidiospores

生境：潮湿的苔藓类植物周围。

世界分布：中国、挪威、瑞士、西班牙、澳大利亚、丹麦、荷兰等。

中国分布：青海、贵州、云南、东北地区、内蒙古、甘肃等。

标本：青海玉树白扎林区，31°55′46″N，96°31′12″E，海拔3751 m，QHU20410、QHU21145；青海玉树东仲林区，32°16′36″N，97°42′16″E，海拔3720 m，QHU22147。

（171）*Ramaria formosa* 粉红枝瑚菌美丽枝瑚菌

Ramaria formosa (Pers.) Quél. Fl. mycol. France (Paris): 466. (1888).

= *Clavaria formosa* Pers. Comm. fung. clav. (Lipsiae): 41. (1797).

= *Corallium formosum* (Pers.) G. Hahn. Pilzsammler: 72. (1883).

子实体中等大。菌柄白色，较短，由基部向上多次二叉状分支，细而密，最顶端有1~3齿，掌状，浅橙色至肉粉色。担孢子（13.8~17.5）μm×（3.8~6.3）μm，Q=2.5~3.5，Q_m=3.0，长柱状，浅油黄色，脐突较明显，中央具油滴，表面粗糙；担子（42.5~57.5）μm×（6.3~10.0）μm，棒状，具1~4小梗，较长；菌柄菌丝宽2.5~3.8 μm，排列较乱。

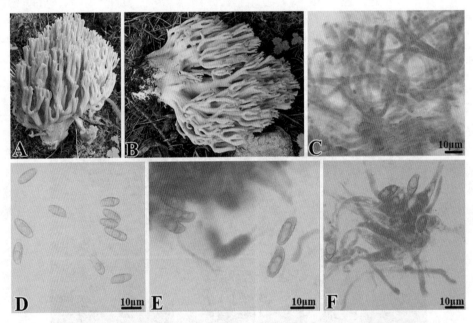

图176　A-B:子实体生境　C:柄皮菌丝　D:担孢子　E-F:担子和担孢子

Fig.176　A-B:basidiocarps C:stipitipellis D:basidiospores E-F:basidia and basidiospores

生境：潮湿的苔藓类植物周围。

世界分布：中国、西班牙、瑞士、瑞典、加拿大、挪威、奥地利。

中国分布：青海、东北地区、贵州、陕西、云南、内蒙古、四川等。

标本：青海玉树白扎林区，31°54′44″N，96°36′58″E，海拔3 623 m，

QHU20314；青海玉树白扎林区，31°54′48″N，96°36′21″E，海拔3 630 m，QHU21161、QHU22161。

（172）*Ramaria* sp.-1

子实体中等大。菌柄白色，基部有白色菌丝团或根状菌索，其顶部向上多次二叉状分支，呈直立，细而密的小枝，最顶端有2-4齿，掌状，橙黄色。

图177　A-B:子实体生境

Fig.177　A-B:basidiocarps

生境：潮湿的苔藓类植物周围。

世界分布：中国。

中国分布：青海、东北地区等。

标本：青海玉树白扎林区，31°51′57″N，96°31′42″E，海拔3 765 m，QHU20310、QHU21215；青海玉树东仲林区，32°15′26″N，97°31′36″E，海拔3 765 m，QHU22179。

陀螺菌属 *Gomphus*

（173）*Gomphus clavatus* 陀螺菌

Gomphus clavatus (Pers.) Gray, A natural arrangement of British plants 1: 638 (1821).

= *Thelephora clavata* (Pers.) P. Kumm. Führ. Pilzk. (Zerbst): 46. (1871).

子实体中等大至较大。菌盖中部下凹呈漏斗形或喇叭状，紫色至紫褐色，干，具小鳞片，边缘薄呈波纹状或花瓣状，稍内卷，薄而较锐利；菌肉白色，厚；褶棱粉灰色至紫褐色，较厚，有皱褶，衍生；菌柄较短，基部有白色茸毛。

担孢子长椭圆形，无色透明，具脐突，中央具油滴，表面粗糙；担子棒状，无色透明，具2~4个小梗，细长；菌髓菌丝具锁状联合。

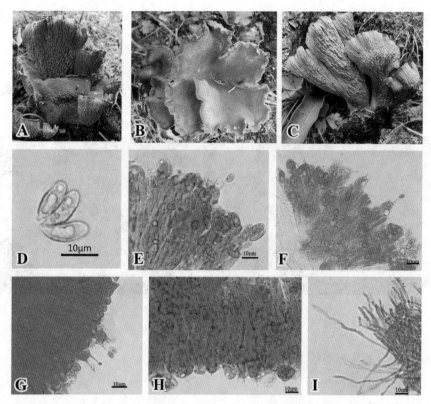

图178 A-C:子实体生境 D:担孢子 E-H:担子和担孢子 I:菌髓菌丝

Fig.178 A-C:basidiocarps D:basidiospores E-H:basidia and basidiospores I:trama

生境：潮湿的苔藓类植物周围。

世界分布：中国、加拿大、德国、法国等。

中国分布：青海、湖北、东北地区、内蒙古、浙江、北京、贵州、云南、西藏、广西、江西、江苏等。

标本：青海果洛玛可河林区，32°05′41″N，100°29′37″E，海拔3 713 m，QHU20162；青海玉树白扎林区，31°51′01′N，96°31′14″E，海拔3 784 m，QHU20380；青海玉树江西林区，32°02′49″N，97°01′15″E，海拔3 815 m，QHU20449。

多孔菌目 Polyporales

平革菌科 Phanerochaetaceae

棉絮干朽菌属 *Byssomerulius*

（174）*Byssomerulius corium* 革棉絮干朽菌

Byssomerulius corium (Pers.) Parmasto, Eesti NSV Teaduste Akadeemia Toimetised 16: 383 (1967).

= *Meruliopsis corium* (Pers.) Ginns. Can. J. Bot. 54(1-2): 126. (1976).

子实体小，平伏，椭圆形或不规则形状，有时连接成片状，子实层面褶皱，中间浅杏色，向边缘为白色，最外缘无褶皱，茸毛状，菌盖浅黄色，边缘白色，光滑，革质。

图179　A-B:子实体生境

Fig.179　A-B:basidiocarps

生境：腐朽的桦树枝条。

世界分布：中国、英国、瑞典、丹麦、挪威、澳大利亚、德国、瑞士等。

中国分布：青海、东北地区、湖北、广西、福建、海南、江苏。

标本：青海果洛玛可河林区，32°05′16″N，100°58′01″E，海拔 3 195 m，QHU20158、QHU20105。

皱孔菌科 Meruliaceae

韧革菌属 *Stereopsis*

（175）*Stereopsis humphreyi* 匙状拟韧革菌

Stereopsis humphreyi (Burt) Redhead & D.A. Reid, Canadian Journal of Botany 61 (12): 3088 (1984).

= *Craterellus humphreyi* Burt. Ann. Mo. bot. Gdn 1: 344. (1914).

子实体较小。菌盖直径 1.5 cm，贝壳至扇形，奶油白，中间稍浅黄，表面光滑；菌肉极薄，白色；菌褶皱褶状，不明显，边缘几乎没有；菌柄长 3.2 cm，粗 0.2 cm，棒状，杏色，表面具白色短纤毛，实心，韧质。担孢子（5.0~7.5）μm×（3.8~6.3）μm，Q=1.0~2.0，Q_m=1.4，卵圆形至椭圆形，两端尖细，无色透明，光滑，具油滴；担子棒状，无色透明，具 2~4 个小梗；菌髓菌丝宽 2.5~3.8 μm，近平行排列，具锁状联合。

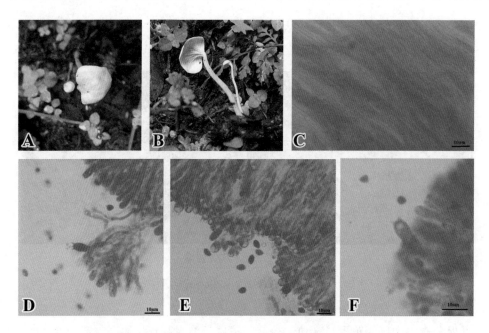

图180　A-B:子实体生境　C:菌髓菌丝　D-F:担子和担孢子

Fig.180　A-B:basidiocarps C:trama D-F:basidia and basidiospores

生境：潮湿的落叶松针和苔藓类植物周围。

世界分布：中国、加拿大等。

中国分布：青海、云南、四川、西藏。

标本：青海果洛玛可河林区，32° 09′ 12″ N，100° 58′ 16″ E，海拔 3 220 m，QHU19165，32° 10′ 22″ N，100° 56′ 18″ E，海拔 3 210 m，QHU20035。

多孔菌科 Polyporaceae

附毛菌属 *Trichaptum*

（176）*Trichaptum biforme* 二型附毛孔菌

Trichaptum biforme (Fr.) Ryvarden, Norwegian Journal of Botany 19: 237 (1972).

=*Trametes biformis* (Fr.) Pilát in Kavina & Pilát, Atlas Champ. l›EuropE，III，Polyporaceae (Praha) 1: 277. (1939).

子实体较大。菌盖直径 9.0 cm 左右，贝壳形至半圆形，浅黄褐色，表面被白色短茸毛，相隔出现呈明显的环带，最外缘淡紫色，波浪状，叠生；管孔近圆形至大小不等，菌孔之间间隙较大，肉粉色至浅黄褐色，管口被有白色物质，向外延生，外缘管口较密且小，无柄。担孢子（10.0~16.0）μm×（5.0~6.3）μm，Q=1.6~3.3，Q_m=2.8，长卵圆形至长椭圆形，无色透明，具脐突，中央具油滴，表面粗糙；菌髓菌丝宽3.8~7.5 μm，不规则排列，无色透明；菌盖表皮菌丝宽3.8~6.3 μm，无色，较乱，厚壁，具锁状联合。

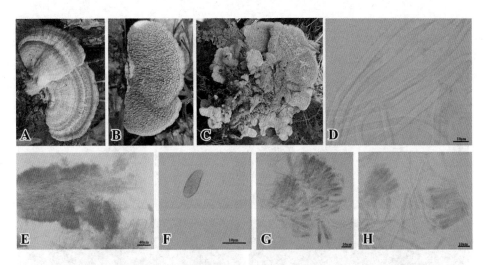

图181　A-C:子实体生境　D:盖皮菌丝　E:菌髓结构　F:担孢子　G-H:担子

Fig.181　A-C:basidiocarps D:pileipellis E:trama F:basidiospores G-H:basidia

生境：腐朽的桦树上。

世界分布：世界广布。

中国分布：中国广布。

标本：青海果洛玛可河林区，32°04′45″ N，101°01′48″ E，海拔 3 225 m，QHU21221，32°14′37″ N，101°01′50″ E，海拔 3 218 m，QHU22191。

褶孔菌属 *Lenzites*

（177）*Lenzites betulinus* 桦褶孔菌

Lenzites betulinus (L.) Fr., Epicrisis Systematis Mycologici: 405 (1838)

=*Cellularia betulina* (L.) Kuntze. Revis. gen. pl. (Leipzig) 3(3): 451. (1898).

=*Daedalea cinnamomea* (Fr.) E.H.L. Krause. Basidiomycetum Rostochiensium: 55. (1928).

子实体中等大。菌盖直径 3.0 cm，扇形至近扁平，基部用具明显的环纹，边缘白色，环纹不明显，表面被白色短小茸毛；菌肉较薄，白色；菌管长 0.7 cm，白色，迷路状，管面有褶皱，革质；无柄，侧生；菌肉菌丝顶端较尖，表面光滑，排列较为整齐。

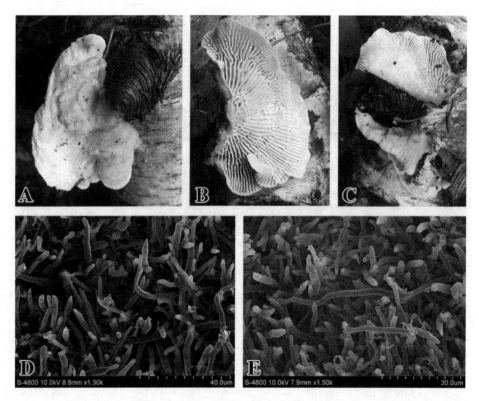

图182　A-C:子实体生境　D-E:菌丝结构

Fig.182　A-C:basidiocarps D-E:hyphae

生境：腐朽的桦树。

世界分布：中国、瑞典、挪威、荷兰、瑞士、德国、芬兰、法国、加拿大等。

中国分布：青海、湖北、东北地区、北京、云南、内蒙古、陕西、江西、山东、广西、贵州、西藏。

标本：青海果洛玛可河林区，32°39′25″N，101°01′31″E，海拔3184 m，QHU20005，32°02′56″N，101°00′29″E，海拔3321 m，QHU21230。

香菇属 *Lentinus*

（178）.*Lentinus arcularius* 漏斗多孔菌

Lentinus arcularius (Batsch) Zmitr., International Journal of Medicinal Mushrooms 12 (1): 88 (2010)

子实体较小，菌盖圆盘状，中部下凹或上突出，表面黑褐色斑点，有皱缩不光滑，边缘有小毛刺，微下垂，菌盖直径2.0 cm；菌柄圆柱状中生，实心，长3.0~4.0 cm，直径为2.0~3.0 mm；菌褶一面密布有菱形小孔，呈白色或黄褐色，边缘小孔稀疏，靠近菌柄的位置密集；担孢子椭圆形（8.9~12.4）μm×（9.8~10.7）μm，两端稍尖，中央膨大，光滑，内部具油滴，担孢子细长圆棒状（19.5~25.4）μm×（3.0~5.0）μm，有的稍弯曲，顶端具有 2~4 个担子小梗，表面光滑，分布较密集，无色，旁边有侧丝存在。表皮和柄皮菌丝近平行排列，内部具隔膜。

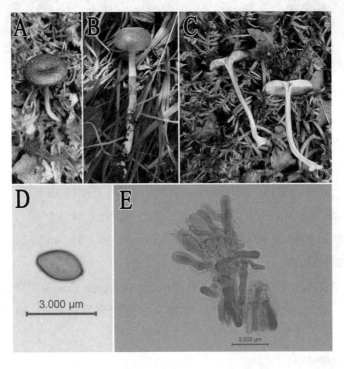

图183　A-C:子实体生境 D-E:担子和担孢子

Fig.183　A-C:basidiocarps D-E:basidia and basidiospores

生境：潮湿苔藓中腐木上。

世界分布：中国。

中国分布：青海、东北地区等。

标本：青海省黄南藏族自治州同仁市，35°14′04″N，101°53′56″E，海拔 3 389 m，QHU22201；青海黄南麦秀林区，35°20′15″N，101°55′01″E，海拔 3 425 m，QHU22269、QHU21231。

粘褶菌属 *Gloeophyllum*

（179）*Gloeophyllum sepiarium* 篱边粘褶菌

Gloeophyllum sepiarium (Wulfen) P. Karst.Bidr. Känn. Finl. Nat. Folk 37: 79. (1882).

= *Lenzites sepiarius* (Wulfen) Fr. Kritisk Öfversigt af Finlands Basidsvampar, (Basisiomycetes; Gastero~ & Hymenomycetes) (Helsingfors) 43: 337. (1889).

子实体较小。菌盖贝壳形至扇形，基部向边缘为黑褐色，红褐色至黄褐色，有明显的环带，被短纤毛；褶棱迷路状，多分枝，黄褐色，皱缩。

图184　A-C:子实体生境

Fig.184　A-C:basidiocarps

生境：桦树枝干。

世界分布：中国、瑞典、挪威、丹麦、荷兰、英国、加拿大等。

中国分布：青海、湖北、东北地区、贵州、广西、四川、山东等。

标本：青海玉树白扎林区，31°47′58″N，96°34′01″E，海拔 3 658 m，QHU20265；青海玉树东仲林区，32°21′36″N，97°31′46″E，海拔 3 545 m，QHU20304、QHU22216。

讨论：经在 (*Gloeophyllum sepiarium* (MushroomExpert.Com)) 中查询，已记载种幼时菌盖橙黄色，成熟时红褐色至褐色；本研究中该种菌盖基部向边缘为黑褐色，红褐色至黄褐色。

栓孔菌属 *Trametes*

（180）*Pycnoporus cinnabarinus* 朱红栓菌

Pycnoporus cinnabarinus (Jacq.) P. Karst., Revue Mycologique Toulouse 3 (9): 18 (1881).

= *Coriolus cinnabarinus* (Jacq.) G. Cunn. Bull. N.Z. Dept. Sci. Industr. Res., Pl. Dis. Div. 75: 8. (1948).

子实体较小。菌盖直径 3.5 cm，贝壳形、扇形至半圆形，橙红色，表面近光滑，稍有褶皱，干后木栓质，环带不明显，边缘薄较锐利；菌肉橙色，菌管迷路状，较紧密，与菌肉同色，管口暗红色，细小，圆形，受伤后颜色变深呈血红色；无菌柄。

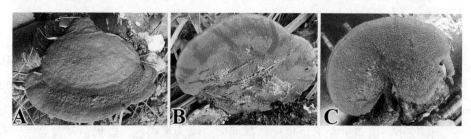

图185　A-C:子实体生境

Fig.185　A-C:basidiocarps

生境：腐朽的桦树。

世界分布：中国、加拿大、墨西哥、澳大利亚、巴西、西班牙、芬兰等。

中国分布：青海、台湾、江西、湖北、山东、西藏、北京、广西、东北地区、贵州、陕西、海南等。

标本：青海玉树江西林区，31°50′58″N，96°32′01″E，海拔 3795 m，QHU20424；青海玉树东仲林区，32°41′36″N，97°31′26″E，海拔 3810 m，QHU22251。

（181）*Trametes versicolor* 变色栓菌

Trametes versicolor (L.) Lloyd, Mycological Writings 6 (65): 1045 (1920)

= *Microporus versicolor* (L.) Kuntze. Revis. gen. pl. (Leipzig) 3(3): 497. (1898).

子实体中等大。菌盖直径 1.7~2.8 cm，贝壳形至扇形，覆瓦状着生于树桩，由基部向外缘依次为灰黑色，红褐色，灰黑色，青褐色，灰褐色相间出现，形成明显的环带，外缘为土褐色，表面被短茸毛，革质；菌孔迷路状，圆形或不规则形状，较密，管面白色至浅杏色。

图186　A-C:子实体生境

Fig.186　A-C:basidiocarps

生境：云杉或桦树。

世界分布：中国、加拿大、墨西哥、澳大利亚、巴西、芬兰、韩国、波兰。

中国分布：青海、台湾、河北、广西、内蒙古等。

标本：青海黄南麦秀林区，35°20′15″N，101°55′01″E，海拔 2835 m，QHU20446；青海果洛玛可河林区，32°39′14″N，100°57′11″E，海拔 2789 m，QHU20099；青海玉树江西林区，32°04′49″N，97°03′21″E，海拔 2973 m，QHU20468。

（182）*Trametes hirsuta* 毛栓孔菌

Trametes hirsuta (Wulfen) Lloyd. Mycol. Writ. 7(Letter 73): 1319. (1924).

= *Coriolus hirsutus* (Wulfen) Pat. Cat. Rais. Pl. Cellul. Tunisie (Paris): 47. (1897).

子实体小至中等大。菌盖（3.3~4.2）cm×（3.8~6.5）cm，贝壳形至扇形。

　　幼时菌盖由基部向边缘为污白色至杏色，表面密被白色短纤毛，有明显的环带，环带处稍下凹，边缘较钝，管孔迷路状，较紧密，浅杏色；成熟后菌盖由基部向边缘为绿色、浅绿色、污白色相间出现，表面密被同色短纤毛，有明显的环带，边缘薄而钝，有绿色小斑点，管孔迷路状，较紧密，黄褐色。

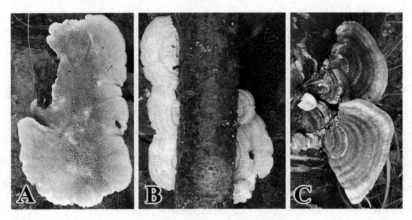

图187　A-C:子实体生境

Fig.187　A-C:basidiocarps

生境：桦树。

世界分布：中国、加拿大、墨西哥、澳大利亚、巴西、西班牙、芬兰等。

中国分布：中国广布。

标本：青海玉树白扎林区，31°47′59″N，96°34′12″E，海拔 3 625 m，QHU20252，31°47′12″N，96°34′54″E，海拔 3526 m，QHU20277；青海玉树江西林区，31°50′11″N，96°32′26″E，海拔 3 600 m，QHU20426，32°04′18″N，97°01′58″E，海拔 3501 m，QHU20460。

拟迷孔菌属 Daedaleopsis

（183）*Daedaleopsis confragosa* 裂拟迷孔菌（粗糙拟迷孔菌）

Daedaleopsis confragosa (Bolton) J. Schröt., Kryptogamen-Flora von Schlesien 3-1(4): 493 (1888).

=*Agaricus confragosus* (Bolton) Murrill. Bull. Torrey bot. Club 32(2): 86. (1905).

=*Trametes confragosa* (Bolton) Jørst. Atlas Champ. l'EuropE, III, Polyporaceae (Praha) 1: 286. (1939).

　　子实体中等大。菌盖直径 1.7~5.6 cm，扇形至半圆形，淡黄褐色，茶褐色，表面有网状起伏的皱纹，有粗糙感和明显的环纹或环带，边缘白色；菌肉淡褐色；菌管黄褐色至茶褐色，长 0.4 cm，管孔迷路状，较稀疏，圆形或多角形，菌管间宽度较厚，管孔白色，无菌柄，侧生，木栓质，触摸后管口变浅黄褐色。

菌盖表皮菌丝宽 3.8~7.5 μm，排列较乱，油黄色，厚壁，不易染色；菌褶具角胞状组织，细胞呈多角形或不规则；菌肉菌丝排列整齐；担孢子圆柱形，表面光滑。

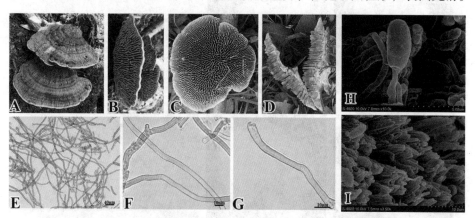

图188　A-D:子实体生境　E-G:盖皮菌丝　H:担孢子　I.菌肉菌丝

Fig.188　A-D:basidiocarps E-G:pileipellis H:basidiospores I.hyphae of caro

生境：腐朽的桦树。

世界分布：中国、英国、丹麦、荷兰、瑞典、挪威等。

中国分布：中国广布。

标本：青海果洛玛可河林区，32°39′58″ N，101°01′17″ E，海拔 3 219 m，QHU19174、QHU20050，32°39′47″ N，100°58′02″ E，海拔 3 843 m，QHU20182；青海玉树白扎林区，31°47′12″ N，96°34′46″ E，海拔 3 796 m，QHU20280。

干酪菌属 *Tyromyces*

（184）*Tyromyces kmetii* 楷米干酪菌（科氏干酪菌）

Tyromyces kmetii (Bres.) Bondartsev & Singer, Annales Mycologici 39 (1): 52 (1941).

= *Leptoporellus kmetii* (Bres.) Spirin. Mycena 1(1): 69. (2001).

子实体较小。菌盖近平展，直径 2.4 cm，中间浅黄色至浅橙色，表面被短茸毛，边缘薄稍锐利；菌肉白色，较厚；菌孔衍生，小管状，白色；管口形状多变。

因子实体为幼时，故担子、担孢子和囊状体不明显；菌盖表皮菌丝宽 3.8~7.5 μm，无色，乱，厚壁，具锁状联合。

图189　A-B, D-E：子实层结构　C-F：盖皮菌丝

Fig.189　A-B,D-E:hymenial　C-F:pileipellis

生境：腐朽的桦树。

世界分布：中国、西班牙、挪威、奥地利、巴西、英国、加拿大、泰国、芬兰等。

中国分布：青海、东北地区、河南、贵州、云南。

标本：青海果洛玛可河林区，32°39′04″N，100°58′47″E，海拔3.195 m，QHU20010，32°02′16″N，100°00′39″E，海拔3 180 m，QHU21251。

（185）*Favolus megaloporus* 棱孔菌

Favolus megaloporus (Mont.) Bres., Hedwigia 53 (1~2): 74 (1912)

子实体中等至较大，橘黄色半圆扇形菌盖，表面有不规则深棕色斑点，边缘内卷，棕褐色，表面光滑革质；菌肉较厚有韧性，干时变坚硬，直径 3.0~5.0 cm；菌肉白色，菌盖背面有密集棱形孔，深 0.5~1.0 cm；边缘侧生菌柄，较硬，长 3.0~4.0 cm，棕褐色至黑色。

图190　A-C：子实体生境

Fig.190　A-C:basidiocarps

生境：腐木。

世界分布：世界广布。

中国分布：青海、宁夏、黑龙江、广西等地均有分布。

标本：青海黄南麦秀林区，35°47′15″N，101°34′04″E，海拔3 002 m，QHU21253，35°2′49″N，101°0′17″E，海拔3 160 m，QHU22241。

（186）*Polyporus melanopus* 黑柄拟多孔菌

Polyporus melanopus (Pers.) Fr., Systema Mycologicum 1: 347 (1821)

子实体较小，不规则圆盘状菌盖，边缘少开裂，表面光滑，中央稍凹陷，菌肉有韧性，干后变脆，直径3.0~4.0 cm；菌盖背面有白色短小茸毛，形成致密的膜；菌柄短小，基部黑色，表面附着有白色茸毛，近圆柱状，靠近土层的部分稍稍变弯，长2.0~3.0 cm，直径0.5~1.0 cm。

图191　A-C:子实体生境

Fig.191　A-C:basidiocarps

生境：腐木。

世界分布：世界广布。

中国分布：青海、四川、广西、贵州。

标本：青海黄南麦秀林区，35°47′16″N，101°34′54″E，海拔3 002 m，QHU20517，35°47′18″N，101°34′59″E，海拔3 015 m，QHU21255、QHU21421。

拟层孔菌科 Fomitopsidaceae

顶囊孔菌属 *Climacocystis*

（187）*Climacocystis borealis* 北方顶囊孔菌

Climacocystis borealis (Fr.) Kotl. & Pouzar, Ceská Mykologie 12 (2): 96 (1958)

= *Tyromyces borealis* (Fr.) Imazeki. Bull. Tokyo Sci. Mus. 6: 84. (1943).

子实体中等大。菌盖（3.5~8.5）cm×（2.8~7.0）cm，扇形、半圆形至不规则形状，杏色至浅黄褐色，表面密被茸毛，呈放射状，边缘较钝，用手触摸稍带刺手感；菌肉白色至污白色，较厚；菌管不明显，奶油白至污白色，管口形状多变。担孢子（3.8~7.5）μm×（3.8~6.3）μm，Q=1.0~2.0，Q_m=1.5，卵圆形至椭圆形，无色，光滑，中央具油滴；担子（12.5~32.5）μm×（3.8~12.5）μm，棒状，具2~4个小梗，细长，基部具锁状联合；囊状体（15.0~25.0）μm×（10.0~17.5）μm，纺锤形，顶端较尖，无色，厚壁；菌髓菌丝乱，浅黄褐色，厚壁；菌盖表皮菌丝宽3.8~7.5 μm，无色，近平行排列，具锁状联合。

图192　A-C:子实体生境　D:盖皮菌丝　E:菌髓结构　F:囊状体

G-H:担子和担孢子　I:担孢子

Fig.192　A-C:basidiocarps D:pileipellis E: trama F:cystidia

G-H:basidia basidiospores I:basidiospores

生境：腐木。

世界分布：中国、加拿大、墨西哥、澳大利亚、巴西、西班牙、芬兰等。

中国分布：青海、台湾、新疆、云南等。

标本：青海玉树白扎林区，31°51′05″N，96°31′12″E，海拔 3 784 m，QHU20338、QHU20391；青海黄南麦秀林区，35°17′15″N，101°55′42″E，海拔 3 910 m，QHU22255。

拟层孔菌属 *Fomitopsis*

（188）*Fomitopsis pinicola* 红缘拟层孔菌

Fomitopsis pinicola (Sw.) P. Karst., Meddelanden af Societas pro Fauna et Flora Fennica 6: 9 (1881).

= *Pseudofomes pinicola* (Sw.) Lázaro Ibiza. Revta R. Acad. Cienc. exact. fis. nat. Madr. 14(9): 584. (1916).

子实体小至中等大。菌盖直径 1.5~3.2 cm，贝壳形至不规则形状，浅杏色至浅黄褐色，表面近光滑，被有白色粉状物；菌孔较密，小管状，不均匀污白色。（幼时子实体）

图193 A-C:子实体生境

Fig.193 A-C:basidiocarps

生境：腐木。

世界分布：中国、瑞典、瑞士、丹麦、荷兰、挪威、芬兰等。

中国分布：中国广布。

标本：青海果洛玛可河林区，32°39′04″N，100°31′12″E，海拔 3 280 m，QHU20096；青海黄南麦秀林区，35°16′19″N，101°54′04″E，海拔 3 102 m，QHU21267、QHU21441。

（189）*Fomitopsis rosea* 玫瑰色拟层孔菌

Fomitopsis rosea (Alb. & Schwein.) P. Karst. Meddn Soc. Fauna Flora fenn. 6: 9. (1881).

= *Rhodofomes roseus* (Alb. & Schwein.) Kotl. & Pouzar, Česká Mykol. 44(4): 235. (1990).

子实体较大，厚，马蹄形，褐色至黑色，有一层厚的角质皮壳，表面开裂，无柄，边缘钝，菌管黄褐色，管孔近圆形，较细。

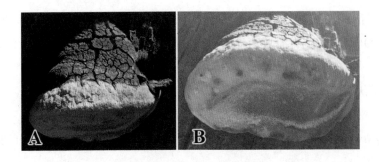

图194　A-B:子实体生境

Fig.194　A-B:basidiocarps

生境：圆柏木桩。

世界分布：世界广布。

中国分布：中国广布。

标本：青海玉树白扎林区，32°05′46″N，96°34′01″E，海拔 3 516 m，QHU20260；青海玉树东仲林区，32°41′06″N，97°35′12″E，海拔 3 559 m，QHU22252。

剥管孔菌属 *Piptoporus*

（190）*Polyporus betulinus* 桦剥管菌

Polyporus betulinus (Bull.) Fr. Observ. mycol. (Havniae) 1: 127. (1815).

= *Fomitopsis betulina* (Bull.) B.K. Cui, M.L. Han & Y.C. Dai, in Han, Chen, Shen, Song, Vlasák, Dai & Cui, Fungal Diversity 80: 359. (2016).

子实体中等大。近球形，大小为 4.3 cm×4.2 cm，上表面黄褐色，有裂纹，稍粗糙，下表面白色，光滑，有短柄，约 1.0 cm，肉质，剖开实心。

图195　A-C:子实体生境

Fig.195　A-C:basidiocarps

生境：桦树。

世界分布：中国、瑞典、英国、荷兰、挪威、丹麦、瑞士、法国等。

中国分布：青海、湖北、东北地区、内蒙古、北京等。

标本：青海果洛玛可河林区，32°39′51″N，100°28′51″E，海拔 3 225 m，

QHU20045；青海玉树江西林区，31°50′49″N，96°32′01″E，海拔 3 195 m，QHU21265；青海黄南麦秀林区，35°14′59″N，101°54′04″E，海拔 3 294 m，QHU22271。

红菇目 Russulales

耳匙菌科 Auriscalpiaceae

耳匙菌属 *Auriscalpium*

（191）*Auriscalpium vulgare* 耳匙菌

Auriscalpium vulgare Gray, Nat. Arr. Brit. Pl. (London) 1: 650. (1821).

= *Pleurodon auriscalpium* (L.) P. Karst. Revue mycol., Toulouse 3(no. 9): 20. (1881).

子实体小型。菌盖直径 1.2 cm，耳形、匙形至扇形，黑褐色至黑色，表面具短纤毛；菌肉较薄，黄褐色；齿长 0.2~0.5 cm，直生；菌柄长 3.5 cm，粗 0.2 cm，柱状，色同菌盖，且表面被短纤毛，实心。

图196　A-C:子实体生境

Fig.196　A-C:basidiocarps

生境：松果上和潮湿的苔藓类植物周围。

世界分布：中国、瑞典、荷兰、英国、丹麦、瑞士、德国等。

中国分布：青海、湖北、东北地区、江西、四川、陕西、贵州等。

标本：青海果洛玛可河林区，32°39′05″N，101°01′45″E，海拔 3 184 m，QHU20004，32°39′11′N，101°01′58′E，海拔 3 112 m，QHU20028、QHU22423。

小香菇属 *Lentinellus*

（192）*Lentinellus ursinus* 耳状小香菇

Lentinellus ursinus (Fr.) Kühner. Botaniste 17(1-4): 99. (1926).

= *Panellus ursinus* (Fr.) Murrill N. Amer. Fl. (New York) 9(4): 246. (1915).

子实体较大。菌盖直径 8.9~9.8 cm，扇形、贝壳形或掌状，黄褐色，边缘色浅，表面被褐色放射状条纹，边缘波浪状；菌褶不等大，宽 0.5 cm，紧密，褶缘具小齿纹，衍生；菌柄较短或近无，偏生；菌肉具辛辣味。担孢子椭圆形至杏仁形，表面具颗粒状突起；担子（27.5~27.5）μm×（3.8~6.3）μm，棒状，无色透明，壁薄，表面具不规则大小颗粒状突起，基部具锁状联合，具 2~4 个小梗，细长；囊状体

（27.5~27.5）μm×（5.0~6.3）μm，近纺锤形，顶部细；具胶囊体；菌褶菌丝宽3.8~10.0μm，排列较乱。

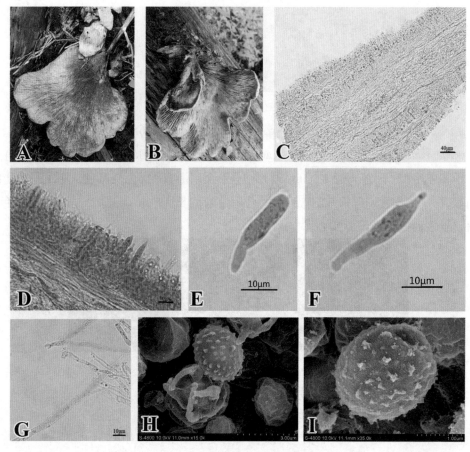

图197　A-B:子实体生境　C,G:菌髓菌丝　D:子实层结构　E:担子　F:囊状体

H:担子和担孢子　I:担孢子

Fig.197　A-B:basidiocarps C,G:trama D:hymenial E:basidia F:cystidia H:basidia and basidiospores I:basidiospores

生境：腐木。

世界分布：中国、瑞典、丹麦、瑞士、挪威、英国、德国、荷兰、加拿大、韩国等。

中国分布：青海、内蒙古、东北地区、广西、河南、河北、云南等。

标本：青海玉树江西林区，32°04′49″N，97°03′21″E，海拔3 501 m，QHU20485；青海果洛玛可河林区，32°05′11″N，100°28′49″E，海拔3 406 m，QHU21319、QHU21416。

（193）*Lentinus arcularius* 漏斗香菇

Lentinus arcularius (Batsch) Zmitr. International Journal of Medicinal Mushrooms

(Redding) 12(1): 88. (2010).

= *Favolus arcularius* (Batsch) Fr. Annls mycol. 11(3): 241. (1913).

子实体中等大。菌盖近平展，中间稍凹陷，浅黄褐色，边缘红褐色呈环状，具裂纹；菌孔排列较整齐，靠近菌盖边缘色较深；菌柄柱状，浅杏色，表面具短纤毛，基部 3.0~4.0 cm 深入地下。

图198　A-B:子实体生境

Fig.198　A-B:basidiocarps

生境：腐木枝干及周围环境。

世界分布：中国、新西兰、墨西哥、德国、瑞士、西班牙等。

中国分布：青海、甘肃、内蒙古、广东、贵州等。

标本：青海果洛玛可河林区，32° 05′ 58″ N，100° 29′ 11″ E，海拔 3 397 m，QHU19161，32° 05′ 11″ N，100° 29′ 24″ E，海拔 3 378 m，QHU21401、QHU21266。

地花菌科 Albatrellaceae

地花菌属 *Albatrellus*

（194）*Albatrellus avellaneus* 榛色地花菌

Albatrellus avellaneus Pouzar, Ceská Mykologie 26 (4): 196 (1972).

子实体中等大。菌盖直径 2.5~4.7 cm，圆形至近平展，杏色至浅红褐色，表面具不均匀大小鳞片，边缘色较深且成熟时龟裂；菌肉白色，较厚；菌管较细且密，管口不规则形状，白色，衍生至菌柄；菌柄长 3.0 cm，粗 2.1 cm，柱状，基部稍膨大，白色，实心。担孢子（2.5~5.0）μm×（2.5~3.8）μm，Q=1.0~1.5，Q_m=1.3，长卵圆形或长柱状，浅黄褐色，表面近光滑，中央具油滴；担子（20.0~26.3）μm×（3.8~6.3）μm，棒状，无色透明，2~4 个小梗；囊状体（40.0~62.5）μm×（1.0~2.0）μm，纺锤形，顶端尖细，无色透明；菌盖表皮菌丝宽 5.0~10.0 μm，近平行排列；菌柄菌丝宽 5.0~22.5 μm，近平行排列。

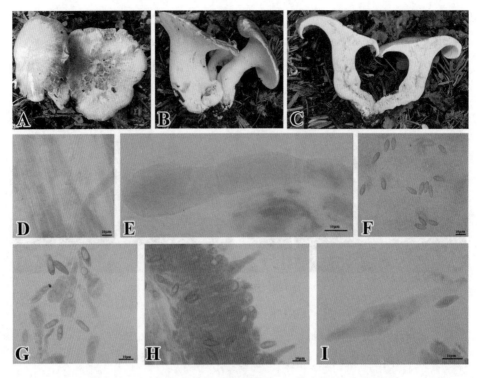

图199　A-C:子实体生境　D:柄皮菌丝　E:盖皮菌丝　F:担孢子

G:担子和担孢子　H:囊状体、担子和担孢子　I:囊状体和担孢子

Fig.199 A-C:basidiocarps D:stipitipellis E:pileipellis F:basidiospores G:basidia and basidiospores

H:cystidia, basidia and basidiospores I:cystidia andbasidiospores

生境：潮湿的落叶松针和苔藓类植物周围。

世界分布：中国、加拿大、墨西哥。

中国分布：青海、台湾、云南。

标本：青海果洛玛可河林区，32°04′19″ N，100°30′01″ E，海拔 3 275 m，QHU20197，32°02′14″ N，100°49′31″ E，海拔 3 314 m，QHU21272。

（195）*Albatrellus ovinus* 棉地花菌

Albatrellus ovinus (Schaeff.) Kotl. & Pouzar, Česká Mykol. 11(3): 154. (1957).

= *Scutiger ovinus* (Schaeff.) Murrill, Mycologia 12(1): 20. (1920).

子实体中等大。菌盖近平展，扇形至肾形，奶油白至污白色，表面被浅黄褐色短纤毛状丛生鳞片，向边缘色较深；菌肉奶油白至污白色，较厚；菌孔细小，紧密，较短，衍生至整个菌柄，白色；菌柄柱状，近等粗，白色至奶油白色；电镜下，担孢子卵圆形至杏仁形，表面光滑；菌肉菌丝近平行排列，光滑。

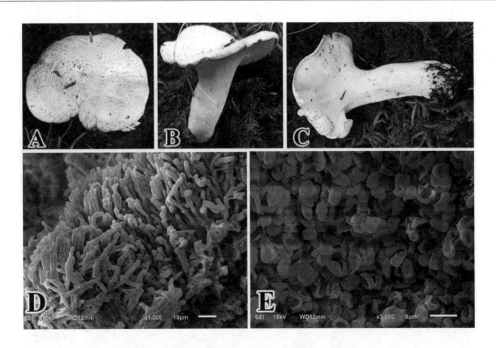

图200　A-C:子实体生境　D:菌肉菌丝　E:囊状体

Fig.200　A-C:basidiocarps D:hyphae of caro E:cystidia

生境：落叶松针周围的土壤。

世界分布：世界广布。

中国分布：青海、云南、东北地区、安徽、秦岭等。

标本：青海果洛玛可河林区，32°02′59″N，100°27′15″E，海拔 3 365 m，QHU19103，32°02′52″N，100°27′27″E，海拔 3 369 m，QHU19195、QHU22243。

红菇科 Russulaceae

乳菇属 *Lactarius*

（196）*Lactarius scrobiculatus* 窝柄黄乳菇

Lactarius scrobiculatus (Scop.) Fr., Epicrisis Systematis Mycologici: 334 (1838).

= *Lactarius scrobiculatus* var. montanus Methven Mycologia 77(3): 478. (1985).

子实体小至中等大。菌盖直径 2.6~8.7 cm，扁半球形，中间凹陷，呈漏斗状，边缘内卷，橙黄色至黄褐色，湿时粘，表面被纤毛；菌肉白色，味道苦辣，气味臭；菌褶衍生，不等长，较密，污白色至污黄色后变暗，宽 0.2~0.3 cm，褶缘黄褐色，靠近菌柄处较明显；菌柄长 2.1~4.9 cm，粗 0.8~2.6 cm，柱状，粗短，浅橙黄色，空心，表面有凹窝。担孢子（6.3~7.5）μm×（6.3~7.5）μm，Q=1.0~1.2，Q_m=1.1，球形至近球形，无色透明，中央具油滴，表面具纹饰；担子（45.0~63.8）μm×（10.0~12.5）μm，棒状，无色，基部较细，向顶部渐细，但较基部粗，具 2~4 个小梗；囊状体（57.5~82.5）μm×

（3.8~6.3）μm，长棒状，顶端较细；柄皮菌丝泡囊状，排列紧密，球状胞（15.0~30.0）μm；菌盖表皮具胶质层，菌丝胶质化，宽 2.5~3.8 μm。

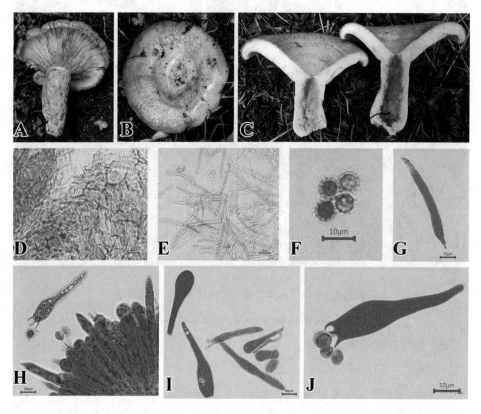

图201　A-C:子实体生境　D:柄皮菌丝　E:盖皮菌丝　F:担孢子　G:囊状体

H:子实层结构　I:担子和囊状体　J:担子

Fig.201　A-C:basidiocarps　D:stipitipellis　E:pileipellis　F:basidiospores　G:cystidia　H:hymenial

I:basidia and cystidia　J:basidia

生境：落叶松针及苔藓类植物周围土壤。

世界分布：世界广布。

中国分布：青海、云南等。

标本：青海省果洛藏族自治州玛可河林区，32°06′14″N，100°29′02″E，海拔 3 184 m，QHU20001，32°05′41″N，100°27′11″E，海拔 3 270 m，QHU20107，32°04′48″N，100°28′58″E，海拔 3 275 m，QHU20194；青海玉树江西林区，32°05′49″N，97°03′19″E，海拔 3 102 m，QHU22291。

（197）*Lactarius deterrimus* 云杉乳菇

Lactarius deterrimus Gröger, Westfälische Pilzbriefe 7: 10 (1968).

子实体中等至较大。菌盖直径 3.5~9.6 cm，幼时扁半球形，边缘内卷，中间稍下凹，成熟时杯状至漏斗状，浅土黄色至橙黄色，伤后变绿色，特别是菌盖边缘，变绿明显，湿时稍黏；乳汁分泌较少，味道苦辣；菌肉白色至橘黄色再变绿；菌褶不等大，宽 0.2~0.5 cm，浅橘黄色，较密，衍生，伤后或老时变绿；菌柄长 4.0~5.5 cm，粗 1.5~2.0 cm，柱状，橘黄色，伤后变绿，菌柄的切面变橘黄至橙红色，基部有白色茸毛，实心，松软。担孢子（7.5~8.8）μm×（5.0~7.5）μm，Q=1.2~1.5，Q_m=1.4，近卵圆形，无色透明，中央具油滴，表面具纹饰和明显的脐突；担子（50.0~60.0）μm×（8.8~15.0）μm，棒状，具 2~4 个小梗，小梗较粗；柄皮菌丝宽 12.5~27.5 μm，泡囊状，排列紧密且较乱。

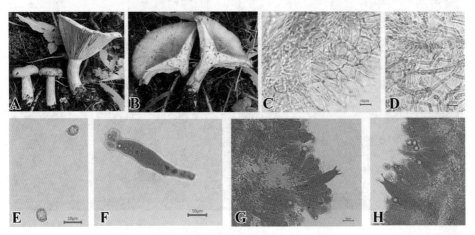

图202　A-B:子实体生境　C:柄皮菌丝　D:盖皮菌丝　E:担孢子　F:担子　G-H:子实层结构

Fig.202　A-B:basidiocarps C:stipitipellis D:pileipellis E:basidiospores F:basidia G-H:hymenial

生境：落叶松针周围土壤。

世界分布：世界广布。

中国分布：青海、云南等。

标本：青海黄南麦秀林区，35°16′19″ N，101°54′11″ E，海拔 3 294 m，QHU20003、QHU20009，32°02′52″ N，100°27′27″ E，海拔 3 315 m，QHU20018，35°15′44″ N，101°52′21″ E，海拔 3 163 m，QHU20025，35°14′47″ N，101°55′04″ E，海拔 3 004 m，QHU20044；青海省果洛玛可河林区，32°16′39″ N，100°28′49″ E，海拔 3 219 m，QHU20048；青海玉树江西林区，32°06′11″ N，97°02′19″ E，海拔 3 102 m，QHU21348。

（198）*Lactarius badiosanguineus* 棕红乳菇

Lactarius badiosanguineus Kühner & Romagn., Bulletin de la Société Mycologique de France 69 (4): 361 (1954).

子实体小至中等大。菌盖直径 3.7 cm，近平展，中间有凹陷，成熟时呈漏斗状，橙红至红棕色，边缘有较明显的沟条纹，色较浅，表面近光滑；菌肉淡黄色；菌褶不等大，宽3.7 cm，浅橙色，较紧密，衍生，乳汁白色；菌柄长5.5 cm，粗0.5 cm，柱状，颜色同菌盖一致，空心；担孢子椭圆形，表面具网状纹饰。

图203　A-C:子实体生境　D-E:担孢子

Fig.203　A-C:basidiocarps D-E:basidiospores

生境：苔藓类植物周围。

世界分布：世界广布。

中国分布：青海、东北地区、陕西。

标本：青海省果洛玛可河林区，32°03′19″ N，100°26′59″ E，海拔3 225 m，QHU20076，32°02′11″ N，100°09′09″ E，海拔3 112 m，QHU20134、QHU20136。

（199）*Lactarius pterosporus* 翼孢乳菇

Lactarius pterosporus Romagn., Revue Mycol., Paris 14: 108 (1949)

= *Lactarius pterosporus* var. *pityophilus* A. Favre. In: Docums Mycol. 34(nos 135-136): 44. (2008).

子实体中等大。菌盖直径7.0 cm，近平展，不规则形状，土褐色，中间稍凹陷，颜色较浅，表面散生白色小斑，质地绒状，边缘内卷，条棱明显；菌肉白色；菌褶不等大，宽0.4~0.5 cm，黄色，其表面均有皱褶，靠近菌柄有分叉且菌柄顶端有明显的条棱，乳汁白色，较稀疏，衍生；菌柄近柱状，长6.8 cm，粗1.7 cm，向基部渐细，且被有短茸毛，浅土褐色，空心。担孢子8.8~11.3 μm，Q=1.0~1.1，Q_m=1.0，球形至近球形，无色透明，具油滴，表面由较粗的条脊相连组成的网纹，部分脊间由纤维物连接；担子（50.0~63.8）μm×（13.8~18.8）μm，基部较细，中间稍膨大，向顶部渐细，具2~4个小梗，细长；柄皮菌丝泡囊状，排列紧密，球状胞15.0~30.0 μm；盖皮菌丝，由胶化菌丝和泡囊状菌丝组成，排列较乱。

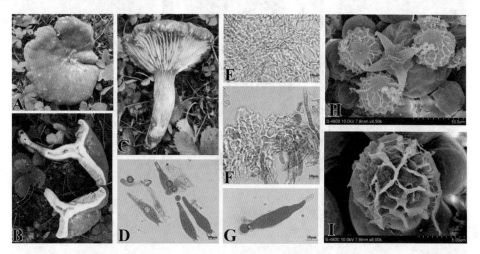

图204　A-C:子实体生境　D,G-H:担子和担孢子　E:柄皮菌丝　F:盖皮菌丝　I:担孢子

Fig.204　A-C:basidiocarps D,G-H:basidia and basidiospores E:stipitipellis F:pileipellis I:basidiospores

生境：落叶松针土壤周围。

世界分布：世界广布。

中国分布：青海、东北地区、湖北、山西。

标本：青海省果洛玛可河林区，32°04′59″N，100°27′47″E，海拔3 280 m，QHU20095、QHU21301，32°04′39″N，100°27′56″E，海拔3 200 m，QHU22298。

（200）*Lactarius olivaceoumbrinus* 橄榄褐乳菇

Lactarius olivaceoumbrinus Hesler & A.H. Sm., North American species of Lactarius: 219 (1979).

子实体小至中等大。菌盖直径2.6~3.3 cm，近半圆形，后期呈漏斗状，草绿色至黄褐色，有零星分布的深绿色小圆点，表面有稀疏短纤毛，受伤部分青色，菌肉污白色至淡黄色；菌褶不等大，宽0.2 cm，较紧密，衍生淡黄色至杏色，伤后流出白色乳汁，褶变灰褐色；菌柄粗短，长3.3~6.0 cm，粗0.8~1.3 cm，色同菌盖，表面有不等大的墨绿色长椭圆形斑块，空心，菌根较发达，有些许白色茸毛。担孢子（6.3~10.0）μm×（5.0~6.3）μm，Q=1.0~1.8，Q_m=1.4，近球形至椭圆形，无色透明，表面粗糙，中央具油滴；担子（42.5~65.0）μm×（8.8~12.5）μm，棒状，基部较细，中间具油滴，具2~4个小梗；囊状体（62.5~85.0）μm×（7.5~10.0）μm，棒状至近柱状，大量存在；菌盖表皮具有胶质层、乳汁管和莲座细胞群，菌丝胶质化，遇碱变红，宽 2.5~5.0 μm；柄皮菌丝，遇碱变红；菌髓菌丝中存在大量乳汁管。

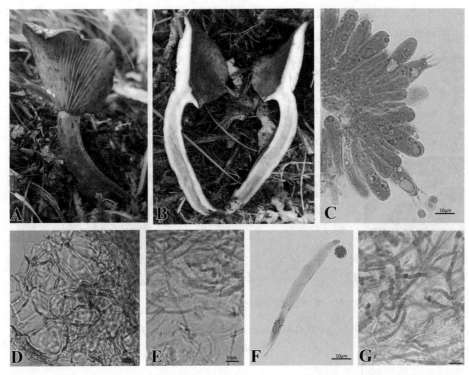

图205　A-B:子实体生境　C:子实层结构　D-E:柄皮菌丝　F:囊状体和担孢子　G:盖皮菌丝

Fig.205　A-B:basidiocarps　C:hymenial　D-E:stipitipellis　F:cystidia and basidiospores　G:pileipellis

生境：青杆林下潮湿的苔藓类植物土壤。

世界分布：中国、印度、加拿大。

中国分布：青海、东北地区。

标本：青海果洛玛可河林区，32° 05′ 07″ N，100° 28′ 19″ E，海拔 3 241 m，QHU19074、QHU20060，32° 02′ 26″ N，100° 00′ 17″ E，海拔 3 180 m，QHU20126、QHU20128。

（201）*Lactarius pubescens* 绒边乳菇

Lactarius pubescens Fr., Epicrisis Systematis Mycologici: 335 (1838).

= *Lactarius pubescens* var. *betularum* (Bon) Bon. Docums Mycol. 15(no. 60): 38. (1985).

子实体中等大。菌盖直径 5.1 cm，近扁半球形至漏斗状，中间有一开裂的孔，浅土黄色，表面龟裂，具有纤毛状鳞片，粗糙，边缘波浪状；菌肉厚，白色；菌褶不明显，近无，色同菌盖，衍生；菌柄长 2.8 cm，粗 1.7 cm，柱状，粗短，向基部渐细，色同菌盖，基部有白色茸毛，空心，菌盖与菌柄异质。担孢子（6.3~10.0）μm ×（3.8~6.3）μm，Q=1.0~2.0，Q_m=1.4，无色透明，柠檬形至椭圆形；担子具 2~4 个小梗，近棒状，具

油滴；侧生囊状体，（32.5~50.0）μm×（3.8~7.5）μm，柱状至近纺锤状；假囊体
（42.5~67.5）μm×（6.3~8.8）μm，近圆柱形，大量存在；菌盖表皮菌丝胶质化，菌
盖和菌髓菌丝存在莲座细胞群。

图206 A-B:子实体生境 C-D:菌盖外表皮 E.F:子实层结构 G:囊状体和担孢子

Fig.206 A-B:basidiocarps C-D: epicutis E.F:hymenial G:cystidia and basidiospores

生境：林下潮湿的苔藓类植物。

世界分布：世界广布。

中国分布：中国广布。

标本：青海黄南麦秀林区，35°18′15″N，101°56′01″E，海拔2 834 m，
QHU20199、QHU20023；青海玉树江西林区，32°04′59″N，97°03′21″E，海拔
2 993 m，QHU21463；青海玉树江西林区，32°06′09″N，97°03′19″E，海拔2 895 m，
QHU22329。

（202）*Lactarius aurantiosordidus* 橙紫乳菇

Lactarius aurantiosordidus Nuytinck & S.L.Mill，Mycotaxon 96: 302. (2006).

子实体中等大。菌盖直径5.3 cm，扁半球形，中间凹陷处红色，向边缘灰绿色，
黄褐色，均水浸状，边缘有一明显的环纹；菌肉较厚，污白色至浅黄色；菌褶不等大，

宽 0.2~0.3 cm，较稀疏，杏色，衍生；菌柄长 4.0 cm，粗 1.2 cm，柱状，浅橙红色，基部具白色茸毛，实心，受伤后墨绿色。担孢子（6.3~11.3）μm×（5.0~8.8）μm，Q=1.0~1.6，Q_m=1.4，球形至椭圆形，表面具刺突，中央具油滴，具明显脐突；担子（36.3~57.3）μm×（7.5~15.0）μm，棒状，无色，具 2~4 个小梗；菌盖菌丝宽 3.8~10.0 μm，胶质化，盖囊体（67.5~95.0）μm×（3.8~7.5）μm，油黄色；菌柄菌丝为球状胞，宽 15.0~25.0 μm；囊状体（42.5~45.0）μm×（5.0~8.8）μm，长棒状。菌盖和菌褶存在大量乳汁管且子实体各组织均具莲座细胞群。

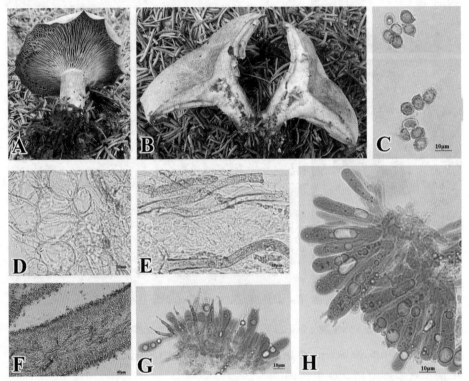

图207　A.B:子实体生境　C:担孢子　D:柄皮菌丝　E:盖皮菌丝　F:菌髓结构　G-H:子实层结构

Fig.207　A-B:basidiocarps C:basidiospores D:stipitipellis E:pileipellis F:trama G-H:hymenial

生境：潮湿苔藓类植物周围土壤中。

世界分布：中国、加拿大等。

中国分布：青海、云南。

标本：青海果洛玛可河林区，32°04′32″N，100°28′37″E，海拔 3 275 m，QHU19108、QHU19120，32°04′37″N，100°28′26″E，海拔 3 210 m，QHU19210；青海玉树白扎林区，31°54′49″N，96°32′09″E，海拔 3 269 m，QHU20337；青海黄南麦秀林区，35°16′09″N，101°54′03″E，海拔 3 288 m，QHU20007；青海玉树江西林区，32°05′39″N，97°04′09″E，海拔 3 102 m，QHU20326。

（203）*Lactarius olivinus* 橄榄乳菇

Lactarius olivinus Kytöv, Karstenia 24(2): 49. (1984).

子实体中等大。菌盖扁半球形，中间稍凹陷，浅褐色至土褐色，表面密被纤毛状丛生鳞片，边缘密集且稍内卷，具有菌幕残留；菌肉较厚，乳白色；菌褶不等大，较小，密集，基本分叉，污白色至浅杏色，衍生；菌柄长 4.3 cm，粗 1.7 cm，柱状，污白色，表面具凹窝，色与菌盖一致，中空；孢子球形至近球形，具条脊相连而成的不完整或近完整的网纹状纹饰；担子具 4 个小梗。

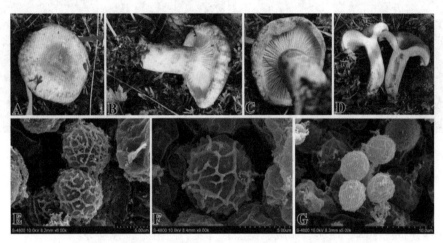

图208　A-D:子实体生境　E-F:担孢子　G:担子和担孢子

Fig.208　A-D:basidiocarps　E-F:basidiospores　G:basidia and basidiospores

生境：落叶松针周围的土壤。

世界分布：中国、美国、瑞典、挪威、芬兰、爱沙尼亚。

中国分布：青海、云南、四川。

标本：青海黄南麦秀林区，35°16′15″ N，101°55′01″ E，海拔 3 009 m，QHU20047；青海玉树江西林区，32°04′19″ N，97°03′21″ E，海拔 3 102 m，QHU21306、QHU22288。

（204）*Lactarius spinosulus* 棘乳菇

Lactarius spinosulus Quél. & Le Bret., Bull. Soc. Amis Sci. Nat. Rouen, Sér. II 15: 168 (1880) .

≡ *Lactarius lilacinus* var. *spinosulus* (Quél. & Le Bret.) BataillE, Fl. Monogr. Astérosporales: 37 (1908)

子实体中等大。菌盖直径 3.2 cm，边缘近平展，中间有一凹陷，浅黄褐色至灰色，表面被灰色至黑色放射状排列的小鳞片，中心密集；菌肉污黄色；菌褶不等大，宽 0.6 cm，淡黄色，直生至近衍生，有白色乳汁，伤不变色；菌柄柱状，长 4.8 cm，粗 0.7 cm，浅黄褐色至砖红色，基部和顶部被白色物质；担孢子椭圆形，具条脊纹饰，近螺旋状，表面具纤维物；担子具4个小梗。

图209　A-C:子实体生境　D-E:担子和担孢子　F:担孢子

Fig.209　A-C:basidiocarps D-E:basidia and basidiospores F:basidiospores

生境：潮湿的苔藓类植物周围。

世界分布：中国、瑞典、挪威、英国、丹麦、西班牙、芬兰等。

中国分布：青海、东北地区、湖北、西藏等。

标本：青海果洛玛可河林区，32°39′11″N，100°54′09″E，海拔3225 m，QHU20041，32°39′02″N，100°54′15″E，海拔3216 m，QHU21305、QHU21402。

（205）*Lactarius* sp.-1

子实体较小。菌盖直径3.5 cm，近半球形，浅黄褐色，边缘稍内卷，表面光滑，有黏液；菌肉较厚，白色；菌褶不等大，宽0.1~0.3 cm，白色至污白色，较紧密，靠近菌盖边缘具褶皱，弯生至稍衍生；菌柄长2.5 cm，粗1.5 cm，纺锤状，杏色，实心，松软。担孢子（6.3~8.8）μm×（5.0~6.3）μm，Q=1.0~1.5，Q_m=1.4，近球形至柠檬形，无色透明，具脐突，表面具疣突，中央具油滴；担子（55.0~80.0）μm×（7.5~12.5）μm，棒状，细长，具2~4个小梗，较短；囊状体（65.0~102.5）μm×（10.0~13.8）μm，长纺锤形，顶端较锐利，具内含物；菌髓菌丝近平行排列；菌盖表皮具胶质层，表皮菌丝胶质化。

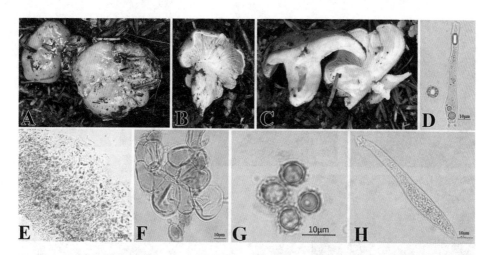

图210　A-C:子实体生境　D:担子和担孢子　E:盖皮菌丝　F:柄皮菌丝　G:担孢子　H:囊状体

Fig.210　A-C:basidiocarps　D:basidia and basidiospores　E:pileipellis　F:stipitipellis

G:basidiospores　H:cystidia

生境：潮湿的落叶松针周围土壤。

世界分布：世界广布。

中国分布：青海、云南、贵州、吉林、湖南等。

标本：青海果洛玛可河林区，32°39′05″N，100°28′49″E，海拔3 225 m，QHU20039，32°39′27″N，100°28′18″E，海拔3 194 m，QHU21329、QHU22306。

红菇属 Russula

（206）Russula foetens 臭红菇

Russula foetens Pers., Observationes mycologicae 1: 102 (1796).

= *Russula foetens* var. *minor* Singer Bull. trimest. Soc. mycol. Fr. 54: 135. (1938).

= *Agaricus foetens* (Pers.) Pers. Observ. mycol. (Lipsiae) 2: 102 （'1799'）. (1800).

子实体小至中等大。菌盖直径2.1~9.0 cm，近球形至近平展，幼时黄褐色，成熟时浅土褐色至黄褐色，表面光滑，边缘色浅，具沟条棱，有黏液；菌肉白色至污白色，薄，质脆易碎；菌褶不等大，宽0.3~0.5 cm，较密，污白色，直生至近衍生；菌柄柱状至近纺锤状，长5.8~8.6 cm，粗1.5~3.1 cm，白色，表面被纤维状条纹，松软至空心。担孢子（6.3~8.8）μm×（5.0~7.5）μm，Q=1.0~1.3，Q_m=1.1，无色透明，球形至近球形，中央具油滴，表面粗糙；担子（50.0~76.3）μm×（8.8~13.8）μm，近棍棒状，无色，具2~4个小梗；侧生囊状体，（60~107.5）μm×（7.2~13.8）μm，柱状或近纺锤状至棍棒状；假囊体（40.0~102.5）μm×（7.5~13.8）μm，近棍棒状，顶端较钝，大量存在；菌盖表皮具胶质层，菌丝胶质化；菌柄和菌髓菌丝存在连座细胞群。

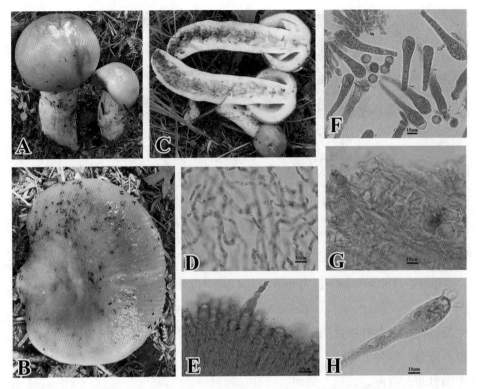

图211　A-C:子实体生境　D:盖皮菌丝　E:囊状体　F:担子和担孢子　G:柄皮菌丝　H:担子

Fig.211　A-C:basidiocarps D:pileipellis E:cystidia F:basidia and basidiospores

G:stipitipellis H:basidia

生境：落叶松针周围土壤。

世界分布：世界广布。

中国分布：青海、云南、贵州、吉林、湖南等。

标本：青海果洛玛可河林区，32°39′11″N，101°01′14″E，海拔3 227 m，QHU20049、QHU20051，32°12′57″N，101°00′33″E，海拔3 100 m，QHU20177。

（207）*Russula saliceticola*

Russula saliceticola (Singer) Kühner ex Knudsen & T. Borgen, Arctic and Alpine Mycology 1: 224 (1982).

= *Russula sphagnophila* subsp. *saliceticola* Singer. Annls mycol. 34(6): 425. (1936).

子实体中等大。菌盖直径3.8 cm，初期近半圆形，成熟时近平展，中间紫黑色，稍凹陷，向边缘颜色渐浅呈淡褐色，边缘具沟条棱，开裂，表面光滑，湿时有黏液；菌肉白色，薄，质脆；菌褶等大，宽0.2 cm，较密，淡黄色，直生；菌柄柱状，长4.2 cm，粗0.8 cm，白色，光滑，质脆易碎，实心。

图212　A-C:子实体生境

Fig.212　A-C:basidiocarps

生境：落叶阔叶林林地。

世界分布：中国、挪威、冰岛、瑞典、瑞士、丹麦、波兰、奥地利、德国、法国等。

中国分布：青海、陕西等。

标本：青海果洛玛可河林区，32°32′23″N，101°03′32″E，海拔3 220 m，QHU20068，32°32′15″N，101°03′47″E，海拔3 216 m，QHU21331、QHU22341。

（208）*Russula nauseosa* 淡味红菇

Russula nauseosa (Pers.) Fr., Epicrisis Systematis Mycologici: 363 (1838).

=*Russula xanthophaea* Boud. Bull. Soc. mycol. Fr. 10(1): 60. (1894).

=*Russula nauseosa* f. *xanthophaea* (Boud.) Singer. Beih. bot. Zbl., Abt. 2 49: 263. (1932).

子实体中等大。菌盖直径3.5~7.2 cm，扁半球形至近平展，中间稍下凹，表面光滑，部分边缘有明显的短沟条棱，黏，本研究中鉴定该种子实体颜色多变；菌肉白色，较薄；菌褶不等大，宽0.5~0.9 cm，淡黄色，直生至稍衍生；菌柄长4.7~6.3 cm，粗1.0~1.5 cm，柱状，白色，向基部渐粗，质脆易碎，空心。担孢子（7.5~10.0）μm×（7.5~10.0）μm，Q=1.0~ 1.3，Q_m=1.1，球形至近球形，无色透明，中央具油滴，表面粗糙；担子（20.0~45.0）μm×（12.5~17.5）μm，小梗较长，无色透明，短棒状，顶部膨大；侧生囊状体（22.5~50.0）μm×（7.5~12.5）μm，纺锤形，顶端尖细；菌盖表皮具胶质层，菌丝胶质化，透明；菌柄和菌髓菌丝存在莲座细胞群。

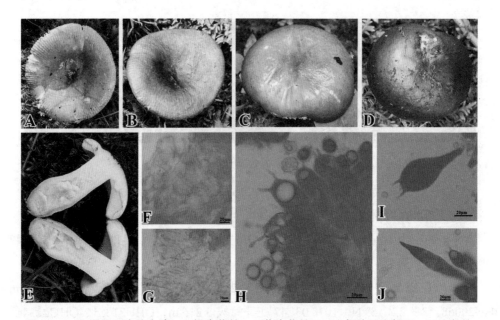

图213　A-E:不同子实体生境　F:柄皮菌丝　G:盖皮菌丝　H-I:担孢子和担子　J:囊状体

Fig.213　A-E:basidiocarps F:stipitipellis G:pileipellis H-I:basidia and basidiospores J:cystidia

生境：落叶阔叶林林中。

世界分布：中国、挪威、冰岛、瑞典、瑞士、丹麦、波兰、奥地利、德国、法国等。

中国分布：青海、陕西等。

标本：青海果洛玛可河林区，32°39′04″N，101°01′56″E，海拔 3 332 m，QHU19190；青海黄南麦秀林区，35°14′08″N，101°51′01″E，海拔 3 259 m，QHU20017、QHU20019；青海果洛玛可河林区，32°36′05″N，101°01′11″E，海拔 3 300 m，QHU20073，32°39′01″N，100°58′14″E，海拔 3 195 m，QHU20157；青海玉树江西林区，31°51′21″N，96°31′06″E，海拔 3 284 m，QHU19269、QHU20377。

（209）*Russula brevipes* 短柄红菇

Russula brevipes Peck, Ann. Rep. Reg. N.Y. St. Mus. 43: 66. (1890).

= *Russula brevipes* var. *megaspora* Shaffer, Mycologia 56(2): 226. (1964).

子实体中等大。菌盖直径 8.0 cm，半球形，中部下凹，后漏斗形，边缘稍内卷，无短条纹，不裂开，污白色至浅橙黄色，凹陷部分稍深，表面具不均匀的斑块，近光滑，干；菌肉奶油色至污白色，较厚；菌褶不等大，宽 0.5 cm，淡黄色，较紧密，衍生；菌柄长 4.5 cm，粗 2.0 cm，柱状，粗短，白色，实心，虫蛀严重。担孢子（7.5~10.0）μm×（6.3~8.8）μm，Q=1.0~1.2，Q_m=1.2，球形至近球形，无色透明，表面粗糙，中央具油滴；担子（55.0~75.0）μm×（10.0~12.5）μm，棒状，无色，具

2~4 个小梗，细长；囊状体（62.5~90.0）μm×（5.0~7.5）μm，近棒状，顶端有缢缩，无色；菌盖黏，表皮具胶质层，菌丝宽 2.5~8.8 μm，胶质化；菌柄和菌髓菌丝存在莲座细胞群。

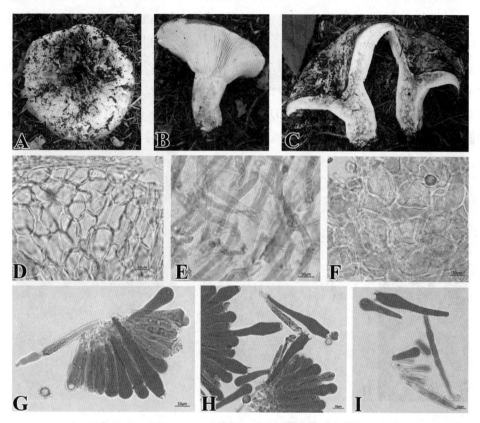

图214 A-C:子实体生境 D:柄皮菌丝 E:盖皮菌丝 F:菌髓菌丝 G-I:担子、担孢子和囊状体、

Fig.214 A-C:basidiocarps D:stipitipellis E:pileipellis F:trama

G-I:basidia, basidiospores and cystidia

生境：落叶松针周围的土壤。

世界分布：中国、墨西哥、加拿大、希腊、白俄罗斯、丹麦、英国、越南、法国等。

中国分布：青海、山东、内蒙古、东北地区、湖北、广西、河南、四川、陕西等。

标本：青海果洛玛可河林区，32°39′22″ N，101°10′32″ E，海拔 3 270 m，QHU20108、QHU21341，32°12′39″ N，101°10′18″ E，海拔 3 100 m，QHU22351。

（210）*Russula gracillima* 细弱红菇

Russula gracillima Jul. Schäff. Z. Pilzk. 10: 105. (1931).

= *Russula gracilis* sub sp. *gracillima* (Jul. Schäff.) Singer。Bull. trimest. Soc. mycol. Fr. 54: 144. (1938).

子实体中等大。菌盖直径 6.5 cm，近平展，稍向外翻卷，中间稍凹陷颜色为深红色，向边缘粉色与杏色不均匀分布，边缘具短条棱，表面光滑，纵剖开呈漏斗状；菌肉薄，白色；菌褶不等大，宽 0.3~0.5 cm，杏色，质脆易碎，直生至稍衍生；菌柄长 3.0 cm，粗 1.5 cm，柱状，中上部为浅青色，中下部分为粉色至浅红色，空心。担孢子（7.5~10.0）μm×（5.0~6.3）μm，Q=1.2~1.8，Q_m=1.5，椭圆形，无色透明，表面粗糙，中央具油滴；担子（30.0~37.5）μm×（7.5~8.8）μm，棒状，无色，具2~4个小梗，细长；侧生囊状体（45.0~72.5）μm×（7.5~13.8）μm，近纺锤状，无色；菌盖黏，表皮具胶质层，菌丝宽 2.5~8.8 μm，胶质化；柄生囊状体（60.0~115.0）μm×（6.3~11.3）μm，长棒状，无色，顶端钝圆；菌盖、菌柄和菌髓菌丝存在莲座细胞群。

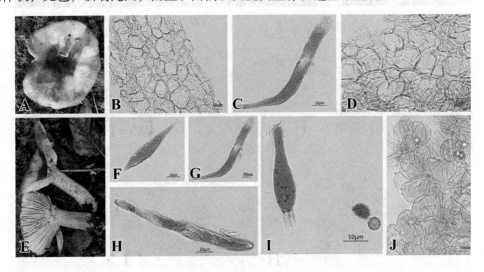

图215　A,E:子实体生境　B:柄皮菌丝　C:柄囊体　D:盖皮菌丝　F:缘囊体　G-H:侧囊体

I:担子和担孢子　J:菌髓菌丝

Fig.215　A, E:basidiocarps B:stipitipellis C:stipitipellis D:pileipellis F:Cheilocystidia

G-H:Pleurocystidia I:basidia and basidiospores J:trama

生境：潮湿的苔藓类植物土壤周围。

世界分布：中国、挪威、瑞典、瑞士、芬兰、英国、德国、西班牙等。

中国分布：青海、内蒙古、陕西。

标本：青海玉树江西林区，32°39′22″N，100°58′34″E，海拔 3 213 m，QHU20159；青海玉树东仲林区，32°32″06″N，97°12″16″E，海拔 3 247 m，QHU21351、QHU22343。

（211）*Russula atroglauca* 褪绿红菇

Russula atroglauca Einhell., Hoppea Denkschrift der Regensburgischen Naturforschenden Gesellschaft 39: 103 (1980).

　　子实体中等大。菌盖直径 5.5 cm，近平展，青褐色，中间色深，近黑褐色，边缘具纵条纹且具褶皱，开裂；菌肉白色至奶油色，较厚；菌褶不等大，宽 0.5 cm，白色至浅黄色，较紧密，直生至稍衍生；菌柄柱状，长 5.5 cm，粗 2.5 cm，白色，实心。担孢子（6.3~8.8）μm×（6.3~8.8）μm，Q=1.0~1.2，Q_m=1.1，球形至近球形，无色透明，中央具油滴，表面粗糙；担子（50.0~75.0）μm×（7.5~8.8）μm，小梗较长，无色透明，短棒状，顶部膨大；侧生囊状体（82.5~140.0）μm×（5.0~10.0）μm，长棒状；菌盖表皮菌丝末端有分支，具囊状体，且具砖格状，透明；菌柄和菌髓菌丝存在莲座细胞群。

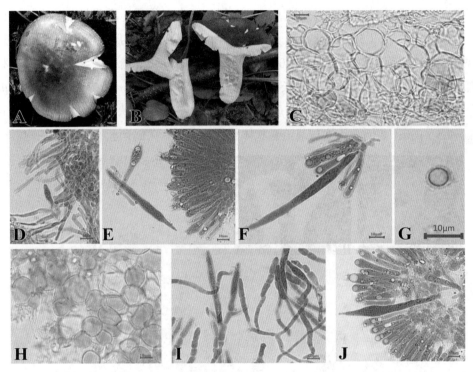

图216　A-B:子实体　C:柄皮菌丝　D:柄囊体　E,J:担子和担孢子　F:囊状体

G:担孢子　H:盖皮菌丝　I:盖囊体

Fig.216　A-B:basidiocarps C:stipitipellis D:stipitipellis E,J:basidia and basidiospores F:cystidia

G:basidiospores H:pileipellis I:pilecystidia

　　生境：落叶松针周围土壤。

　　世界分布：中国、挪威、瑞典、瑞士、芬兰、英国、德国、西班牙等。

　　中国分布：青海、内蒙古、陕西。

　　标本：青海玉树江西林区，32°02′29″N，97°00′17″E，海拔 3 790 m，QHU20408；青海玉树东仲林区，32°21′56″N，97°35′16″E，海拔 3 779 m，QHU20267、QHU20058。

（212）*Russula sanguinea* 血红菇

Russula sanguinea (Bull.) Fr., Epicrisis Systematis Mycologici: 351 (1838).

=*Agaricus sanguineus* Bull. Herb. Fr. (Paris) 1: tab. 42 （'1780-81'）. (1781).

= *Russula sanguinea* f. *umbonata* Britzelm. Botan. Centralbl. 71: 56. (1897).

子实体中等大。菌盖直径 4.5 cm，扁半球形至近平展，深红色，中间色较深，表面近光滑，有不均匀的斑块，边缘具不明显的条纹；菌肉白色，较厚；菌褶不等大，宽 0.4 cm，奶油色至淡黄色，直生至稍衍生，边缘锯齿状；菌柄长 6.2 cm，粗 1.5 cm，圆柱状，色较菌盖浅，表面近光滑，具有一层薄的白色物质，质脆易碎，实心。担孢子（6.3~8.8）μm×（5.0~7.5）μm，Q=1.2~1.4，Q_m=1.3，近球形或椭圆形，无色透明，中央具油滴，表面粗糙；担子（45.0~57.5）μm×（11.3~12.5）μm，无色透明，棒状，顶部膨大，具 2~4 个小梗，小梗较长；侧生囊状体（85.0~100.0）μm×（10.0~15.0）μm，近纺锤状；菌盖具胶质层，菌丝胶质化，宽 1.5~2.5 μm，囊状体（77.5~160.0）μm×（5.0~7.5）μm；菌柄囊状体与菌盖囊状体相似；菌柄和菌髓菌丝存在莲座细胞群。

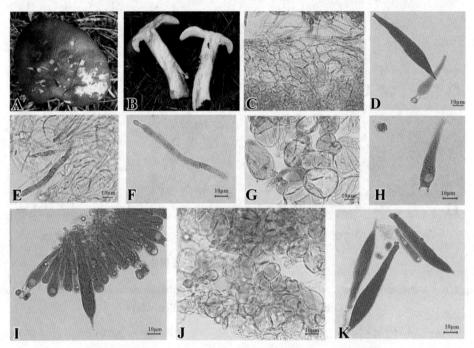

图217　A-B:子实体生境　C:柄皮菌丝　D:囊状体和担子　E:盖皮菌丝　F:盖囊体

G、J:菌盖外表皮　H:担子和担孢子　I:子实层结构　K:囊状体

Fig.217　A-B:basidiocarps. C:stipitipellis D:cystidia and basidia E:pileipellis F:pilecystidia

G、J:epicutis H: basidia and basidiospores I:hymenial K:cystidia

生境：青杆林下潮湿的土壤。

世界分布：世界广布。

中国分布：中国广布。

标本：青海果洛玛可河林区，32°39′09″N，101°10′09″E，QHU19093、QHU19209；青海玉树江西林区，32°12′29″N，97°10′17″E，海拔 3793 m，QHU20429。

（213）*Russula subnigricans* 亚黑红菇

子实体中等大。菌盖灰色至煤灰黑色。菌盖直径 6.0~10.6 cm，扁球形，中部下凹呈漏斗状，表面干燥，边缘色深而内卷，无条棱。菌肉褐色至深褐色。菌褶直生或近延生，浅黄白色，不等长，分布密集，菌柄圆柱形，长 4.0~9.0 cm，粗 1.0~2.5 cm，较盖色浅，靠近菌褶处颜色较浅，内部实心。孢子近球形，（7.0~9.0）μm×（6.0~7.0）μm，担子棒状，具 2~4 个小梗，无色，菌盖表皮菌丝末端有分支，具囊状体，且具砖格状，透明；菌柄和菌髓菌丝存在莲座细胞群。

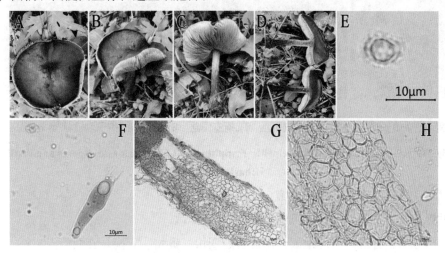

图218 A-D：子实体生境 E：担孢子 F：担子 G-H：盖皮菌丝

Fig.218 A-D: basidiocarps E:basidiospores F:basidia G-H:pileipellis

生境：潮湿的苔藓类植物周围。

世界分布：中国、日本等地区。

中国分布：青海、湖南、贵州、云南、四川、江西、福建等。

标本：青海果洛玛可河林区，32°45′21″N，100°17′09″E，海拔 3 599 m，QHU23127、QHU23215，32°45′51″N，100°17′56″E，海拔 3 652 m，QHU23203。

（214）*Russula fragilis* 小毒红菇

Russula fragilis Fr. Epicr. syst. mycol. (Upsaliae): 359（'1836-1838'）. (1838).

子实体中等大。菌盖直径 2.9 cm，近平展，中间稍凹陷，但具明显地突起，紫色至紫红色，向边缘色较浅，紫色或玫红色且具不明显的条纹，表面不光滑；菌肉较薄，白色；菌褶不等大，宽 0.3 cm，白色，较紧密，褶间有横脉，直生；菌柄长 3.4 cm，粗 0.8 cm，柱状，白色，向基部渐膨大，具假根，实心。担孢子（5.0~8.8）μm ×（5.0~7.5）μm，Q=1.2~1.4，Q_m=1.3，球形至近椭圆形，油黄色，具脐突，表面粗糙，中央具油滴；担子（42.5~57.5）μm ×（11.3~12.5）μm，无色透明，棒状，顶部膨大，具 2~4 个小梗，小梗较长；侧生囊状体（85.0~100.0）μm ×（10.0~15.0）μm，长棒状，顶部尖细；菌柄和菌盖表皮菌丝均存在莲座细胞群。

图219　A-D:子实体生境　E:盖皮菌丝　F:柄皮菌丝　G:担子、担孢子和囊状体　H:担孢子

Fig.219　A-D:basidiocarps　E:pileipellis　F:stipitipellis　G:basidia,basidiospores and cystidia H:basidiospores

生境：潮湿的苔藓类植物土壤。

世界分布：中国、瑞典、英国、挪威、丹麦等。

中国分布：青海、东北地区、内蒙古、四川、贵州、云南、江西等。

标本：青海黄南麦秀林区，35°19′21″N，100°46′09″E，海拔 2 837 m，QHU20085、QHU20223，35°42′39″N，100°30′15″E，海拔 2 814 m，QHU19310。

（215）*Russula firmula* 榄色红菇

Russula firmula Jul. Schäff, Annls mycol. 38(2/4): 111. (1940).

子实体中等大。菌盖近平展，浅灰褐色至浅紫褐色，中间色较深，向边缘渐浅，表面具黏液；菌肉较厚，白色；菌褶不等大，浅黄色至土黄色，直生；菌柄柱状，向基部渐粗，白色，质脆易碎，实心。担孢子（6.3~8.8）μm ×（5.0~7.5）μm，Q=1.2~1.4，Q_m=1.3，球形至近椭圆形，无色透明，具油滴，表面短棒状纹饰；担子（45.0~57.5）μm ×（11.3~12.5）μm，无色透明，棒状，顶部膨大，具 2~4 个小梗，小梗较长；侧生囊状体（85.0~100.0）μm ×（10.0~15.0）μm，近纺锤状；菌盖具胶质层，菌丝宽 1.5~2.5 μm，胶质化；囊状体（77.5~160.0）μm ×（5.0~7.5）μm，棒状，表面具颗粒状纤维物；菌柄囊状体与菌盖囊状体相似；菌柄和菌髓菌丝存在莲座细胞群。

图220　A-C:子实体生境　D:担子、担孢子和囊状体　E:囊状体　F:担子

Fig.220　A-C:basidiocarps　D:basidia, basidiosporesand cystidia　E:cystidia　F:basidia

生境：云杉林下潮湿的苔藓类植物周围。

世界分布：世界广布。

中国分布：青海、内蒙古、东北、山东、云南等。

标本：青海果洛玛可河林区，32°45′21″N，100°17′09″E，海拔3 315 m，QHU19003、QHU19005；青海玉树江西林区，32°22′08″N，97°01′19″E，海拔3 165 m，QHU19207、QHU19426。

（216）*Russula aeruginea* 铜绿红菇

Russula aeruginea Lindblad ex Fr, Monogr. Hymenomyc. Suec. (Upsaliae) 2(2): 198. (1863).

= *Russula aeruginea* f. *rickenii* Singer, Revue Mycol., Paris 1(2): 81. (1936).

子实体中等大。菌盖扁半球形至近平展，中间铜绿色稍凹陷，边缘为草绿色，表面近光滑，边缘具短条纹；菌肉污土黄色，较厚；菌褶较紧密，不等大，浅杏色至土黄色，直生；菌柄柱状，向基部渐粗，中间色深，为浅草绿色，两端近白色，中生；担孢子呈球状至近球状，表面具疣状物；担子具4个小梗，表面光滑；囊状体棒状，顶端钝。

图221　A-C:子实体生境　D-E:担子和担孢子　F:囊状体

Fig.221　A-C:basidiospores　D-E:basidia and basidiospores　F:stidia

生境：落叶松针周围的土壤。

世界分布：世界广布。

中国分布：青海、内蒙古、湖北、贵州、江西、广西等。

标本：青海果洛玛可河林区，32°50′21″N，100°47′09″E，海拔 3 550 m，QHU19063，32°39′28″N，101°00′42″E，海拔 3620 m，QHU22141；青海玉树江西林区，32°02′31″N，97°00′13″E，海拔 3 587 m，QHU21300。

（217）*Russula cuprea* 铜色红菇

Russula cuprea Krombh, Naturgetr. Abbild. Beschr. Schwämme (Prague) 9: 11. (1845).

子实体中等大。菌盖近半球形至球形，灰黑色至紫黑色，表面近光滑具黏液，边缘具长条纹；菌肉白色至奶油白，较厚；菌褶不等大，白色，较紧密，直生；菌柄柱状，向基部稍膨大，白色，实心；电镜下，担孢子呈球状至近球状，表面具疣状物；担子具 4 个小梗，表面光滑；囊状体棒状，顶端钝。

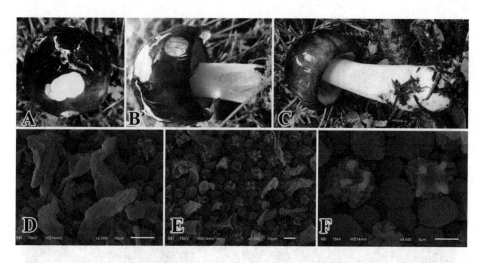

图222　A-C:子实体生境　D:囊状体　E:担子,担孢子和囊状体　F:担子

Fig.222　A-C:basidiocarps　D:cystidia　E:basidia, basidiospores and cystidia　F:basidiospores

生境：落叶松针周围的土壤。

世界分布：世界广布。

中国分布：青海、内蒙古、山东、云南等。

标本：青海果洛玛可河林区，32°39′14″N，101°0′56″E，海拔 3 550 m，QHU19204；青海玉树江西林区，32°2′44″N，97°0′27″E，海拔 3 650 m，QHU19326、QHU19379。

（218）*Russula puellaris* 美丽红菇

Russula puellaris Fr, Epicr. syst. mycol. (Upsaliae): 362（'1836-1838'）. (1838).

子实体较小。菌盖近平展，椭圆形，中间杏色至浅黄褐色，边缘浅粉色至杏色，表面光滑，边缘具短条纹；菌肉浅杏色至白色，较厚；菌褶不等大，较紧密，白色至奶油色，直生至稍离生；菌柄柱状，近等粗，白色，实心。担孢子椭圆形，表面具短棒状纹饰；担子棒状，常具 4 个担子梗，较长。

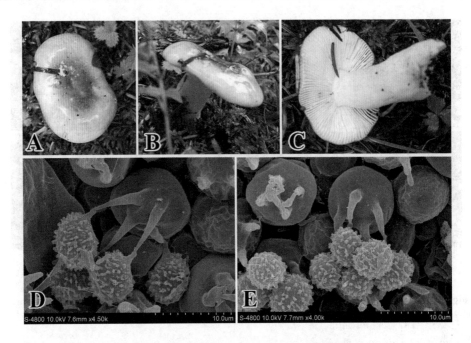

图223　A-C:子实体生境　D-E:担子和担孢子

Fig.223　A-C:basidiocarps　D-E:basidia and basidiospores

生境：落叶松针周围的土壤。

世界分布：世界广布。

中国分布：青海、云南、四川、福建、贵州、东北地区等。

标本：青海玉树江西林区，32°08′17″N，97°00′56″E，海拔3 687 m，QHU21397；青海玉树东仲林区，32°31′36″N，97°15′46″E，海拔3 550 m，QHU19301、QHU19390。

（219）*Russula sichuanensis*

Russula sichuanensis G.J. Li & H.A. Wen, Mycotaxon 124: 179. (2013).

子实体较小。菌盖近球形，白色，表面近光滑，具黏液，边缘具短条纹；菌肉浅杏色，较厚；菌肉不等大，橙黄色至浅橙色，直生至稍弯生；菌柄柱状，色同菌盖，白色，实心。

图224　A-C:子实体生境

Fig.224　A-C:basidiocarps

生境：落叶松针周围的土壤。

世界分布：世界广布。

中国分布：青海、云南、西藏、甘肃、东北地区等。

标本：青海玉树江西林区，32°6′55″N，97°4′49″E，海拔3 770 m，QHU19378、QHU19402；青海玉树江西林区，32°4′21″N，97°3′09″E，海拔3 287 m，QHU21346。

（220）*Russula exalbicans* 非白红菇

Russula exalbicans (Pers.) Melzer & Zvára, Arch. Přírodov. Výzk. Čech. 17(4): 97（‘1927’). (1928).

= *Agaricus rosaceus exalbicans* Pers, Syn. meth. fung. (Göttingen) 2: 439. (1801).

= *Agaricus exalbicans* (Pers.) J. Otto, Vers. Anordnung Beschr. Agaricorum (Leipzig): 27. (1816).

子实体中等大。菌盖直径4.7 cm，近平展，中间稍凹陷，深红色，其他部分红色，表面近光滑；菌肉较薄，白色；菌褶不等大，宽0.2~0.3 cm，较密，奶白色至浅黄色，基部有分叉，质薄易碎，直生；菌柄长4.9 cm，粗1.5 cm，柱状，基部稍粗，白色，表面具污白色至浅灰色条纹，实心。

图225　A-C:子实体生境

Fig.225　A-C:basidiocarps

生境：潮湿的苔藓类植物土壤。

世界分布：中国、瑞典、英国、德国、荷兰等。

中国分布：青海、东北地区、内蒙古、西藏、云南、贵州等。

标本：青海黄南麦秀林区，35°19′12″N，101°55′08″E，海拔2 835 m，QHU20083、QHU20209。

韧革菌科 Stereaceae

韧革菌属 *Stereum*

（221）*Stereum subtomentosum* 扁韧革菌

Stereum subtomentosum Pouzar, Česká Mykol. 18(3): 147. (1964).

=*Stereum ochroleucum* subsp. *arcticum* Fr. Hymenomyc. eur. (Upsaliae): 639. (1874).

子实体较小。菌盖近平展，直径 1.8 cm，浅黄褐色，边缘有不明显环纹，表面被浅褐色茸毛；菌肉浅黄色；相对于菌盖的一面光滑，橙色；无菌褶和菌柄。

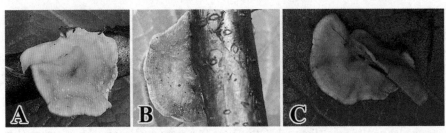

图226　A-C:子实体生境

Fig.226　A-C:basidiocarps

生境：桦树树桩上。

世界分布：中国、瑞典、丹麦、荷兰、挪威、瑞士、英国、波兰、意大利等。

中国分布：青海、湖北、东北地区、四川、山西、北京等。

标本：青海玉树白扎林区，32°39′46″N，96°3′15″E，海拔 3 195 m，QHU20008；青海玉树江西林区，32°3′15″N，97°2′58″E，海拔 3 347 m，QHU19454、QHU19469。

（222）*Chondrostereum purpureum* 紫软韧革菌

Chondrostereum purpureum (Pers.) Pouzar, Česká Mykol. 13(1): 17. (1959).

= *Stereum purpureum* var. *atromarginatum* W.G. Sm. Syn. Brit. Basidiomyc.: 405. (1908).

= *Stereum purpureum* var. *intricatissimum* P. Karst. Acta Soc. Fauna Flora fenn. 27(no. 4): 13 ('1905-1906'). (1905).

子实体小。菌盖近贝壳形，长径约2.1 cm，基部为黄褐色，向边缘渐浅，最外缘白色，波浪纹，呈覆瓦状生长，革质，表面具污黄色短茸毛；无菌柄；菌孔较密，肉粉色。

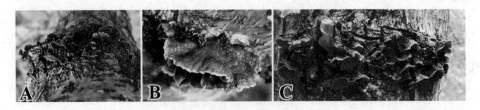

图227　A-C:子实体生境

Fig.227　A-C:basidiocarps

生境：桦树树桩。

世界分布：中国、瑞典、英国、荷兰、丹麦、挪威、德国、西班牙、立陶宛等。

中国分布：青海、四川、云南、台湾等。

标本：青海果洛玛可河林区，32°39′17″N，100°0′48″E，海拔 3 182 m，QHU20014；青海玉树江西林区，31°40′29″N，96°12′30″E，海拔 3 263 m，QHU21386。

淀粉韧革菌属 *Amylosereum*

（223）*Amylosereum areolatum* 网隙裂粉韧革菌

Amylostereum areolatum (Chaillet ex Fr.) Boidin, Revue Mycol., Paris 23: 345. (1958).

= *Stereum areolatum* (Chaillet ex Fr.) Fr. Epicr. syst. mycol. (Upsaliae): 552 ('1836-1838'). (1838).

子实体较小。菌盖直径 2.5~3.5 cm，子实层浅杏色至杏色，较光滑，非子实层灰褐色，边缘黄褐色，具明显的环带。

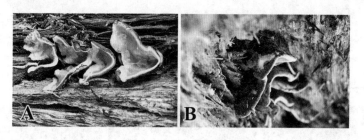

图228　A-B：子实体生境

Fig.228　A-B:basidiocarps

生境：树桩。

世界分布：中国、欧洲、美国、新西兰、巴西。

中国分布：青海、云南、东北地区。

标本：青海玉树江西林区，31°50′19″N，96°32′37″E，海拔 3 795 m，QHU20405、QHU20224；青海玉树白扎林区，31°21′09″N，96°09′47″E，海拔 3 899 m，QHU21377。

革菌目 Thelephorales

革菌科 Thelephoraceae

革菌属 *Thelephora*

（224）*Thelephora caryophyllea* 竹色石革菌

Thelephora caryophyllea (Schaeff.) Pers., Synopsis methodica fungorum: 565 (1801)

子实体小至中等大。喇叭形，菌盖灰褐色，边缘薄，色浅红褐色至紫褐色，且呈小波浪状稍向内翻卷，有明显的环带，中部凹陷，表面有小鳞片，具褶皱，成熟时颜色黑褐色至黑色；子实层紫褐色，光滑，稍具皱纹；菌柄较短，深入地下。担孢子 2.5 μm ×（3.8~5.0）μm，Q=1.2~2.0，Q_m=1.5，椭圆形至星形，浅油黄色，表面具刺突，中央具油滴；担子（50.0~57.5）μm ×（10.0~12.5）μm，棒状，浅灰褐色，具 2~4 个小梗，基部具锁状联合；子实层菌丝宽 3.8~8.8 μm，浅灰褐色，柱状，厚壁，表面粗糙，具锁状联合。

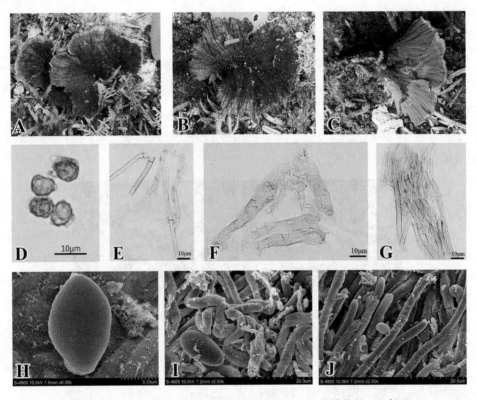

图229　A-C:子实体生境　D,H:担孢子　E,G,I-J:菌髓菌丝　F:担子

Fig.229　A-C:basidiocarps　D,H.:basidiospores　E,G,I-J:trama　F:basidia

生境：落叶松针周围土壤中。

世界分布：中国、瑞典、英国、波兰、美国、瑞士、丹麦等。

中国分布：青海、吉林、内蒙古、福建、西藏、辽宁。

标本：青海玉树白扎林区，31°51′09″N，96°31′57″E，海拔 3 785 m，QHU20368；青海玉树江西林区，32°18′43″N，96°45′57″E，海拔 3 786 m，QHU20345。

班克齿菌科 Bankeraceae

肉齿菌属 *Sarcodon*

（225）*Sarcodon imbricatus* 翘鳞肉齿菌

Sarcodon imbricatus (L.) P. Karst. Revue mycol., Toulouse 3(no. 9): 20. (1881).

= *Phaeodon imbricatus* (L.) J. Schröt. in Cohn, Krypt.-Fl. Schlesien (Breslau) 3.1(25–32): 460 ('1889'). (1888).

子实体中等大。菌盖直径 7.2 cm，近圆形，中间下凹，呈浅漏斗状，杏色，表面具灰褐色至黑褐色的鳞片，较厚，覆瓦状，中间大且翘起，边缘小，呈近同心环状排列；菌肉污白色至浅杏色，水浸状；刺深褐色，衍生，锥形；菌柄长 5.0 cm，宽 1.8 cm，近柱状，盖同菌肉，中间稍膨大；担孢子球形至椭圆形，表面具疣状物；担子棒状，常具 4 个小梗，较粗短。

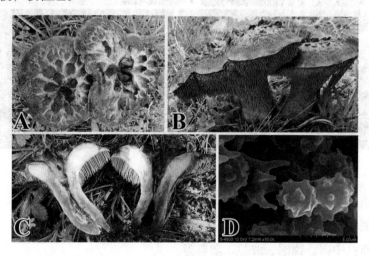

图230　A-C:子实体生境　D:担子和担孢子

Fig.230　A-C:basidiocarps D:basidia and basidiospores

生境：潮湿的苔藓类植物周围。

世界分布：中国、德国、波兰、瑞典等。

中国分布：青海、甘肃、新疆、四川、云南、安徽、台湾、西藏。

标本：青海玉树白扎林区，31°51′39″ N，96°31′17″ E，海拔 3 785 m，QHU20352；青海黄南麦秀林区，35°17′28″ N，101°54′02″ E，海拔 3 956 m，QHU22356。

（226）*Sarcodon violacea* 紫肉齿菌

Sarcodon violacea (Thore) Pouzar, Česká Mykol. 9(2): 96. (1955).

= *Sarcodon violaceus* (Thore) Quél. C. r. Assoc. Franç. Avancem. Sci. 22(2): 488. (1894).

子实体小至中等大。菌盖直径 11.0 cm，中部下凹，整个子实体呈漏斗状，暗紫色至紫褐色，表面被黑褐色丛生鳞片，鳞片较厚，边缘较小，中间较大，覆瓦状；菌肉浅黄褐色至浅红褐色；菌齿长 0.8 cm，锥形，红褐色至紫褐色，衍生；菌柄粗短，长 6.5 cm，粗 3.0 cm，上下基本等粗，浅白色至污白色稍带褐色，空心；担孢子球形至椭圆形，表面具疣状物。

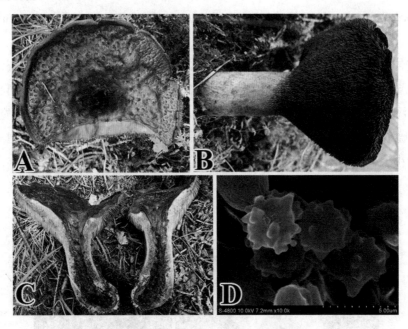

图231　A-C:子实体生境　D:担孢子

Fig.231　A-C:basidiocarps　D:basidiospores

生境：潮湿的苔藓类植物周围。

世界分布：中国、德国、波兰、瑞典等。

中国分布：青海、甘肃、新疆、四川、云南、安徽、台湾、西藏等。

标本：青海果洛玛可河林区，32°39′41″N，100°57′06″E，海拔 3 395 m，QHU20141；青海玉树白扎林区，31°31′12″N，96°11′09″E，海拔 3 578 m，QHU20450、QHU20498。

地星目 Geastrales

地星科 Geastraceae

地星属 *Geastrum*

（227）*Geastrum mirabile* (Mont.) Fisch　木生地星

Geastrum mirabile Mont., Ann. Sci. Nat., Bot., 4e Sér. 3139 (1855)

子实体中等大。外包被白色至浅黄色，开裂尖端为灰棕色，光滑，直径4.0~7.0 cm，扁半球形至近球形，开裂后呈5~10个裂片，肉质；内包被球形，灰棕色，直径2.5~2.8 cm，口部小，色暗且口缘纤维状，

图232 A-B：子实体生境

Fig.232 A-B: basidiocarps

生境：落叶松针周围的土壤。

世界分布：中国、巴西、日本、非洲、泰国等地区。

中国分布：青海、福建、海南、云南等。

标本：青海果洛玛可河林区，32°39′21″N，100°58′34″E，海拔 3 505 m，QHU2381，32°39′09″N，100°58′51″E，QHU23115，QHU2319。

（228）*Geastrum saccatum* 袋形地星

Geastrum saccatum Fr, Syst. mycol. (Lundae) 3(1): 16. (1829).

子实体中等大至偏大。外包被浅杏色至浅土褐色，光滑，直径 5.0~7.0 cm，扁半球形至近球形，开裂后呈 5~8 个裂片，肉质；内包被球形，直径 2.5~2.8 cm，口部显著，色暗且口缘纤维状，宽圆锥形。

图233 A-C:子实体生境

Fig.233 A-C:basidiocarps

生境：落叶松针土壤周围。

世界分布：世界广布。

中国分布：青海、甘肃、西藏、内蒙古、湖北、东北地区。

标本：青海玉树白扎林区，31°51′26″N，96°31′06″E，海拔 3 600 m，QHU20292、QHU20302，31°51′11″N，96°31′19″E，海拔 3 643 m，QHU20325；青

海黄南麦秀林区，35° 19′ 04″ N，101° 55′ 12″ E，海拔 3 635 m，QHU21458。

3 三江源森林型大型真菌系统发育分析

3.1 ITS序列聚类分析

基于 115 条 ITS 序列，构建 NJ 法系统发育树，如图 234 所示。

从图中可以明显看出，共有 2 支，红色标记部分为担子菌门 Basidiomycota，蓝色部分为子囊菌门 Ascomycota。

担子菌门可分为 8 目。B1 为伞菌目 Agaricales，口蘑科 Tricholomataceae 漏斗伞属 *Infundibulicybe* 2 种、杯伞属 *Clitocybe* 4 种为一支；假杯伞属 *Pseudoclitocybe* 1 种和蘑菇科 Agaricaceae 卷毛菇属 *Floccularia* 1 种为一支；轴腹菌科 Hydnangiaceae 蜡蘑属 *Laccaria* 2 种为一支；多孔菌目 Polyporales 皱孔菌科 Meruliaceae 韧革菌属 *Stereopsis* 1 种单独为一支；离褶伞科 Lyophyllaceae 丽蘑属 *Calocybe* 及蜡中科 Hygrophoraceae 蜡伞属 *Hygrophorus* 2 种为一支；粉褶中科 Entolomataceae 粉褶伞属 *Entoloma* 3 种、口蘑科 Tricholomataceae 铦囊蘑属 *Melanoleuca* 1 种及口蘑属 *Tricholoma* 4 种为一支；球盖菇科 Strophariaceae 库恩菇属 *Kuehneromyces* 球盖菇属 *Stropharia* 和层腹菌科 Hymenogastraceae 盔孢伞属 *Galerina* 裸伞属 *Gymnopilus* 为一支；泡头菌科/膨瑚菌科 Physalacriaceae 蜜环菌属 *Armillaria* 2 种为一支；光茸菌科 Omphalotaceae 裸柄伞属 *Gymnopus* 1 种、口蘑科 Tricholomataceae 金钱菌属 *Collybia* 和小皮伞科 Marasmiaceae 小皮伞属 *Marasmius* 为一支；小菇科 Mycenaceae 小菇属 *Mycena* 3 种为一支；光柄菇科 Pluteaceae 光柄菇属 *Pluteus* 1 种单独为一支；蘑菇科 Agaricaceae 环柄菇属 *Lepiota* 2 种、*Echinoderma* 属 1 种、白环蘑属 *Leucoagaricus* 1 种及蘑菇属 *Agaricus* 2 种为一支；丝膜菌科 Cortinariaceae 丝膜菌属 *Cortinarius* 12 种为一支；丝盖伞科 Inocybaceae 丝盖伞属 *Inocybe* 4 种为一支；蜡伞科 Hygrophoraceae 湿伞属 *Hygrocybe* 3 种为一支。B2 为牛肝菌目 Boletales 牛肝菌科 Boletaceae 绒盖牛肝菌属 *Xerocomus* 1 种组成；B3 为多孔菌目 Polyporales 3 科 8 属 11 种组成；B4 为革菌目 Thelephorales 革菌科 Thelephoraceae 革菌属 *Thelephora* 1 种为一支。B5 为红菇目 Russulales 目下分为 3 个类群，耳匙菌科 Auriscalpiaceae 小香菇属 *Lentinellus* 1 种及地花菌科 Albatrellaceae 地花菌属 *Albatrellus* 1 种为一支；红菇属 *Russula* 9 种为一支；乳菇属 *Lactarius* 8 种为一支；两属同为红菇科 Russulaceae 大型真菌；B6 为木耳目 Auriculariales 木耳科 Auriculariaceae 木耳属 *Auricularia* 1 种为一支；B7 为陀螺菌目 Gomphales 共 2 科 3 属 6 种，其中陀螺菌科 Gomphaceae 暗锁瑚菌属 *Phaeoclavulina* 1 种和枝瑚菌属 *Ramaria* 2 种为一小支，棒瑚菌科 Clavariadelphaceae 棒瑚菌属 *Clavariadelphus* 3 种为一小支；B8 为鸡油菌目

Cantharellales 锁瑚菌科 Clavulinaceae 锁瑚菌属 *Clavulina* 3 种为一支。

　　子囊菌门 Ascomycota 由 2 纲 3 目 4 科 7 种组成，其中 A1 为盘菌纲 Pezizomycetes 盘菌目 Pezizales 火丝菌科 Pyronemataceae 侧盘菌属 *Otidea*、索氏盘菌属 *Sowerbyella* 各 1 种与平盘菌科 Discinaceae 鹿花菌属 *Gyromitra* 1 种为一支；A2 为锤舌菌纲 Leotiomycetes 斑痣盘菌目 Rhytismatales 地锤菌科 Cudoniaceae 地锤菌属 *Cudonia* 1 种、地勺菌属 *Spathularia* 1 种，A3 柔膜菌目 Helotiales 柔膜菌科 Helotiaceae 小双孢盘菌属 *Bisporella* 为一支；

　　对 ITS 序列进行模型检验，最佳模型为 K2+G，构建 ML 法系统发育树，如图 235 所示。与 NJ 法系统发育树相比较，二者结构基本一致或稍具差异；如蜡伞科 Hygrophoraceae 湿伞属 *Hygrocybe* 3 种和革菌目 Thelephorales 革菌 Thelephoraceae 革菌属 *Thelephora* 1 种及红菇目 Russulales 大型真菌为一支；木耳目 *Auriculariales* 木耳科 Auriculariaceae 木耳属 *Auricularia* 1 种与蘑菇目真菌为一支；光柄菇科 Pluteaceae 光柄菇属 *Pluteus* 和粉褶伞科 Entolomataceae 粉褶伞属 *Entoloma* 为一支。

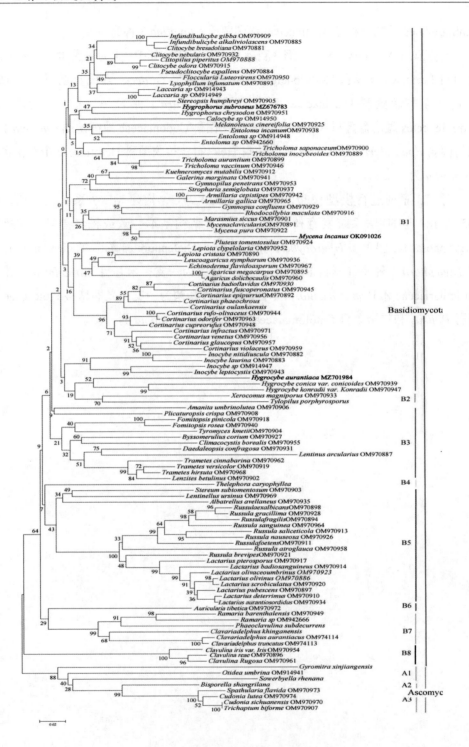

图234 ITS序列NJ法系统发育树

Fig.234 A neighbor-joining tree based on distances derived from sequences of ITS.The bar indicates a distance of 0.02.

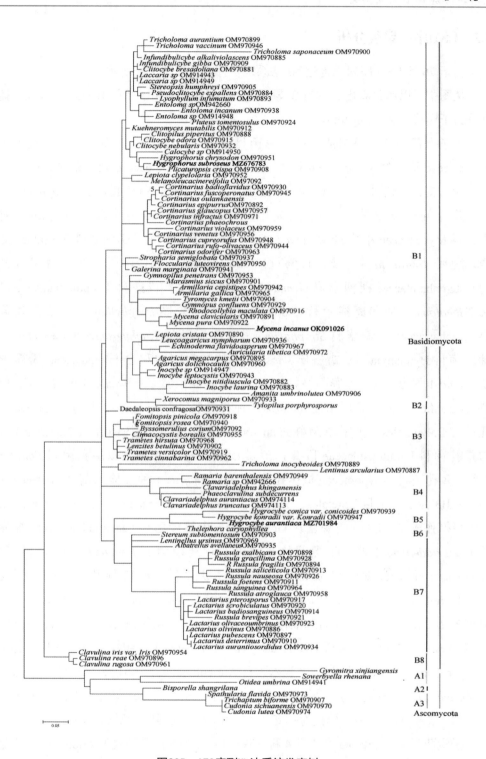

图235　ITS序列ML法系统发育树

Fig.235　A Maximum Likelihood tree based on distances derived from sequences of ITS.The bar
indicates a distance of 0.05.

3.2 LSU序列聚类分析

基于 76 条 LSU 序列，构建 NJ 法系统发育树，如图 236 所示。

从图中可以明显看出，共有 2 支，红色标记部分为担子菌门 Basidiomycota，蓝色部分为子囊菌门 Ascomycota。

担子菌门由 8 个目组成。BI 为伞菌目 Agaricales，其自上而下分别为丝盖伞科 Inocybaceae 丝盖伞属 *Inocybe* 4 种为一支，光柄菇科 Pluteaceae 光柄菇属 *Pluteus* 1 种单独为一支，蘑菇科 Agaricaceae 环柄菇属 *Lepiota* 1 种、白环蘑属 *Leucoagaricus* 1 种及蘑菇属 *Agaricus* 2 种为一支，层腹菌科 Hymenogastraceae 裸伞属 *Gymnopilus* 1 种和小菇科 Mycenaceae 小菇属 *Mycena* 1 种为一支，泡头菌科 / 膨瑚菌科 Physalacriaceae 蜜环菌属 *Armillaria* 为一支，口蘑科 Tricholomataceae 金钱菌属 *Collybia* 1 种和光茸菌科 Omphalotaceae 裸柄伞属 *Gymnopus* 2 种为一支，口蘑科 Tricholomataceae 口蘑属 *Tricholoma* 2 种和离褶伞科 Lyophyllaceae 离褶伞属 *Lyophyllum* 为一支；球盖菇科 Strophariaceae 球盖菇属 *Stropharia* 1 种，库恩菇属 *Kuehneromyces* 1 种为一支，轴腹菌科 Hydnangiaceae 蜡蘑属 *Laccaria* 1 种和粉褶中科 Entolomataceae 粉褶伞属 *Entoloma* 1 种为一支，丝膜菌科 Cortinariaceae 丝膜菌属 *Cortinarius* 4 种为一支，蜡伞科 Hygrophoraceae 蜡伞属 *Hygrophorus* 2 种和湿伞属 *Hygrocybe* 2 种为一支；B2 为多孔菌目 Polyporales，由平革菌科 Phanerochaetaceae 棉絮干朽菌 *Byssomerulius* 1 种、拟层孔菌科 Fomitopsidaceae 顶囊孔菌属 *Climacocystis* 1 种、拟层孔菌属 *Fomitopsis* 1 种、多孔菌科 Polyporaceae 拟迷孔菌属 *Daedaleopsis* 1 种及栓孔菌属 *Trametes* 3 种组成；B3 为牛肝菌目 Boletales，其仅为牛肝菌科 Boletaceae 红牛肝菌属 *Porphyrellus* 1 种并单独成支；B4 为陀螺菌目 Gomphales，由棒瑚菌科 Clavariadelphaceae 棒瑚菌属 *Clavariadelphus* 1 种、陀螺菌科 Gomphaceae 枝瑚菌属 *Ramaria* 1 种和陀螺菌属 *Gomphus* 1 种组成；B5 为红菇目 Russulales，由共 2 科 3 属 13 种组成，分别为地花菌科 Albatrellaceae 地花菌属 *Albatrellus* 1 种，红菇科 Russulaceae 红菇属 *Russula* 5 种，乳菇属 *Lactarius* 7 种；B6 为鸡油菌目 Cantharellales，由锁瑚菌科 Clavulinaceae 锁瑚菌属 *Clavulina* 2 种和齿菌科 Hydnaceae 齿菌属 *Hydnum* 1 种组成；以上 6 目均为伞菌纲 Agaricomycetes 大型真菌；B7 为木耳目 Auriculariales 为木耳科 Auriculariaceae 木耳属 *Auricularia* 1 种单独为一支；B8 为花耳目 Dacrymycetales 花耳科 Dacrymycetaceae 花耳属 *Dacrymyces* 1 种，单独为一支，B7、B8 均为花耳纲大型真菌。

子囊菌门 Ascomycota 由 3 目 4 科 6 种组成，A1 为锤舌菌纲 Leotiomycetes 斑痣盘菌目 Rhytismatales 地锤菌科 Cudoniaceae 地锤菌属 *Cudonia* 1 种、地勺菌属 *Spathularia* 1 种，A2 为核菌纲 Pyrenomycetes 肉座菌目 Hypocreales 肉座菌科 Hypocreaceae 菌寄生属（毡座属）*Hypomyces partial sequence* 1 种为一支；A3 为盘菌纲 Pezizomycetes 火

丝菌科 Pyronemataceae 盘菌目 Pezizales 侧盘菌属 *Otidea*、索氏盘菌属 *Sowerbyella* 各 1 种与平盘菌科 Discinaceae 鹿花菌属 *Gyromitra* 1 种为一支。

根据张鲜对湖北兴山县大型真菌的分类研究，Tricholomataceae 金钱菌属 *Collybia* 和裸柄伞属 *Gymnopus* 为小皮中科 Marasmiaceae 大型真菌，故在该系统发育树种聚为一支，亲缘关系较近；*Plicaturopsis* 拟褶尾菌属单独为一支，*Trichaptum biforme* 二型附毛孔菌与陀螺菌目 Gomphales 大型真菌为一支，均未定义这两属其科的分类地位，需进行更深入研究。

对 LSU 序列进行模型检验，最佳模型为 K2+G+I，构建 ML 法系统发育树，如图 237 所示。对比 NJ 法和 ML 法系统发育树结构可得，二者结构具较小差异。ML 系统发育树中，牛肝菌目 Boletales 牛肝菌科 Boletaceae 红牛肝菌属 *Porphyrellus* 与红菇目 Russulales 红菇科 Russulaceae 红菇属 *Russula*、乳菇属 *Lactarius* 为一支；红菇目 Russulales，由共 2 科 3 属 13 种组成，分别为地花菌科 Albatrellaceae 地花菌属 *Albatrellus* 与陀螺菌目 Gomphales 大型真菌为一支。

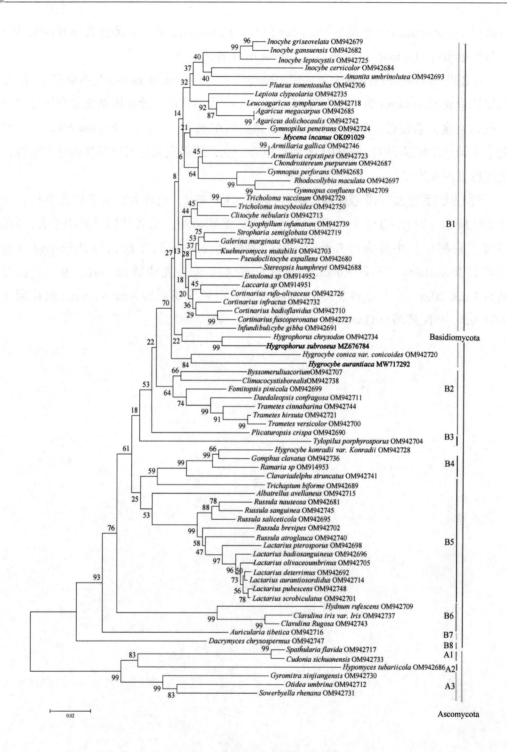

图236　LSU序列NJ法系统发育树

Fig.236　A neighbor-joining tree based on distances derived from sequences of LSU. The bar indicates a distance of 0.02.

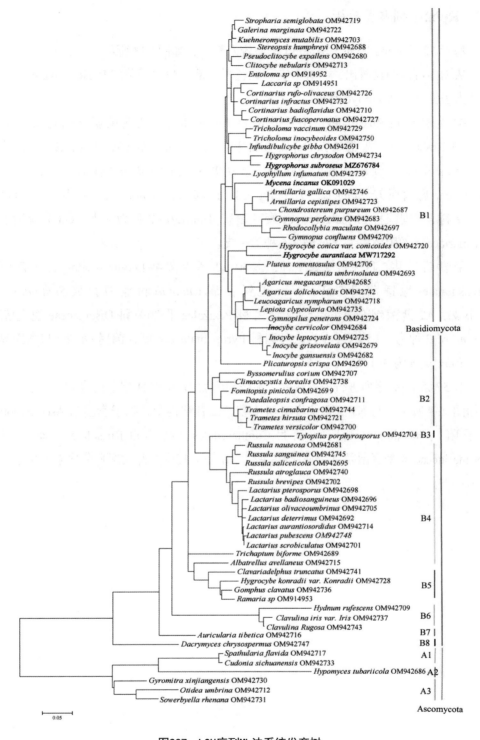

图237　LSU序列ML法系统发育树

Fig.237　A Maximum Likelihood tree based on distances derived from sequences of LSU. The bar indicates a distance of 0.05.

3.3　Rpb2序列聚类分析

基于57条Rpb2序列，构建NJ法系统发育树，如图238所示。

从图中可以明显看出，共有2支。红色标记部分为担子菌门Basidiomycota，蓝色部分为子囊菌门Ascomycota。

B1为红菇目Russulales，由地花菌科Albatrellaceae地花菌属 *Albatrellus* 1种、红菇科Russulaceae乳菇属 *Lactarius* 3种和红菇属 *Russula* 5种组成；B2为鸡油菌目Cantharellales，锁瑚菌科Clavulinaceae锁瑚菌属 *Clavulina* 3种为一支，齿菌科Hydnaceae齿菌属 *Hydnum* 1种为一支；G1为口蘑属 *Tricholoma* 2种为一支；G2为泡头菌科/膨瑚菌科Physalacriaceae蜜环菌属 *Armillaria* 2种为一支；G3为丝膜菌科Cortinariaceae丝膜菌属 *Cortinarius* 5种为一支。

子囊菌门共2目3科5属7种，其中A1锤舌菌纲Leotiomycetes斑痣盘菌目Rhytismatales地锤菌科Cudoniaceae地锤菌属 *Cudonia* 和地勺菌属 *Spathularia* 为一小支，A2盘菌纲Pezizomycetes盘菌目Pezizales平盘菌科Discinaceae鹿花菌属 *Gyromitra* 2种为一小支，A3为火丝菌科Pyronemataceae侧盘菌属 *Otidea* 和索氏盘菌属 *Sowerbyella* 为一小支。

对57条rbp2序列进行模型测验，最佳模型为GTR+G+I型，构建ML法系统发育树如图239所示。与NJ法系统发育树比较，二者结构中，除子囊菌门Ascomycota、担子菌门Basidiomycota鸡油菌目Cantharellales、红菇目Russulales、丝膜菌科Cortinariaceae大型真菌及部分属结构基本一致外，其他类群大型真菌均未严格意义上聚为一支。

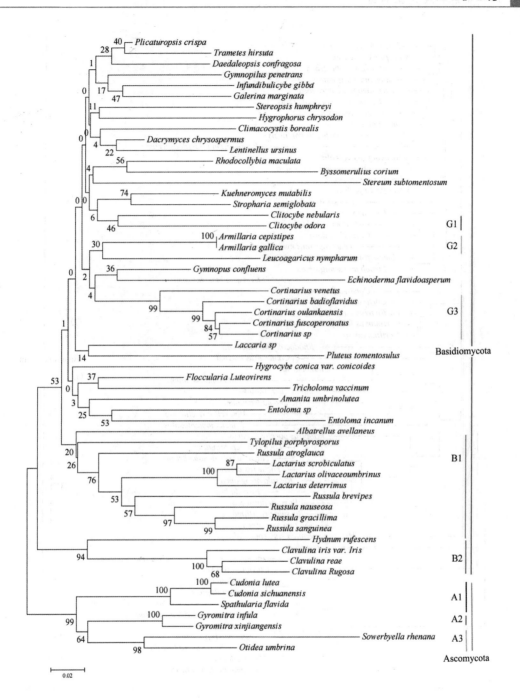

图238　Rpb2序列NJ法系统发育树

Fig.238　A neighbor-joining tree based on distances derived from sequences of Rpb2.The bar indicates a distance of 0.02.

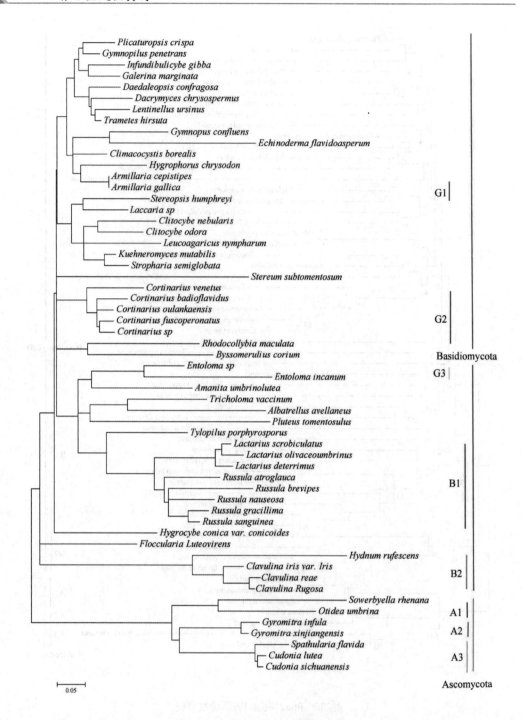

图239　Rpb2序列ML法系统发育树

Fig.239　A Maximum Likelihood tree based on distances derived from sequences of Rpb2.The bar
indicates a distance of 0.05.

参考文献

[1] Alli H. Macrofungi of Kemaliye district (Erzincan)[J]. Turkish Journal of Botany, 2011, 35(3): 299-308.

[2] Angelini P, Bistocchi G, Arcangeli A, et al. Inventory, diversity and communities of macrofungi in the Collestrada forest (Umbria, central Italy)[J]. Giornale Botanico Italiano, 2015, 150(5): 1096-1105.

[3] Arnolds E J M. Notes on Hygrophoraceae - VI. Observations on some new taxa in *Hygrocybe*[J]. Persoonia, 1986, 13(1): 57–68.

[4] Arnolds E J M. Notes on *Hygrophorus* - IV. New species and new combinations in Hygrophoraceae[J]. Persoonia, 1985, 12(4):475–478.

[5] Boertmann D. The genus *Hygrocybe*. Fungi of Northern Europe 1. 1st ed[M]. Copenhagen, Danish Mycological Society, 1995.

[6] Cantrell S A, Lodge D J. Hygrophoraceae (Agaricales) of the Greater Antilles: Hygrocybe subgenus *Pseudohygrocybe* sections Coccineae and *Neohygrocybe*[J]. Mycological Research, 2004, 105(2):215-224.

[7] Chakraborty D, Mukherjee S K, Das K. First report of *Hygrophorus pudorinus* (A Wild Edible Mushroom) from india with Macro- and Micro-morphology[J]. Nelumbo, 2017, 59(1):95-99.

[8] Cho S E, Kwag Y N, Jo J W, et al. Macrofungal diversity of urbanized areas in southern part of Korea[J]. 2020, 13(2):189-197.

[9] Coker W C, Beers A H. The Boletaceae of North Carolina[M]. NC, University of North Carolina Press Chapel Hill, 1943.

[10] Corner E. The identity of the fungus causing wet rot of rubber trees in Malaya[J]. Malaya, Rubber Res.Inst. 1931, 3: 120-123.

[11] Dimou D M, Polemis E, Konstantinidis G, et al. Diversity of macrofungi in the Greek islands of Lesvos and Agios Efstratios, NE Aegean Sea[J]. Nova Hedwigia, 2016, 102(3): 439-475.

[12] Filippova N, Bulyonkova T. The diversity of larger fungi in the vicinities of Khanty-Mansiysk (middle taiga of West Siberia)[J]. Environmental Dynamics and Global

Climate Change, 2017, 8(1): 13-24.

[13] Gregory M M, John P S, Patrick R L, et al. Global diversity and distribution of macrofungi[J]. Biodiversity and conservation, 2008, 16(1): 37-48.

[14] Grund D W, Stuntz D E. Nova Scotian Inocybes IV[J]. Mycologia, 1977, 69: 392-408.

[15] Halling R E. A synopsis of *Marasmius* section Globulares (Tricholomataceae) in the United States [J]. Brittonia, 1983, 35: 317-326.

[16] Heine P, Hausen J, Ottermanns R, et al. Forest conversion from Norway spruce to European beech increases species richness and functional structure of aboveground macrofungal *communities*[J]. Forest Ecology and Management, 2019, 422: 522-533.

[17] Hema P, Akila M, Kamal S R, et al. Terrestrial macrofungal diversity from the tropical dry evergreen biome of Southern India and its potential role in aerobiology[J]. PLoS ONE, 2017, 12(1): e0169333.

[18] Hesler L R, Smith A H. North American Species of *Crepidotus*[M]. New York and London, Hafner Publishing Company, 1965.

[19] Hesler L R, Smith A H. North American species of *Hygrophorus*[M]. University of Tennessee Press, Knoxville. 1963.

[20] Hopple JS, Vilgalys R. Phylogenetic relationships in the mushroom genus *Coprinus* and dark-spored allies based on sequence data from the nuclear gene coding for the large ribosomal subunit RNA: divergent domains, outgroups, and monophyly[J]. Molecular Phylogenetics & Evolution, 1999, 13(1): 1.

[21] Kibby G. Fungal portraits no.71: *Mycena rosea* and related species[J]. Field Mycology, 2017, 18(3): 75-77.

[22] Lallawmsanga , Passari AK, Mishra VK, et al. Antimicrobial potential, identification and phylogenetic affiliation of wild mushrooms from two sub-tropical semi-evergreen [J] Indian Forest Ecosystems. PLoS ONE, 2016, 11(11): e0166368.

[23] Latha K, Manimohan P. A new species of *Hygrocybe* from Kerala State[J]. India. Phytotaxa, 2018, 385(1).

[24] Matheny PB, Liu Y J, Hall A. Using RPB1 sequences to improve phylogenetic inference among mushrooms (Inocybe, Agaricales)[J]. American Journal of Botany, 2002, 89(4): 688-698.

[25] Natarajan K, Raman N. South Indian Agaricales[M]. Sydowia, 1983, 1-203.

[26] Park MS, Cho HJ, Kim NK, et al. Ten new recorded species of macrofungi on Ulleung island, Korea[J]. Mycobiology, 2017, 45(4): 286-296.

[27] Pradhan P, Dutta AK, Paloi S, et al. Diversity and distribution of macrofungi in the Eastern Himalayan ecosystem[J]. Eurasia J Biosci, 2016, 10: 1-12

[28] Rea C. British Basidiomycetaceae Band 15[M]. Biblotheca Mycologica, 1922, 1-798.

[29] Ronikier A, Borgen T. Notes on *Hygrocybe subsection squamulosae* from Poland[J]. Polish Botanical Journal, 2010, 55(1)：209-215.

[30] Ruiz-Almenara C, Gándara E, Gómez-Hernández M. Comparison of diversity and composition of macrofungal species between intensive mushroom harvesting and non-harvesting areas in Oaxaca[J]. Mexico. PeerJ, 2019, 7(S1)：8325.

[31] Sarikurkcu C, Yildiz D, Akata I, et al. Evaluation of the metal concentrations of wild mushroom species with their health risk assessments[J]. Environmental Science and Pollution Research, 2021.

[32] Schmidt-Stohn G, Brandrud TE, Dima B. Interessante *Cortinarius* - Funde der Journées européennes du Cortinaire 2016 in Borgsjö, Schweden[J]. Journal des JEC. 2017, 19: 28–52.

[33] Shuhada SN, Salim S, Nobilly F, et al. Logged peat swamp forest supports greater macrofungal biodiversity than large-scale oil palm plantations and smallholdings[J]. Ecology & Evolution, 2017, 7(18): 7187-7200.

[34] Solak MH, Alli H, Illo Lu M, et al. Contributions to the macrofungal diversity of Antalya Province[J]. Turkish Journal of Botany, 2014, 38(2): 386-397.

[35] Stangl J. Die Gattung Inocybe in Bayern[J]. Hoppea, 1989, 46: 1-409.

[36] SZÁSZ Balázs, ZSIGMOND Győző, FÜLÖP Lóránt, et al. Data on macrofungal diversity from the Danube Delta Biosphere Reserve[J]. Scientific Annals of the Danube Delta InstitutE，2017, 22.

[37] Wang CQ, Li TH, Zhang M, et al. A new species of *Hygrocybe subsect Squamulosae* from South China[J]. Mycoscience, 2015, 56(3): 345-349.

[38] White TJ, Bruns T, Lee S, et al. Amplification and direct sequencing of fungal ribosomal RNA genes for phylogenetics - sciencedirect[J]. PCR protocols, 1990, 18(1): 315-322.

[39] Wilkins W, Ellis E, Harley J. The ecology of larger fungi: Constancy and frequency of fungal species in relation to certain vegetation co mmunities, particularly oak and beech[J]. Annals of Applied Biology, 1937, 24: 703-732.

[40] Wilkins W, Harris G. The ecology of larger fungi. A investigation into the influence of rainfall and temperature on the seasonal production of fungi in a beechwood and pinewood[J]. Blackwell Publishing Ltd, 1946, 33(2): 179-188.

[41] Wilson AW, Hosaka K, BA Perry, et al. *Laccaria* (Agaricomycetes, Basidiomycota) from Tibet (Xizang Autonomous Region, China)[J]. Mycoscience, 2013, 54(6): 406-419.

[42] Xie ML, Wei TZ, Fu YP, et al. Three new species of *Cortinarius subgenus Telamonia*

(CortinariaceaE, Agaricales) from China[J]. MycoKeys, 2020, 69(2): 91-109.

[43] Zheng W, Hibbett BDS. A New Species of *Cudonia* Based on Morphological and Molecular Data[J]. Mycologia, 2002, 94(4): 641-650.

[44] 包宇. 西藏高山草甸大型真菌区系多样性及基因组变异研究 [D]. 长春：东北师范大学, 2020.

[45] 毕树志, 郑国扬, 李泰辉. 粤北山区大型真菌志 [M]. 广州：广东科技出版社, 1990.

[46] 藏在. 中国真菌志·第 22 卷·牛肝菌科 (I)[M]. 北京：科学出版社, 2006.

[47] 陈芊. 褐卧孔菌属的分类与系统发育学研究 [D]. 北京：北京林业大学, 2020.

[48] 陈越渠. 吉林老爷岭大型真菌多样性研究 [D]. 长春：吉林农业大学, 2007.

[49] 程国辉. 黑龙江省胜山国家级自然保护区大型真菌多样性研究 [D]. 长春：吉林农业大学, 2018.

[50] 戴玉成, 图力古尔, 崔宝凯, 等. 中国药用真菌图志 [M]. 哈尔滨：东北林业大学出版社, 2013.

[51] 戴玉成. 中国药用真菌图志 [M]. 哈尔滨：东北林业大学出版社, 2013.

[52] 范宇光, 图力古尔. 丝盖伞属丝盖伞亚属三个中国新记录种 [J]. 菌物学报, 2017, 36(02): 251-259.

[53] 范宇光. 中国丝盖伞属的分类与分子系统学研究 [D]. 长春：吉林农业大学, 2013.

[54] 盖宇鹏. 中国靴耳科分类及分子系统学研究 [D]. 长春：吉林农业大学, 2017.

[55] 桂阳. 中国西南地区蘑菇属（*Agaricus*）真菌分子系统研究及地理分布 [D]. 武汉：华中农业大学, 2014.

[56] 郭迪哲. 黑龙江省双河国家级自然保护区大型真菌多样性研究 [D]. 长春：吉林农业大学, 2020.

[57] 郭秋霞. 中国丝盖伞属孢子微形态研究 [D]. 长春：吉林农业大学, 2013.

[58] 黄年来. 中国大型真菌原色图鉴 [M]. 北京：农业出版社, 1998.

[59] 李建宗, 胡新文, 彭寅斌. 湖南大型真菌志 [M]. 长沙：湖南师范大学出版社, 1993.

[60] 李奇缘. 四川省米仓山国家级自然保护区大型菌物资源调查与评价 [D]. 南充：西华师范大学, 2020.

[61] 李茹光. 吉林省有用和有害真菌 [M]. 长春：吉林人民出版社, 1980.

[62] 李泰辉, 宋相金, 宋斌, 等. 东八岭大型真菌图志 [M]. 广州：广东科技出版社, 2017.

[63] 李泰辉, 郑国扬, 李泰辉. 广东大型真菌志 [M]. 广州：广东科技出版社, 1994.

[64] 李玉, 李泰辉, 杨祝良, 等. 中国大型菌物资源图鉴 [M]. 郑州：中原农民出版社, 2015.

[65] 李玉, 刘淑艳. 菌物学 [M]. 北京：科学出版社, 2015, 1-312.

[66] 李玉, 图力古尔. 中国长白山蘑菇 [M]. 北京：科学出版社, 2003.

[67] 李玉, 李泰辉, 图力古尔, 等. 中国大型菌物资源图鉴 [M]. 郑州：中原农民出版社, 2015, 1-1352.

[68] 李玉. 菌物资源学 [M]. 北京：中国农业出版社, 2013, 1-429.

[69] 林婷婷. 广西 41 种木腐菌 DNA 条形码的研究 [D]. 桂林：广西师范大学, 2018.

[70] 林晓民, 李振岐, 侯军. 中国大型真菌的多样性 [M]. 北京：中国农业出版社, 2005.

[71] 刘伟. 大型真菌菌丝体分离、培养及其 rRNA ITS 分子鉴定研究 [D]. 石河子：石河子大学, 2009.

[72] 马敖. 辽宁省岗山省级森林公园大型真菌多样性研究 [D]. 长春：吉林农业大学, 2019.

[73] 卯晓岚. 中国的食用和药用大型真菌 [J]. 微生物学通报, 1989, 16(05): 290-297.

[74] 卯晓岚. 中国大型真菌 [M]. 郑州：河南科学技术出版社, 2000.

[75] 牟曼. 师宗县菌子山大型真菌物种多样性初步调查 [D]. 昆明：昆明医科大学, 2021.

[76] 娜琴. 中国小菇属的分类及分子系统学研究 [D]. 长春：吉林农业大学, 2019.

[77] 祁亮亮. 东北地区落叶松林下大型真菌多样性研究 [D]. 长春：东北师范大学, 2016.

[78] 裘维蕃. 云南牛肝菌图志 [M]. 北京：科学出版社, 1957.

[79] 饶俊, 李玉. 大型真菌的野外调查方法 [J]. 生物学通报, 2012, 47(05): 2-6.

[80] 尚蓓. 松山林区木腐菌与两类主要林型土壤真菌的研究 [D]. 北京：北京林业大学, 2008.

[81] 邵力平, 项存悌. 中国森林蘑菇 [M]. 哈尔滨：东北林业大学出版社, 1997.

[82] 邵元元. 中国西部 4 省区及美国佐治亚州圆盘菌科真菌分类研究 [D]. 南宁：广西大学, 2019.

[83] 史东明. 内蒙古沙日温都自然保护区大型真菌资源初探 [D]. 呼和浩特：内蒙古农业大学, 2021.

[84] 宋林丽. 北京地区大型真菌资源收集及活性发现 [D]. 北京：北京协和医学院, 2019.

[85] 宋小亚, 李阳, 吴春玲, 曾凡清. 寄生于牛肝菌的金孢菌寄生菌 [Z]. 中国菌物学会第五届会员代表大会暨 2011 年学术年会论文摘要集, 2011, 35-3.

[86] 孙晶雪. 大兴安岭呼中地区大型真菌资源多样性及其与森林特征的关系分析 [D]. 哈尔滨：东北林业大学, 2020.

[87] 图力古尔. 大青沟自然保护区菌物多样性 [M]. 呼和浩特：内蒙古教育出版

社 ,2004,1-189.

[88] 王锋尖 . 鄂西地区大型真菌多样性研究 [D]. 长春：吉林农业大学，2019.

[89] 王庆佶 . 黑龙江兴凯湖国家自然保护区蜂蜜山大型真菌多样性研究 [D]. 长春：吉林农业大学 ,2014.

[90] 王薇 . 长白山地区大型真菌生物多样性研究 [D]. 长春：吉林农业大学 ,2014.

[91] 王雪珊 . 内蒙古罕山国家级自然保护区大型真菌多样性研究 [D]. 长春：吉林农业大学 ,2020.

[92] 吴兴亮，戴玉成，李泰辉 . 中国热带真菌 [M]. 北京：科学出版社：2011, 1-568.

[93] 吴兴亮，姚正明 . 中国茂兰大型真菌 [M]. 北京：科学出版社 ,2017.

[94] 吴兴亮 . 贵州大型真菌 [M]. 贵州：贵州人民出版社 ,1989.

[95] 小五台山菌物科学考察队 . 河北小五台山菌物 [M]. 北京：农业出版社 ,1997.

[96] 谢支锡，王云 . 王柏长白山伞菌图志 [M]. 长春：吉林科学技术出版社 ,1986.

[97] 邢禄鹏 . 和林格尔县南天门森林公园大型真菌资源初步研究 [D]. 呼和浩特：内蒙古农业大学 ,2020.

[98] 杨新美 . 中国食用菌栽培学 [M]. 北京：农业出版社 ,1988.

[99] 应建浙，臧穆 . 西南地区大型经济真菌 [M]. 北京：科学技术出版社 ,1994.

[100] 于晓丹，王琴 . 辽东地区大型真菌彩色图谱 [M]. 沈阳：辽宁科学技术出版社 ,2017.

[101] 袁明生，孙佩琼 . 中国大型真菌彩色图谱 [M]. 成都：四川科学技术出版社 ,2013, 1-564.

[102] 张菁 . 梵净山大型真菌多样性研究 [D]. 贵阳：贵州师范大学 ,2021.

[103] 张鹏 . 大小兴安岭地区大型真菌多样性研究 [D]. 长春：吉林农业大学 ,2017.

[104] 张树庭，卯晓岚 . 香港蕈菌 [M]. 香港：中文大学出版社 ,1995.

[105] 张鲜 . 湖北省兴山县大型担子菌多样性 [D]. 南京：南京师范大学 ,2019.

[106] 赵继鼎 . 中国真菌志 . 第 3 卷 多孔菌科 [M]. 北京：科学出版社 ,1998.

[107] 赵妍 . 中国广义韧革菌属的分类及系统发育研究 [D]. 北京：北京林业大学 ,2018.

[108] 周彤燊 . 中国真菌志 . 第 36 卷 地星科、鸟巢菌科 [M]. 北京：科学出版社 ,2007.

[109] 朱琳 . 桑黄菌属的分类与系统发育及生物地理学研究 [D]. 北京：北京林业大学 ,2018.

[110] 朱学泰 . 甘肃太统—崆峒山国家自然保护区大型真菌图鉴 [M]. 兰州：甘肃科学技术出版社出版 ,2018.

附录　三江源森林型大型真菌名录

子囊菌门 Ascomycota

茶渍纲 Lecanoromycetes

地卷目 Peltigerales

地卷科 Peltigeraceae

地卷属 *Peltigera*

1.*Peltigera canina* 犬地卷菌

茶渍目 Lecanorales

树花科 Ramalinaceae

树花属 *Ramalina*

2.*Ramalina sinensis* 中国树花

核菌纲 Pyrenomycetes

肉座菌目 Hypocreales

肉座菌科 Hypocreaceae

菌寄生属（毡座属）*Hypomyces*

3.*Hypomyces* sp.

球壳目 Sphaeriales

麦角菌科 Clavicipitaceae

麦角菌属 *Claviceps*

4.*Ophiocordyceps sinensis* 冬虫夏草

锤舌菌纲 Leotiomycetes

柔膜菌目 Helotiales

柔膜菌科 Helotiaceae

小双孢盘菌属 *Bisporella*

5.*Bisporella shangrilana* 香地小双孢盘菌

斑痣盘菌目 Rhytismatales

地锤菌科 Cudoniaceae

地锤菌属 *Cudonia*

6.*Cudonia sichuanensis* 四川地锤菌

7.*Cudonia lutea* 黄地锤菌

8.*Cudonia circinans* 旋转地锤菌

地勺菌属 *Spathularia*

9.*Spathularia flavida* 黄地勺菌

10.*Spathularia clavata* 棒形地菌

盘菌纲 Pezizomycetes

盘菌目 Pezizales

马鞍菌科 Helvellaceae

马鞍菌属 *Helvella*

11.*Helvella crispa* 皱柄白马鞍菌

12.*Helvella elastica* 马鞍菌

13.*Helvella lacunosa* 棱柄马鞍菌

14.*Helvella* sp.

火丝菌科 Pyronemataceae

侧盘菌属 *Otidea*

15.*Otidea umbrina*

盾毛盘菌属 *Scutellinia*

16.*Scutellinia scutellata* 红毛盘菌

土盘菌属 *Humaria*

17.*Humaria hemisphaerica* 半球土盘菌

索氏盘菌属 *Sowerbyella*

18.*Sowerbyella rhenana* 雷纳索氏盘菌

19.*Sowerbyella* sp-1

平盘菌科 Discinaceae

鹿花菌属 *Gyromitra*

20.*Gyromitra infula* 赭鹿花菌

21.*Gyromitra xinjiangensis* 新疆鹿花菌

羊肚菌科 Morchellaceae

羊肚菌属 *Morchella*

22.*Morchella esculenta* var. *umbrina* 羊肚菌褐赭色变种

盘菌科 Pezizaceae

23.*Peziza praetervisa* 茶褐盘菌

担子菌门 Basidiomycota

花耳纲 Dacrymyces

花耳目 Dacrymycetales

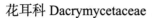

花耳科 Dacrymycetaceae

花耳属 *Dacrymyces*

24.*Dacrymyces chrysospermus* 金孢花耳

伞菌纲 Agaricomycetes

伞菌目 Agaricales

蘑菇科 Agaricaceae

蘑菇属 *Agaricus*

25.*Agaricus dolichocaulis*

26.*Agaricus squarrosus* 翘鳞蘑菇

27.*Agaricus sylvaticus* 林地蘑菇

28.*Agaricus megacarpus*

29.*Agaricus hondensis* 本田蘑菇

30.*Agaricus* sp.

31.*Agaricus silvicola* 白林地蘑菇

Echinoderma 属

32.*Echinoderma flavidoasperum*

卷毛菇属 *Floccularia*

33.*Floccularia Luteovirens* 黄绿卷毛菇

34.*Floccularia albolanaripes* 白卷毛菇

鬼伞属 *Coprinus*

35.*Coprinopsis lagopus* 白绒鬼伞

36.*Coprinellus micaceus* 晶粒鬼伞

白环蘑属 *Leucoagaricus*

37.*Leucoagaricus nympharum* 翘鳞白环蘑

马勃属 *Lycoperdon*

38.*Calvatia caelata* 龟裂秃马勃

39. *Lycoperdon mammaeforme* 白鳞马勃

40.*Lycoperdon perlatum* 网纹马勃

41.*Lycoperdon pratense* 草地横膜马勃

42.*Lycoperdon rimulatum* 裂纹马勃

43.*Lycoperdon umbrinum* 赭色马勃

44.*Lycoperdon wrightii* 白刺马勃

黑蛋巢菌属 *Cyathus*

45.*Cyathus striatus* 隆纹黑蛋巢菌

环柄菇属 *Lepiota*

46.*Lepiota clypeolaria* 细鳞环柄菇

47.*Lepiota cristata* 冠状环柄菇

鹅膏科 Amanitaceae

鹅膏属 *Amanita*

48.*Amanita battarrae* 褐黄鹅膏菌

49.*Amanita cf. Similis Boedijn* 相似鹅膏

50.*Amanita hemibapha* 花柄橙红鹅膏菌

51.*Amanita pantherina* 豹斑毒鹅膏菌

珊瑚菌科 Clavariaceae

拟锁瑚菌属 *Clavulinopsis*

52.*Clavulinopsis amoena* 怡人拟锁瑚菌

丝膜菌科 Cortinariaceae

丝膜菌属 *Cortinarius*

53.*Cortinarius callochrous* 托腿丝膜菌

54.*Cortinarius rufo-olivaceus* 紫红丝膜菌

55.*Cortinarius infractus* 棕褐丝膜菌

56.*Cortinarius glaucopus* 胶质丝膜菌（粘液丝膜菌，黏丝膜菌）

57.*Cortinarius odorifer*

58.*Cortinarius oulankaensis*

59.*Cortinarius badioflavidus*

60.*Cortinarius venetus* 海绿丝膜菌

61.*Cortinarius fuscoperonatus*

62.*Cortinarius violaceus* 紫绒丝膜菌

63.*Cortinarius cupreorufus*

64.*Cortinarius salor* 荷叶丝膜菌

65.*Cortinarius phaeochrous*

66.*Cortinarius epipurrus*

67.*Cortinarius infractus* 矮青丝膜菌

68.*Cortinarius* sp-1

69.*Cortinarius* sp-2

70.*Cortinarius* sp-3

71.*Cortinarius* sp-4

粉褶伞科 Entolomataceae

粉褶伞属 *Entoloma*

72.*Entoloma incanum* 绿变粉褶伞

73.*Entoloma* sp-1

74.*Entoloma* sp-2

75.*Entoloma* sp-3

辣斜盖伞属 *Clitopilus*

76.*Clitopilus piperitus* 辣斜盖伞

轴腹菌科 Hydnangiaceae

蜡蘑属 *Laccaria*

77.*Laccaria laccata* 红蜡蘑

78.*Laccaria acanthospora* 棘孢蜡蘑

79.*Laccaria* sp-1

80.*Laccaria* sp-2

蜡伞科 Hygrophoraceae

蜡伞属 *Hygrophorus*

81.*Hygrophorus chrysodon* 金齿／粒蜡伞

82.**Hygrophorus subroseus*

湿伞属 *Hygrocybe*

83.**Hygrocybe aurantiacus*

84.*Hygrocybe chlorophanus* 蜡黄湿伞

85.*Hygrocybe conica* var. *conicoides* 变黑湿伞变种

86.*Hygrocybe konradii* var. *konradii* 康拉德湿伞康拉德变种

87.*Hygrocybe conica* 变黑湿伞

靴耳科 Crepidotaceae

靴耳属 *Crepidotus*

88.*Crepidotus herbaceus* 叶生靴耳

89.*Crepidotus crocophyllus* 铬黄靴耳

层腹菌科 Hymenogastraceae

盔孢伞属 *Galerina*

90.*Galerina marginata* 具缘盔孢伞

裸伞属 *Gymnopilus*

91.*Gymnopilus sapineus* 赭黄裸伞（枞裸伞）

丝盖伞科 Inocybaceae

丝盖伞属 *Inocybe*

92.*Inocybe leptocystis* 薄囊丝盖伞

93.*Inocybe nitidiuscula* 光帽丝盖伞

94.*Inocybe geophylla* 污白丝盖伞

95.*Inocybe griseovelata* 灰丝盖伞

96.*Inocybe laurina*

97.*Inocybe cervicolor* 褐鳞／鹿皮色丝盖伞

98.*Inocybe gansuensis* 甘肃丝盖伞

99.*Inocybe flocculosa* 鳞毛丝盖伞

100.*Inocybe lacera* 暗毛丝盖伞

101.*Inocybe* sp-1

102.*Inocybe* sp-2

103.*Inocybe* sp-3

104.*Inocybe patouillandii* 变红丝盖伞

离褶伞科 Lyophyllaceae

离褶伞属 *Lyophyllum*

105.*Lyophyllum infumatum* 烟熏离褶伞

蚁巢伞属 *Termitomyces*

106.*Termitomyces clypeatus* 鸡枞菌

毛褶伞属 *Clitolyophyllum*

107.*Clitolyophyllum* sp-1

丽蘑属 *Calocybe*

108.*Calocybe* sp-1

小皮伞科 Marasmiaceae

小皮伞属 *Marasmius*

109.*Marasmius siccus* 琥珀小皮伞（干皮伞）

类脐菇属 *Omphalotus*

110.*Myxomphalia maura* (Fr.) 黏脐菇

干脐菇属 *Xeromphalina*

111.*Xeromphalina campanella* 黄干脐菇

小菇科 Mycenaceae

小菇属 *Mycena*

112.*Mycena pura* 洁小菇

113.*Mycena clavicularis* 棒柄小菇

114.*Mycena incanus

光茸菌科 Omphalotaceae

裸柄伞属 *Gymnopus*

115.*Gymnopus confluens* 绒柄裸伞＝合生裸脚伞

116.*Gymnopus perforans*

117. *Gymnopus dryophilus* 栎生金钱菌

泡头菌科 / 膨瑚菌科 Physalacriaceae

密环菌属 *Armillaria*

118. *Armillaria cepistipes* 头柄蜜环菌

119. *Armillaria gallica* 高卢蜜环菌

光柄菇科 Pleuaceae

光柄菇属 *Pluteus*

120. *Pluteus tomentosulus* 稀茸光柄菇

121. *Melanoleuca communis* 铦囊蘑

122. *Melanoleuca exscissa* 钟形铦囊蘑

小脆柄菇科 Psathyrellaceae

近地伞属 *Parasola*

123. *Parasola setulosa* 刺毛近地伞

球盖菇科 Strophariaceae

花褶伞属 *Panaeolus*

124. *Panaeolus fimicola* 粪生花褶伞

库恩菇属 *Kuehneromyces*

125. *Kuehneromyces mutabilis* 毛柄库恩菇

球盖菇属 *Stropharia*

126. *Stropharia ochraceoviridis* 半球盖菇

127. *Stropharia coronilla* 齿环球盖菇

128. *Hypholoma capnoides* 烟色垂幕菇

滑锈伞属 *Hebeloma*

129. *Hebeloma sinapizans* 大黏滑菇（芥味滑锈伞）

Amylocorticiaceae

Plicaturopsis 拟褶尾菌

130. *Plicaturopsis crispa* 波状拟褶尾菌

硬皮马勃科 Sclerodermataceae

硬皮马勃属 *Scleroderma*

131. *Scleroderma bovista* 大孢硬皮马勃

口蘑科 Tricholomataceae

杯伞属 *Clitocybe*

132. *Clitocybe odora* 香杯伞 = 浅黄绿杯伞

133. *Clitocybe nebularis* 烟云杯伞

134. *Clitocybe bresadoliana* 赭黄杯伞

135.*Clitocybe lignatilis* 密褶杯伞

漏斗伞属 *Infundibulicybe*

136.*Infundibulicybe gibba* 深凹漏斗（杯）伞

137.*Infundibulicybe alkaliviolascens* 碱紫漏斗杯

Leucopaxillus 桩菇属

138.*Leucopaxillus giganteus* 大白桩菇

假杯伞属 *Pseudoclitocybe*

139.*Pseudoclitocybe expallens* 条纹灰假杯伞

金钱菌属 *Collybia*

140.*Rhodocollybia maculata* 斑粉金钱菌

铦囊蘑属 *Melanoleuca*

141.*Melanoleuca cinereifolia* 灰棕铦囊蘑

口蘑属 *Tricholoma*

142.*Tricholoma vaccinum* 红鳞口蘑

143.*Tricholoma aurantium*

144.*Tricholoma saponaceum* 皂味口蘑

145.*Tricholoma sejunctum* 黄绿口蘑

146.*Tricholoma matsutake* 松口蘑

147.*Tricholoma inocybeoides* 丝盖口蘑

148.*Tricholoma mongolicum* 蒙古口蘑

149.*Tricholoma bakamatsutake* 假松口蘑

木耳目 Auriculariales

木耳科 Auriculariaceae

木耳属 *Auricularia*

150.*Auricularia auricula* 黑木耳

151.*Auricularia tibetica* 西藏木耳

焰耳属 *Guepinia* (=*Heppia*)

152.*Guepinia helvelloides* 焰耳

明目耳科 Hyaloriaceae

刺银耳属 *Pseudohydnum*

153.*Pseudohydnum gelatinosum* 虎掌刺银耳

牛肝菌目 Boletales

牛肝菌科 Boletaceae

红牛肝菌属 *Porphyrellus*

154.*Hemileccinum impolitum* 黄褐牛肝菌

155.*Porphyrellus porphyrosporus*（岩）红孢牛肝菌

绒盖牛肝菌属 *Xerocomus*

156.*Xerocomus magniporus* 巨绒盖牛肝菌

兰茂牛肝菌属 *Leccinum*

157.*Leccinum scabrum* 褐疣柄牛肝菌

鸡油菌目 Cantharellales

锁瑚菌科 Clavulinaceae

锁瑚菌属 *Clavulina*

158.*Clavulina reae* 雷氏锁瑚菌

159.*Clavulina Rugosa* 皱锁瑚菌

160.*Clavulina iris* var. *iris*

齿菌科 Hydnaceae

齿菌属 *Hydnum*

161.*Hydnum rufescens* 变红齿菌

162.*Hydnellum suaveolens* 蓝柄亚齿菌

鸡油菌科 Cantharellus

喇叭菌属 *Cantharellus*

163.*Cantharellus* sp-1

陀螺菌目 Gomphales

棒瑚菌科 Clavariadelphaceae

棒瑚菌属 *Clavariadelphus*

164.*Clavariadelphus khinganensis* 兴安棒瑚菌

165.*Clavariadelphus aurantiacus* 金黄棒瑚菌

166.*Clavariadelphus truncatus*

陀螺菌科 Gomphaceae

暗锁瑚菌属 *Phaeoclavulina*

167.*Phaeoclavulina subdecurrens*

枝瑚菌属 *Ramaria*

168.*Ramaria barenthalensis*

169.*Ramaria flavicingula* 黄环枝瑚菌

170.*Ramaria gracilis* 细顶枝瑚菌

171.*Ramaria formosa* 粉红枝瑚菌

172.*Ramaria* sp-1

陀螺菌属 *Gomphus*

173.*Gomphus clavatus* 陀螺菌

多孔菌目 Polyporales

平革菌科 Phanerochaetaceae

棉絮干朽菌属 *Byssomerulius*

174. *Byssomerulius corium* 革棉絮干朽菌

皱孔菌科 Meruliaceae

韧革菌属 *Stereopsis*

175. *Stereopsis humphreyi* 匙状拟韧革菌

多孔菌科 Polyporaceae

附毛菌属 *Trichaptum*

176. *Trichaptum biforme* 二型附毛孔菌

褶孔菌属 *Lenzites*

177. *Lenzites betulinus* 桦褶孔菌

香菇属 *Lentinus*

178. *Lentinus arcularius* 漏斗多孔菌

粘褶菌属 *Gloeophyllum*

179. *Gloeophyllum sepiarium* 篱边粘褶菌

栓孔菌属 *Trametes*

180. *Pycnpours cinnabarinus* 朱红栓菌

181. *Trametes versicolor* 变色栓菌

182. *Trametes hirsuta* 毛栓孔菌

拟迷孔菌属 *Daedaleopsis*

183. *Daedaleopsis confragosa* 裂拟迷孔菌（粗糙拟迷孔菌）

干酪菌属 *Tyromyces*

184. *Tyromyces kmetii* 楷米干酪菌（科氏干酪菌）

棱孔菌属 *Favolus*

185. *Favolus megaloporus* 棱孔菌

多孔菌属 *Polyporus*

186. *Polyporus melanopus* 黑柄拟多孔菌

拟层孔菌科 Fomitopsidaceae

顶囊孔菌属 *Climacocystis*

187. *Climacocystis borealis* 北方顶囊孔菌

拟层孔菌属 *Fomitopsis*

188. *Fomitopsis pinicola* 红缘拟层孔菌

189. *Fomitopsis rosea* 玫瑰色拟层孔菌

剥管孔菌属 *Piptoporus*

190.*Polyporus betulinus* 桦剥管菌

红菇目 Russulales

耳匙菌科 Auriscalpiaceae

耳匙菌属 *Auriscalpium*

191.*Auriscalpium vulgare* 耳匙菌

小香菇属 *Lentinellus*

192.*Lentinellus ursinus* 耳状小香菇

193.*Lentinus arcularius* 漏斗香菇

地花菌科 Albatrellaceae

地花菌属 *Albatrellus*

194.*Albatrellus avellaneus* 榛色地花菌

195.*Albatrellus ovinus* 棉地花菌

红菇科 Russulaceae

乳菇属 *Lactarius*

196.*Lactarius scrobiculatus* 窝柄黄乳菇

197.*Lactarius deterrimus* 云杉乳菇

198.*Lactarius badiosanguineus* 棕红乳菇

199.*Lactarius pterosporus* 翼孢乳菇

200.*Lactarius olivaceoumbrinus* 橄榄褐乳菇

201.*Lactarius pubescens* 绒边乳菇

202.*Lactarius aurantiosordidus* 橙紫乳菇

203.*Lactarius olivinus* 橄榄乳菇

204.*Lactarius spinosulus* 棘乳菇

205.*Lactarius* sp-1

红菇属 *Russula*

206.*Russula foetens* 臭红菇

207.*Russula saliceticola*

208.*Russula nauseosa* 淡味红菇

209.*Russula brevipes* 短柄红菇

210.*Russula gracillima* 细弱红菇

211.*Russula atroglauca* 褪绿红菇

212.*Russula sanguinea* 血红菇

213.*Russula subnigricans* 亚黑红菇

214.*Russula fragilis* 小毒红菇

215.*Russula firmula* 榄色红菇

216.*Russula aeruginea* 铜绿红菇

217.*Russula cuprea* 铜色红菇

218.*Russula puellaris* 美丽红菇

219.*Russula sichuanensis*

220.*Russula exalbicans* 非白红菇

韧革菌科 Stereaceae

韧革菌属 *Stereum*

221.*Stereum subtomentosum* 扁韧革菌

222.*Chondrostereum purpureum* 紫软韧革菌

淀粉韧革菌科 Amylostereaceae

淀粉韧革菌属 *Amylostereum*

223.*Amylostereum areolatum* 网隙裂粉韧革菌

革菌目 Thelephorales

革菌科 Thelephoraceae

革菌属 *Thelephora*

224.*Thelephora caryophyllea* 竹色石革菌

班克齿菌科 Bankeraceae

肉齿菌属 *Sarcodon*

225.*Sarcodon imbricatus* 翘鳞肉齿菌

226.*Sarcodon violacea* 紫肉齿菌

地星目 Geastrales

地星科 Geastraceae

地星属 *Geastrum*

227.*Geastrum mirabile* (Mont.) Fisch 木生地星

228.*Geastrum saccatum* 袋形地星